高等学校大数据专业系列教材

数据科学与工程算法基础

徐明华　陈志刚　罗俊如　主　编
官　威　郝亚东　　　　　副主编

清華大學出版社
北京

内容简介

本书对数据科学与工程中的算法基础进行了全面的论述，把读者引入数据科学的大门，为进一步学习和掌握大数据分析算法提供有力的支撑。本书介绍的数据科学与工程中的算法基础包括特征工程、数据表征、数据抽样、随机优化算法和关联性分析等，侧重内容的科学性、实用性和前沿性。本书结构上注重理论与实践并重，各章通过案例引出问题，并深入介绍回答类似问题需要的知识，最后通过实际案例串联本章知识点，可以使读者感受到算法的价值及其在解决实际问题中的实用性。

本书可以作为高等学校大数据、计算机等相关专业的教学用书，对科研机构的研究人员、工程技术人员也有一定的参考价值。

图书在版编目（CIP）数据

数据科学与工程算法基础 / 徐明华，陈志刚，罗俊如主编. -- 北京：清华大学出版社，2025.1. --（高等学校大数据专业系列教材）. -- ISBN 978-7-302-68016-1

Ⅰ. TP311.12

中国国家版本馆 CIP 数据核字第 20250XJ351 号

责任编辑： 闫红梅
封面设计： 刘　键
责任校对： 李建庄
责任印制： 刘　菲

出版发行： 清华大学出版社
网　　址： https://www.tup.com.cn，https://www.wqxuetang.com
地　　址： 北京清华大学学研大厦 A 座　　**邮　　编：** 100084
社 总 机： 010-83470000　　**邮　　购：** 010-62786544
投稿与读者服务： 010-62776969，c-service@tup.tsinghua.edu.cn
质量反馈： 010-62772015，zhiliang@tup.tsinghua.edu.cn
课件下载： https://www.tup.com.cn，010-83470236
印 装 者： 三河市天利华印刷装订有限公司
经　　销： 全国新华书店
开　　本： 185mm×260mm　　**印　　张：** 10　　**字　　数：** 254 千字
版　　次： 2025 年 1 月第 1 版　　**印　　次：** 2025 年 1 月第1 次印刷
印　　数： 1～1500
定　　价： 49.00 元

产品编号：108522-01

前言

信息技术的飞速发展使数据的产生、存储和处理能力达到了前所未有的高度。数据的丰富性和复杂性带来了巨大的挑战,同时也蕴藏着巨大的机遇。如何挖掘不同类型数据中蕴藏的丰富信息,已经成为大数据时代面临的重要问题之一。数据科学与工程,作为一门新兴的交叉学科,正是为了应对这一挑战而诞生的。数据科学与工程以数据为研究对象,通过综合运用数学、统计学、计算机技术等方法对数据进行处理和分析,以实现数据的价值。数据科学与工程的核心是算法,它们是处理数据、提取信息、发现模式和预测未来的强大引擎。

本书旨在培养新工科背景下具备数据科学思维,掌握数据科学与工程算法的大数据专业人才。本书系统地介绍了特征工程、多类型数据表征、数据抽样、图计算、随机优化算法、相似性度量、关联性分析等相关知识与方法,涵盖数据表征、数据计算和数据挖掘等多方面的内容。本书从数据科学与工程的基本概念和流程出发,逐步引领读者进入数据科学的核心领域,全面理解和掌握数据科学的精髓,为进一步深入学习机器学习算法打下扎实的基础。

全书共8章,内容包括绪论、特征工程、多类型数据表征、数据抽样、图计算、随机优化算法、相似性度量、关联性分析,不仅覆盖了传统数据科学领域的重要算法,还涉及最新的研究进展,如图计算、因果分析、多模态数据融合等前沿技术,使得本书既具有广度又具有深度。同时,本书内容结构遵循学习规律:首先通过"问题导入",建立现实问题与数据科学与工程相关技术的关系,明确学习目标,激发学生学习数据科学与工程相关技术的兴趣;然后,构建相关的知识体系,介绍算法及其演化,提高学生描述问题的表达能力、解决问题的算法思维能力;在此基础上,通过剖析典型案例,有力提高学生对知识和方法的掌握与综合运用能力,并提升学生对复杂工程问题的分析能力、综合处理能力和创新探究能力;最后对本章内容进行总结,并提供选择题、计算题、思考题等供读者练习。

本书由徐明华、陈志刚、罗俊如担任主编,官威博士和郝亚东博士担任副主编。研究生丁言瑞、汪池和徐昕瑜参与了本书部分案例的编写,并参与了书稿的校对工作,徐守坤教授、石林教授、邵辉教授、胡超副教授等对本书提出了许多宝贵意见,这里一并表示感谢。

本书在编写过程中参考和引用了许多专家和学者的资料,在此表示衷心的感谢。最后也要感谢所有为本书的编写、审校和出版付出辛勤劳动的工作人员。由于编者水平有限,时间仓促,书中难免存在不足之处,敬请读者批评指正。

编者

2024年12月

目录

第 1 章

绪 论

数据科学与工程旨在发现数据中的规律与潜在模式，用于解决包括制造业、金融、医疗、交通等不同领域中的实际工程问题，涉及数学和统计学、机器学习与数据挖掘等多学科的专业知识。本章将从数据科学与工程的关键内容和算法基础等方面进行介绍。

1.1 概况

人类收集数据并分析数据的历史由来已久。中国人在天文学领域取得了举世瞩目的成就，其中最重要的表现之一就是通过长期的观察和记录，发现了天体运行的规律，并据此制定出了精确的历法。到了近代，对数据本身的研究已经逐渐发展成为一门新的科学。

数据科学与工程是以数据为中心，通过计算思维与数据思维的方法，来理解我们所处的世界(科学)以及对现实问题的求解(工程)。它是结合计算机科学、统计学和数学的交叉学科，用于实现数据处理、分析和管理的理论和技术。数据科学与工程的发展，对于推动新时代科学研究范式的转变具有重要的作用。科学研究范式是常规科学所赖以运作的理论基础和实践规范，是从事某一科学的科学家群体所共同遵从的世界观和行为方式。图灵奖得主、关系数据库的鼻祖吉姆·格雷将科学研究的范式分成四种类型：经验科学范式、理论科学范式、计算科学范式和数据密集型科学范式。为了研究某个问题需要搜集大量数据，通过对数据的计算与分析得出之前未有的结论。大数据带来的最大转变，就是放弃对因果关系的渴求，取而代之的是关注相关关系，关注“是什么”而不需知道“为什么”。

例 1.1 信用卡欺诈会给信用卡持卡人和发行公司带来巨大的经济损失，是金融领域一个严重的问题。及时发现并规避信用卡欺诈交易行为，是维护市场稳定的一项重要措施。信用卡交易行为数据的积累，使得从大规模交易数据中挖掘异常的行为模式成为可能。利用交易金额、交易地点等构造交易行为的特征，可建立数据驱动的信用卡交易欺诈预警模型。但是随着信用卡用户的不断累积和消费模式的不断变化，上述预警模型并不适用于新的场景，这就要求不断利用流数据来更新已有的模型以实现更精准的预警。

例 1.2 地铁作为一种重要的交通工具，其运行的安全性和稳定性受到极大的关注。由于设备故障导致的地铁停运会严重影响旅客的出行计划，对地铁公司产生负面的影响，并对公共交通产生较大的压力。利用传感器采集地铁运行中的信号数据，通过对信号数据分析，建立预测性维护算法，及时对故障进行预警，能有效避免产生严重后果。

为了解决设备故障预警的问题，需要大量采集设备正常运行期间的多种不同传感器信号数据，运用特征工程技术从中构建出能够用于区分故障状态与正常状态的特征表示，通过对样本特征的分析建立基于数据驱动的设备故障预警模型并求解。由此可见，要想实现实际场景中的设备故障预警，不仅依赖使用的模型，更与数据的特征表示和模型的优化求解等息息相关。

随着大数据的发展，数据科学与工程发挥着越来越重要的作用，在科学研究、互联网、金融、智能制造等不同领域、不同的场景的问题中都具有广泛的应用。在不同场景和领域中，数据科学与工程问题的解决有赖于数据分析算法实现对大规模、高维度、多类型数据的计算和处理。其中，数据分析和数据建模发挥着关键和核心作用，以特征工程、优化算法等为典型代表的基础算法为数据分析和数据模型价值的发挥提供了重要保障，从而进一步赋能大数据的应用。

1.2 数据分析

数据分析是数据科学与工程的核心环节，主要通过对数据进行处理并建立数学模型，充分挖掘数据中蕴藏的价值。本节将从数据分析的流程、分类和基本原则等角度帮助读者建立起对数据分析的基本认识。

1.2.1 流程

典型的数据分析流程包括问题理解、数据准备、模型构建、模型优化、模型评估和系统部署等环节，如图 1-1 所示。通过这样的流程，可以确保大数据分析的结果具有较高的稳定性和可解释性，同时也有助于提升算法的性能。

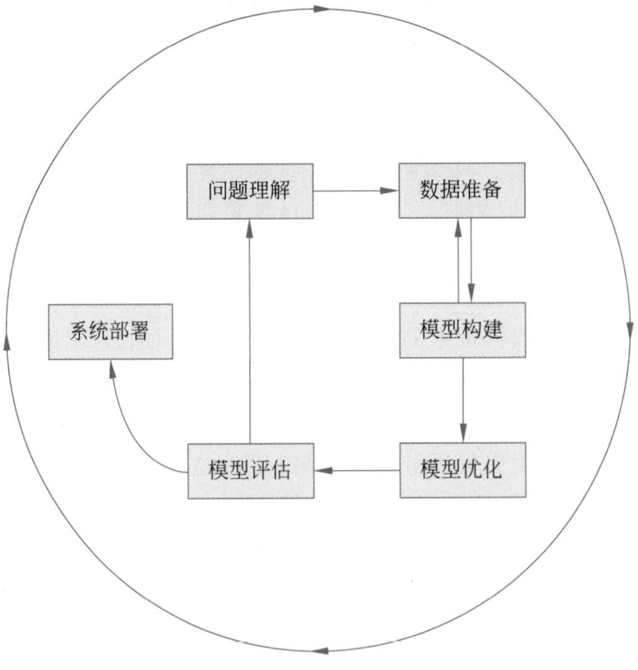

图 1-1 数据分析流程图

1. 问题理解

数据分析的第一步是需要借助背景调查和文献检索等方法准确地理解需要解决的问题，明确不同的利益相关方各自的目标是什么，现有的数据基础是什么，以及还需要进一步采集的数据有哪些，等等。只有明确了问题，才能有针对性地进行数据收集、处理和分析，最终得到有意义的结论和建议。

2. 数据准备

数据准备是根据对问题的理解，采集、存储和管理数据，并对数据进行预处理。对不同的数据源，需要采用不同的数据采集技术；对结构化数据和非结构化数据，也需要采用不同的存储和管理方法。数据准备的目的是为进一步建立和优化模型服务的，只有好的数据输入，才能获得好的模型输出。数据预处理的目的就是要改善数据质量，提升数据表征能力，常用的方法包括数据清洗、数据转换、特征工程等。

3. 模型构建

模型构建是利用大量数据来识别和发现其中蕴藏的模式，而无须依赖于预先定义的模型或假设。在数据驱动建模的过程中，确实需要平衡三方面的因素：一是对真实数据的拟合程度，捕捉和解释数据中的内在结构和关系；二是模型需要满足一些外部约束条件，例如物理规律、业务逻辑等，这些约束条件可能会限制模型的形式或参数的选择；三是控制模型的复杂度，复杂的模型可能会捕捉到数据中的噪声和异常值，导致过拟合，根据奥卡姆剃刀原则，应当尽可能选择简单的模型建模。常用的数据建模方法支持向量机、集成学习、深度神经网络等。

4. 模型优化

数据模型通常表现为一个数学优化问题，需要使用优化算法进行求解，包括一阶优化算法、牛顿法等。然而，数据驱动建模与传统数学优化问题求解的目标是存在区别的，前者的目标不仅是找到一个能够很好地拟合训练数据的模型，而且要确保这个模型能够对未见过的新数据有较好的泛化能力。

5. 模型评估

最后，需要对得到的模型在一个全新的数据集上进行验证。针对不同的分析任务，选择不同的评价指标。如果数据建模的结果并不符合使用者的预期，达不到要求，就需要回到模型设计、数据预处理、特征工程等步骤进行迭代优化。这个过程可能需要多次尝试和调整，直到找到一个能够满足使用要求的模型。

完成评估模型并不意味着数据分析流程的终结，数据分析通常被视为一个循环往复的过程，这个过程的每个阶段都可能需要迭代和优化。

6. 系统部署

经过验证的模型，在确保其性能、准确性和稳定性符合预期标准后，可以部署在生产环境中实现实时预测、自动化决策等功能，以优化业务流程、提高用户体验和保障系统安全。在部署过程中，需注意性能监控、版本控制、环境一致性、安全隐私保护、可扩展性和维护性，以及收集用户反馈进行模型调整，确保模型在生产环境中稳定运行并发挥最大效用。

1.2.2 算法分类

数据分析算法主要包括统计分析方法、机器学习方法和可视化方法等。

1. 统计分析方法

统计分析方法的理论基础是概率论与数理统计，它是通过对数据进行收集、整理、处理和分析，从而得出结论或预测的一种方法。统计分析方法主要包括描述性统计分析、推断性统计分析和多元统计分析等。描述性统计分析是对数据的概括和描述，主要包括频数、频率、均值、标准差、中位数、众数等统计量。推断性统计分析是通过样本数据对总体数据进行推断和预测，主要包括假设检验、置信区间、回归分析、密度估计等。多元统计分析主要包括因子分析、聚类分析、主成分分析等，其目的是运用统计模型建立多个变量之间的关系，并进行降维和分类。

2. 机器学习方法

机器学习提供了一种灵活处理具有复杂结构数据的方法。与统计分析方法不同，机器学习方法无须数据样本严格服从特定概率分布的假设，也可以识别数据中的模式。它包括监督学习、非监督学习、半监督学习和强化学习。监督学习是指有标签的学习问题，包括因变量为实数的回归问题和因变量为分类变量的分类问题等。非监督学习是指没有标签的学习。在许多领域中，准确获取样本标签的成本很高甚至是不可能的，这使得非监督学习有了用武之地。半监督学习介于监督学习和非监督学习之间，它适用于训练集中包含少量有标签样本和大量无标签样本的情形。强化学习是指导一个智能体在环境中如何行动的机器学习算法的集合。智能体得到标量奖励函数作为其每一次行动的反馈，它们的目的就是要执行一定的行动以获得长期利益最大化。

3. 可视化方法

可视化方法也是一种重要的数据分析方法，是数据挖掘技术的重要内容之一。可视化方法可以对大型多维数据以多种方式进行呈现和表示。传统的数据可视化方法包括柱状图、饼图、直方图、累积分布图、矩阵树图等。在大数据时代，对数据可视化方法提出了更高的要求，要求能够对高维多元大规模数据进行直观展示。

1.2.3 基本原则

数据分析要遵循以下原则。

(1) 明确核心任务。分析数据、获得知识，从而解决具体的业务问题，是数据分析的核心任务。数据、模型、算法和技术都是必要的工具和手段，是为解决问题服务的。

(2) 可以描述过去，也可以预测未来。对数据进行分析主要有两个目的，即描述过去和预测未来。描述性分析是面向过去，发现隐藏在数据表面之下的历史规律或模式。预测性分析是面向未来，对现有的大数据进行深度分析，构建分类回归模型，对未来的趋势进行预测。规范性分析是对描述性分析和预测性分析的结合，它不仅要预测将要发生的事情、什么时候发生，还要给出事情发生的原因。

(3) 充分发掘数据之间的相似性。样本之间的相似性或者距离在数据分析中具有非常重要的作用。一个基本假设是在一些特征属性上相似的样本，通常也会表现出具有相同的性质，比如具有相同的标签等。因此，数据分析算法可以实现利用部分观测样本对未见过样本的标签进行推断和预测。

(4) 避免模型对历史数据的过度拟合。数据分析中经常出现的一个问题是模型对数据的过拟合，模型能够拟合特定数据集中的一些特点，并将其放大当作一种普遍性推广到其他数据中，降低了模型的泛化性。常用的避免过拟合的方法包括正则化、提前终止训练等。

(5) 结果解读需要考虑实际问题的背景。对数据分析的结果进行评估，需要结合所处的上下文环境进行仔细考察。数据分析本身不是目的，从数据中获得知识才是目的。因此对数据的建模、结果的解读需要结合问题的场景。

(6) 区分相关性与因果性。相关性是指两个变量之间存在的统计关系。它描述的是变量之间的变动趋势是否一致。因果性是指一个事件(原因)导致另一个事件(结果)发生，涉及的是原因和结果之间的逻辑关系，而不仅是统计上的关联。数据分析算法通过建立模型来识别变量之间的相关性，进而实现预测的目的。然而，即使模型能够预测未来事件，也不能简单地认为预测变量就是造成结果的原因。因此，在从数据中分析和得出结论时，必须谨慎地区分相关性和因果性。在没有进一步的证据或实验验证的情况下，不能将相关性误认为是因果性。

1.3 算法基础

数据表征、数据计算和关联性分析等是数据科学与工程重要的算法基础，对数据建模和模型求解具有十分重要的作用。数据建模并求解是数据科学与工程的核心内容，将在机器学习课程中深入介绍。然而模型的预测性能并不完全由模型本身来决定，它受数据特征、计算方式、优化算法等多个因素的影响。如图 1-2 所示，数据科学与工程的算法基础支撑着数据分析算法的实现，并赋能大数据应用。本书将从数据表征、数据计算和关联性分析等角度介绍数据科学与工程的算法基础。

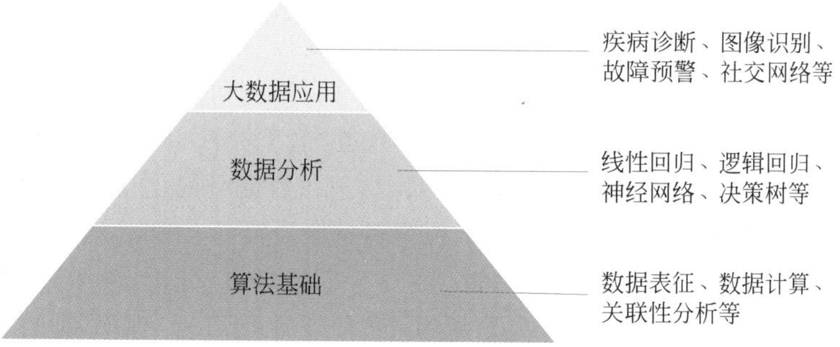

图 1-2 算法基础的支撑作用

数据表征是指将数据以特定的格式或编码方式存储以便于对数据建模并求解。在包括文本挖掘、图像分析、信号处理、图网络以及一些结构化数据分析的问题中，由于数据类型和数据结构千差万别，如何使用特征向量来有效表示不同的样本，就是一个首先需要解决的问题。数据质量对数据分析性能的影响是非常显著的，特征工程是改善数据质量、处理异常值和缺失值等问题的重要手段。本书从特征工程、多类型数据表征和大数据抽样方法等角度介绍不同场景下实现数据表征的相关算法，相关内容体现在本书第 2～4 章。

数据计算是指使用计算机系统处理和分析已经过特征表示的大规模数据集的过程。图网络结构可以用来描述实体之间的关系，适用于社交网络、金融交易、生态数据等许多不同领域。通过对图网络的处理和分析，可以实现对图网络中不同实体的聚类和分类等目的。模型优化算法是数据科学与工程的重要基础。数据驱动建立的分析模型通常表现为一个大规模的优化问题，对于优化求解算法提出了许多新的挑战。本书主要介绍随机梯度优化算法及其加速方法。在实际应用中还需要结合具体问题的特点和需求，运用图计算和优化等数据计算方法，建立并求解数学模型，相关内容体现在本书第 5、6 章。

关联性分析是研究多个变量之间关系的一种重要的方法。通过关联性分析，可以初步建立不同特征之间的相关关系，并为进一步建立具有可解释性的数据模型提供重要参考。本书从样本相似性度量、相关性分析、典型关联分析和关联规则等角度进行介绍，相关内容体现在本书的第 7、8 章。

1.4 本章小结

数据科学与工程算法基础包括数据表征、数据计算和关联性分析等内容，这些因素对机器学习等数据分析方法具有重要而显著的影响。本章通过介绍数据科学与工程中的实例，介绍了数据分析算法的关键性作用，并引出了数据科学与工程算法基础的基本内容。

习题

1. 选择题

(1) 探索两个定量变量之间的关系时，以下最合适的图是(　　)。

A. 条形图　　B. 散点图　　C. 饼图　　D. 热图

(2) 以下描述中属于分类问题的是(　　)。

A. 预测明天是否会下雨(是/否)　　B. 估计一个人的身高

C. 判断一张图片中猫的位置　　D. 预测股票价格

(3) 在数据分析的初始阶段，以下首要进行的是(　　)。

A. 数据清洗　　B. 数据收集　　C. 数据可视化　　D. 建立预测模型

(4) 第四范式的科学研究通常需要以下哪种技能？(　　)

A. 数学建模　　B. 编程和算法设计　　C. 数据可视化　　D. 所有以上选项

(5) 以下哪种数据分析方法最适合用于预测客户流失？(　　)

A. 描述性分析　　B. 探索性分析　　C. 预测性分析　　D. 诊断性分析

(6) 在商业智能(BI)系统中，以下哪项技术通常用于实现数据的实时分析和报告？(　　)

A. 数据仓库　　B. Hadoop　　C. 云计算　　D. 数据流处理

(7) 数据表征对于数据分析的重要性体现在哪里？(　　)

A. 决定了数据的表示形式，从而影响模型的选择和性能

B. 确保了数据的质量，提高了模型的准确性和可靠性

C. 优化了数据的存储和传输，减少了计算资源的消耗

D. 简化了数据的处理和分析，使得结果更容易解释和理解

(8) 关联性分析在数据应用中的作用是什么？(　　)

A. 有助于发现数据中的异常值和噪声，从而提高数据的质量

B. 用于预测未来的趋势和事件，从而指导业务决策

C. 帮助识别数据中的模式和关系，从而提高决策的准确性

D. 用于优化数据存储和检索，从而提高系统的性能

(9) 在进行数据表征时，为什么需要考虑数据的质量和完整性？(　　)

A. 数据的质量和完整性决定了数据的表示形式和计算方法

B. 数据的质量和完整性直接影响模型的性能和结果的可靠性

C. 数据的质量和完整性决定了数据的存储和传输方式

D. 数据的质量和完整性决定了数据的预处理和特征提取方法

(10) 在机器学习中，相似性度量对于哪种算法特别重要？(　　)

A. 分类算法　　B. 聚类算法　　C. 回归分析　　D. 推荐系统

2. 简答及计算题

(1) 请简要说明模型评估的作用及意义。

(2) 统计分析方法、机器学习方法和可视化方法是数据分析领域中的三种主要方法，请简要论述它们之间的区别。

(3) 优化问题是数学、工程、经济学和计算机科学等领域中的一个核心问题，它涉及找到

函数或系统在一定约束条件下最优解的过程。请给出优化问题的数学描述形式，以及常用的最优化算法。

3．思考题

（1）一家在线零售商积累了大量的销售数据，包括商品基本信息、顾客的购买记录、浏览记录等。该零售商希望通过数据分析来更好地了解顾客的购买行为。现在，请根据这个背景，设计一个数据分析流程帮助优化产品推荐、改进营销策略和提高销售额。

（2）大数据带来的最大转变，就是放弃对因果关系的渴求，取而代之的是关注相关关系，关注“是什么”而不需知道“为什么”。请查询资料回答，相关关系与因果关系的区别。

第2章

特征工程

特征工程是指利用领域知识和技术从原始数据中提取和创建特征的过程。通过特征工程可以更好地获取训练数据特征，提高机器学习模型学习和预测的能力。本章主要介绍特征工程的相关技术，重点讲解其中的特征提取、特征预处理以及特征选择，最后通过实际案例描述特征工程的具体实现过程。通过本章的学习，可以帮助读者了解特征工程的基本原理，掌握特征工程的基本流程和处理方法。

2.1 问题导入

随着流程工业智能化的发展，其设备面临的故障类型繁多且数据之间关系复杂，传统的基于物理建模的故障诊断方法难以有效应对，急需发展数据驱动的智能故障诊断方法，以提高工业生产的安全性、可靠性和稳定性。实现智能故障诊断需要构建高质量的机器学习模型，而模型的学习精度和预测性能依赖于数据特征的有效性。在利用设备运行时采集的振动信号进行故障诊断时，要想获得高质量的数据特征，需要解决以下问题：

（1）如何从设备的原始振动信号中提取出能够反映机械设备运行状态的特征；

（2）如何认识和提取特征的统计特性以及特征变量之间的相关性；

（3）在此基础上，如何处理特征中存在的异常值、缺失值等以改善数据的质量；

（4）如何从特征集合中选择最优的特征子集以帮助建立精准的故障诊断和剩余寿命预测模型。

实际工程中，从原始数据中提取有效的高质量数据特征都类似地面临上述四个问题。本章将围绕这些问题，介绍特征提取、特征探索性分析、特征预处理和特征选择的方法。

2.2 特征提取

特征提取是指从原始数据中提取出具有代表性或可解释性的特征，用于后续的数据分析、建模和预测等任务。在机器学习和数据挖掘领域中，特征提取是不可或缺的一项技术，特征提取的质量和数量直接影响模型的复杂度和预测性能。另外，特征提取的方法与难度依赖具体的任务和数据类型。

例2.1 银行为了制定更好的策略以挽留客户、降低银行关怀成本，需要建立准确的客户流失预测模型，而影响客户流失的因素很多，如表2-1所示。为建立客户流失预测模型，结合业务人员的经验，从中选择{信用分数、年龄、开户时长、余额、产品数量、信用卡、活跃会员、估计薪资}构建描述客户信息的特征向量。其中第一个客户的特征向量可以用 $\boldsymbol{x}_1=(619,42,2,0,1,1,1,101348.88)$来表示。

表 2-1 银行客户流失数据

用户 ID	姓氏	信用分数	地理位置	性别	年龄/岁	开户时长/年	余额/元	产品数量	信用卡	活跃会员	估计薪资	流失
15634602	Hargrave	619	France	Female	42	2	0	1	1	1	101348.88	1
15647311	Hill	608	Spain	Female	41	1	83 807.86	1	0	1	112 542.58	0
15619304	Onio	502	France	Female	42	8	159 660.8	3	1	0	113 931.57	1
15701354	Boni	699	France	Female	39	1	0	2	0	0	93 826.63	0
15737888	Mitchell	850	Spain	Female	43	2	125 510.82	1		1	79 084.1	0
⋮	⋮	⋮	⋮	⋮	⋮	⋮	⋮	⋮	⋮	⋮	⋮	⋮
15628319	Walker	792	France	Female	28	4	130 142.8	1	1	0	38 190.78	0

不同于上述情况,在许多实际工程应用中,需要对原始数据进行一些变换来提取数据特征。

例 2.2 在机械故障诊断中,利用振动传感器采集到的时域信号不能直接判断机械是否出现故障。为此,需要对原始时域信号做进一步分析,提取峭度等特征。图 2-1(a)为某风力涡轮机滚动轴承连续采集 50 天(每天采集 6s)的原始时域数据,其提取的峭度特征如图 2-1(b)所示。轴承正常工作时,信号的峭度值一般在 3 左右。从图中可以看出,从第 28 天开始,峭度值明显大于正常值 3,说明设备存在持续的冲击振动,发生故障的风险增大。

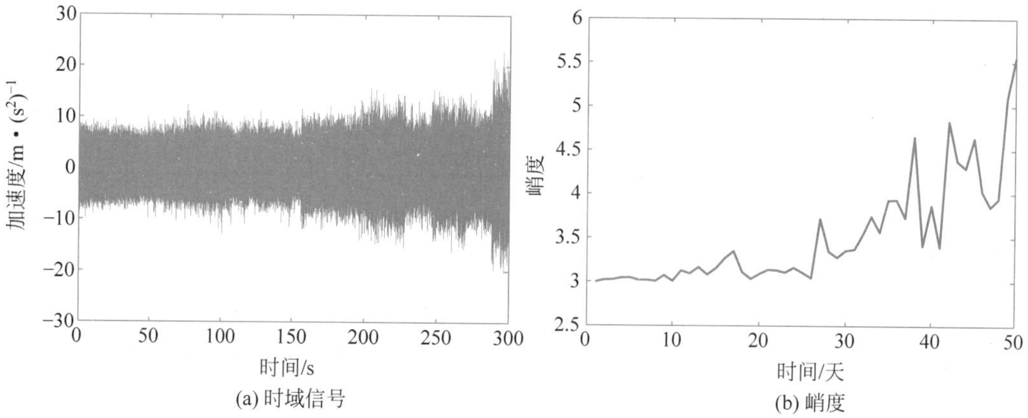

(a) 时域信号 (b) 峭度

图 2-1 轴承时域信号与峭度特征

除以上应用外,特征提取在其他领域也有着广泛应用。例如,在自然语言处理任务中,通过特征提取可以从文本中提取出词频等特征,以便提取出重要的文本信息;在图像分类任务中,通过特征提取可以从图像中提取出边缘和纹理特征,以便更好地识别图像内容。对于以上数据类型的特征提取,将在第 3 章进行介绍。

2.3 特征探索性分析

特征探索性数据分析(Exploratory Data Analysis,EDA)是一种数据分析方法,旨在通过可视化和统计技术来初步探索数据的特征、检查数据的分布、探索变量之间的关系以及发现数据中的模式和异常,为后续的建模和分析工作提供基础。接下来,分别介绍针对单变量和多变量的探索性数据分析方法。

2.3.1 单变量分析

顾名思义,单变量分析是对单一变量进行数值描述性度量,用于了解单个变量的值是如何分布的,而不会研究该变量与其他变量之间的关系。具体的分析方法由变量的类型决定。对于连续型变量,最常用的两类数值描述性度量是数值的集中趋势和离散程度;对于离散型变量,通常需要了解其值的频数或频率。

1. 集中趋势

集中趋势是指一组数据所趋向的中心数值。对集中趋势的度量就是采用具体的统计方法对这一中心数值的测量,常用的指标有均值、中位数和众数。

1)均值

均值是指一组数据的平均值,它反映了数据集中各数据点的平均水平。假设 n 个数据分别为 $x_1, x_2, \cdots, x_n$,那么这组数据的均值可表示为

$$\bar{x} = \frac{x_1 + x_2 + \cdots + x_n}{n} \tag{2-1}$$

值得注意的是,均值对异常值敏感。如果数据中存在极端值或异常值,它们可能会对均值的计算结果产生较大的影响。

2)中位数

中位数是指按大小顺序排列的一组数据中居于中间位置的数。假设 n 个数据 $x_1, x_2, \cdots, x_n$ 按升序排列,那么中位数 $m_{0.5}$ 可表示为

$$\begin{cases} m_{0.5} = x_{(n+1)/2}, & n \text{ 为奇数} \\ m_{0.5} = \dfrac{x_{n/2} + x_{(n/2+1)}}{2}, & n \text{ 为偶数} \end{cases} \tag{2-2}$$

中位数的计算方法相对于均值来说对异常值不敏感,不受极端值的影响。因此中位数适用于偏态分布或含有极端值的数据集,可以更好地反映数据的中心位置。

3)众数

众数是一种位置平均数,用于统计一组数据中出现频次最高的数值。它不受极端数值的影响。例如,5 名学生的成绩分别是 75、80、90、95、80,这组数据中 80 出现 2 次,那么它的众数就为 80。

2. 离散程度

离散程度又称变异程度,主要用来反映数据之间的差异程度,常用的指标有样本方差、样本标准差、四分位数间距和直方图。

1)样本方差

样本方差是用来衡量一组数据的离散程度的统计量。对于一组均值为 $\bar{x}$ 的数量为 n 的样本,样本方差 s^2 定义为

$$s^2 = \frac{1}{n-1}\sum_{i=1}^{n}(x_i - \bar{x})^2 \tag{2-3}$$

从式(2-3)可以看出,样本方差的大小反映了数据点偏离样本均值的程度。样本方差越大,数据越分散。

2)样本标准差

样本标准差 s 也是衡量样本数据离散程度的一个统计量,它是样本方差的平方根,即

$$s=\sqrt{\frac{1}{n-1}\sum_{i=1}^{n}(x_i-\bar{x})^2} \tag{2-4}$$

从上式可以看出，当标准差较大时，数据点相对于均值的偏差较大，说明数据的离散程度较大；而当标准差较小时，数据点相对于均值的偏差较小，说明数据离散程度较小。

3）四分位数间距

相比于样本方差与样本标准差，四分位数间距（IQR）是一种更为稳健的离散度量方法，它不受极大值或极小值的影响，其值越大，离散程度越大；反之，离散程度越小。计算公式为

$$\text{IQR}=Q_3-Q_1 \tag{2-5}$$

其中，Q_3 表示上四分位数，等于样本中所有数值由小到大排列后第 75%的数据；Q_1 表示下四分位数，等于样本中所有数值由小到大排列后第 25%的数据。四分位数示意图如图 2-2 所示。

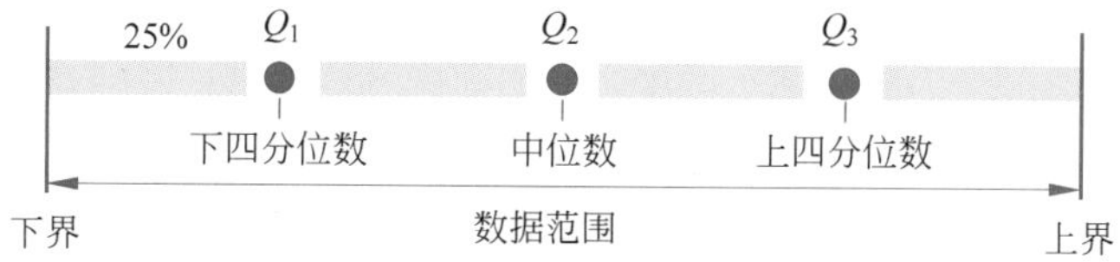

图 2-2 四分位数示意图

4）直方图

直方图是一种统计报告图，常用于可视化展示数据的分布情况。其基本思想是将数据取值范围划分成若干个离散的区间，然后统计每个区间有多少个数据，即计算数据出现的频次，最后绘制图形。在直方图中，横轴表示数据的取值范围，纵轴表示频次。图 2-3 统计了表 2-1 中不同年龄段客户流失的情况，其中浅蓝色表示流失客户，粉红色表示非流失客户。从图中可以看出，流失与非流失客户分布都近似服从正态分布，相比于非流失客户分布情况，流失客户的平均年龄明显偏大，主要集中在 40～50 岁。

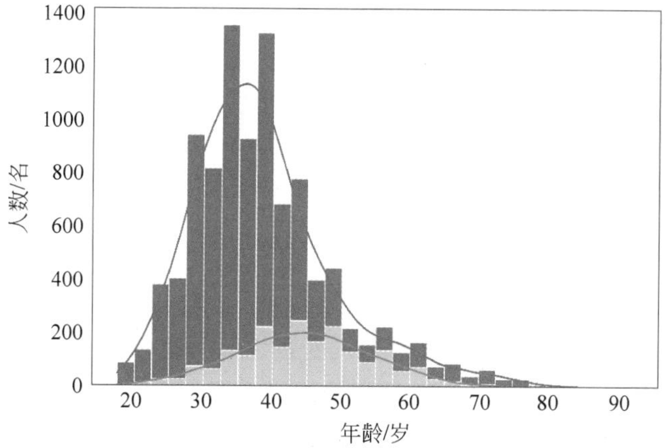

图 2-3 不同年龄段的银行客户流失分布

2.3.2 多变量分析

多变量分析是分析两个或多个变量之间的关系。通过综合考虑多个变量，可以更全面地了解数据集的特征、趋势和关联。实现多变量分析的方法有很多，这里仅以常用的相关系数、多元线性回归与主成分分析为例进行介绍。

1. 散点图

散点图通过在笛卡儿坐标系内绘制一系列离散的点来表示数据，用于揭示两个变量之间的关系。在进行相关分析时，可以通过散点图初步分析二维变量之间是否具有特定类型关系以及关系的强弱。图 2-4 用散点图展示了两组不同数据的分布情况，从图中可以看出，图 2-4(a)数据集中分布在一条直线周围，表明横轴变量与纵轴变量之间存在很强的线性相关性，而图 2-4(b)数据分布没有明显的规律。

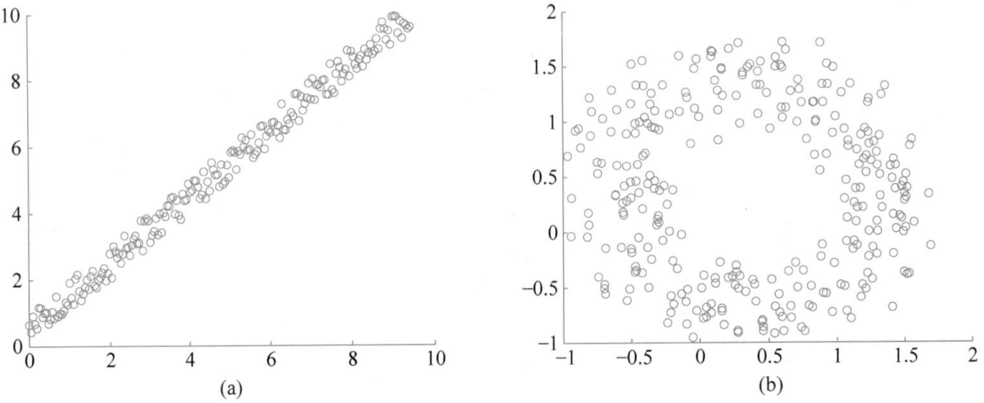

图 2-4 两组不同数据分布的散点图

2. 相关系数

对于两个变量的分析，在实际场景中还会采用相关系数来衡量它们之间的线性关联程度。假设有两个变量 X_i 与 X_j，那么它们的相关系数可表示为

$$r_{i,j}=\frac{\operatorname{cov}(X_i,X_j)}{\sigma_{X_i}\sigma_{X_j}}=\frac{E[(X_i-E(X_i))(X_j-E(X_j))]}{\sigma_{X_i}\sigma_{X_j}} \tag{2-6}$$

其中，σ_{X_i} 为 X_i 的标准差，$r_{i,j}$ 取值介于 -1 到 1 之间。当 $r_{i,j}>0$ 时，两个变量正相关；当 $r_{i,j}=0$ 时，两个变量不相关；当 $r_{i,j}<0$ 时，两个变量负相关。

如果数据集包含多个随机变量$(X_1,X_2,\cdots,X_p)$，可以通过如下相关系数矩阵 $\boldsymbol{R}$ 来揭示随机变量两两之间的线性相关性。

$$\boldsymbol{R}=\begin{bmatrix} r_{1,1} & r_{1,2} & \cdots & r_{1,p} \\ r_{2,1} & r_{2,2} & \cdots & r_{2,p} \\ \vdots & \vdots & \ddots & \vdots \\ r_{p,1} & r_{p,2} & \cdots & r_{p,p} \end{bmatrix} \tag{2-7}$$

利用相关系数矩阵，可借助热力图来对随机变量之间的线性相关性进行分析。对于例 2.1 中的数值型变量，采用热力图进行相关性分析的结果如图 2-5 所示。从图中可以看出，年龄及余额与客户流失有一定的相关性，其他因素与目标变量的相关性较小。

3. 多元线性回归

回归分析是研究两个变量或多个变量之间相互依赖关系的一种统计分析方法，应用十分广泛。按照自变量的多少，可以分为一元回归分析与多元回归分析；按因变量与自变量之间的关系类型，又可分为线性回归分析和非线性回归分析。这里对常用的多元线性回归进行介绍。

在多元回归模型中，假设变量 Y 与 $X_1,X_2,\cdots,X_p$ 存在如下线性关系：

$$Y=\beta_0+\beta_1X_1+\beta_2X_2+\cdots+\beta_pX_p+\varepsilon \tag{2-8}$$

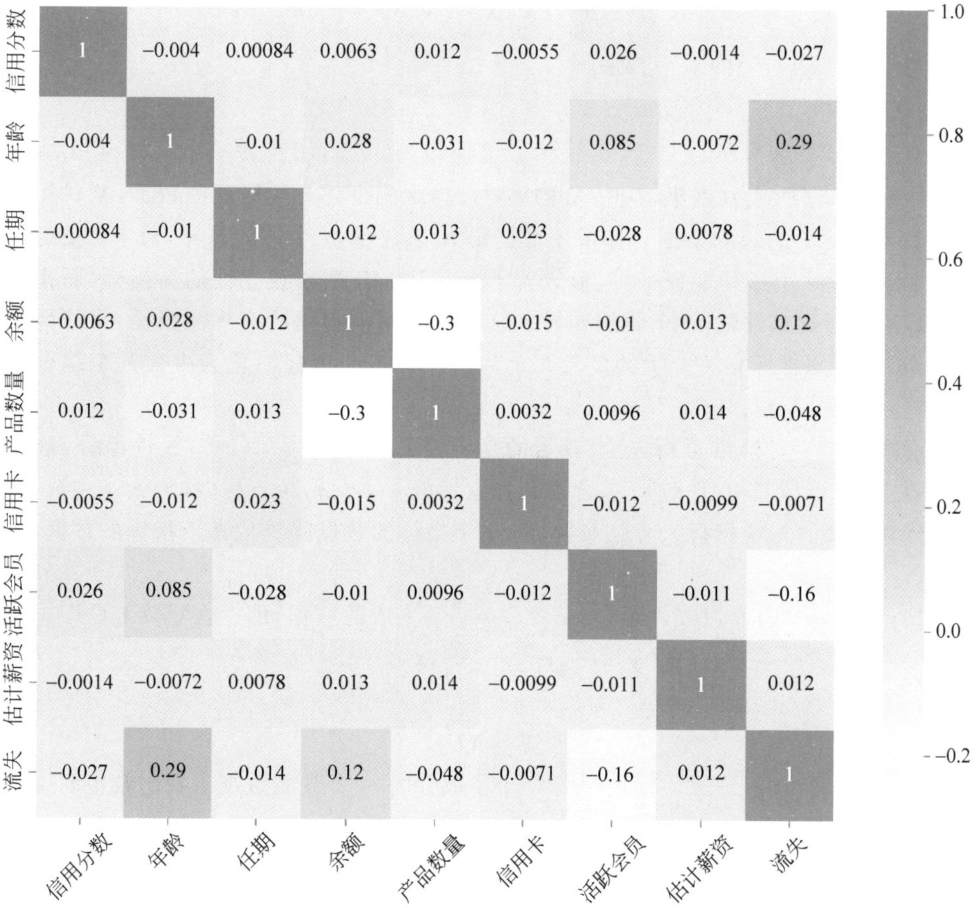

图 2-5 多变量相关系数矩阵的热力图

式中，Y 为因变量，β_i 为待估参数，ε 为模型残差。

给定包含 n 个样本的数据 $\{(\boldsymbol{x}_1, y_1), (\boldsymbol{x}_2, y_2), \cdots, (\boldsymbol{x}_n, y_n)\}$，每个样本特征向量都是由 p 个特征组成的，即 $\boldsymbol{x}_i = (x_{i1}, x_{i2}, \cdots, x_{ip})^{\mathrm{T}}$。定义特征矩阵为

$$\boldsymbol{X} = \begin{bmatrix} 1 & x_{11} & \cdots & x_{1p} \\ 1 & x_{21} & \cdots & x_{2p} \\ \vdots & \vdots & \ddots & \vdots \\ 1 & x_{n1} & \cdots & x_{np} \end{bmatrix}$$

样本的标签向量为

$$\boldsymbol{y} = \begin{bmatrix} y_1 \\ y_2 \\ \vdots \\ y_n \end{bmatrix}$$

那么多元回归模型式(2-8)可以进一步写成 $\boldsymbol{y} = \boldsymbol{X\beta} + \boldsymbol{\varepsilon}$ 的矩阵形式。求$\boldsymbol{\beta}$ 的估计可以通过求解如下最优化问题来实现：

$$\min Q(\boldsymbol{\beta}) := (\boldsymbol{y} - \boldsymbol{X\beta})^{\mathrm{T}}(\boldsymbol{y} - \boldsymbol{X\beta}) \tag{2-9}$$

可以证明，使上述损失函数 $Q(\boldsymbol{\beta})$最小的系数$\boldsymbol{\beta}$ 取值为

$$\hat{\boldsymbol{\beta}}=(\boldsymbol{X}^{\mathrm{T}}\boldsymbol{X})^{-1}\boldsymbol{X}^{\mathrm{T}}\boldsymbol{y} \tag{2-10}$$

$\hat{\boldsymbol{\beta}}$ 也称为优化问题式(2-9)的最小二乘解。

4. 主成分分析

假设有 m 个体，针对某 n 个指标对每个个体进行观测，用矩阵 $\boldsymbol{X}=[\boldsymbol{x}_1,\boldsymbol{x}_2,\cdots,\boldsymbol{x}_n]\in\mathbb{R}^{m\times n}$ 表示观测数据所成数据集，其中 $\boldsymbol{X}$ 的第 i 行为观测个体 i 所得观测数据，$\boldsymbol{X}$ 的第 j 列为 m 个个体针对指标 j 的观测数据。如果用数据集 $\boldsymbol{X}$ 来评估 m 个体的差异，通常需要综合个体的 n 个指标，如将 n 个指标加权平均，形成若干个具有综合性和独立性的新指标(新指标的个数小于 n)，用新指标来评估 m 个体的差异。这样既能完整利用所有观测数据，又能降低评估指标的维数，避免原指标相关产生的信息冗余。这种将多个指标简化为少数几个综合指标的方法，称为主成分分析。

主成分分析是一种降维分析方法，其目的是将相关的 n 个指标，通过线性组合，融入 n 个指标的内在关系，形成具有代表性、综合性和独立性的 $k(k<n)$ 个指标，称为 k 个主成分，用这 k 个指标代替原来的 n 个指标来评估个体，将 n 个指标的数据降维成 k 个指标的数据，实现降维分析。

设 $\boldsymbol{y}_1,\boldsymbol{y}_2,\cdots,\boldsymbol{y}_k$ 为通过线性组合 $\boldsymbol{x}_1,\boldsymbol{x}_2,\cdots,\boldsymbol{x}_n$ 生成的数据，即存在矩阵 $\boldsymbol{U}\in\mathbb{R}^{n\times k}$，使得

$$[\boldsymbol{y}_1,\boldsymbol{y}_2,\cdots,\boldsymbol{y}_k]=[\boldsymbol{x}_1,\boldsymbol{x}_2,\cdots,\boldsymbol{x}_n]\boldsymbol{U}$$

即

$$\boldsymbol{Y}=\boldsymbol{X}\boldsymbol{U} \tag{2-11}$$

其中，$\boldsymbol{Y}=[\boldsymbol{y}_1,\boldsymbol{y}_2,\cdots,\boldsymbol{y}_k]\in\mathbb{R}^{m\times k}$，$\boldsymbol{y}_i$ 为第 i 个主成分的 m 个观测数据。我们希望利用 $\boldsymbol{y}_i(i=1,2,\cdots,k)$能够较好地评估出 m 个个体的差异，因此，需要合适选取矩阵 $\boldsymbol{U}$，使得 $\boldsymbol{y}_i(i=1,2,\cdots,k)$具有较大的方差，方差越大，数据越分散，区分度越高；同时，$\boldsymbol{y}_i(i=1,2,\cdots,k)$要具有较强的独立性，以此来保证新指标的代表性，并避免数据冗余。为此，$\boldsymbol{y}_1,\boldsymbol{y}_2,\cdots,\boldsymbol{y}_k$ 的协方差矩阵$\boldsymbol{\Sigma}_{\boldsymbol{Y}}\in\mathbb{R}^{k\times k}$ 要体现上述要求。为了能简化表达 $\boldsymbol{y}_1,\boldsymbol{y}_2,\cdots,\boldsymbol{y}_k$ 的协方差矩$\boldsymbol{\Sigma}_{\boldsymbol{Y}}$，这里假设数据 $\boldsymbol{x}_i(i=1,2,\cdots,n)$的均值都为 0，据此可得 $\boldsymbol{y}_i(i=1,2,\cdots,k)$的均值都为 0，且有

$$\boldsymbol{\Sigma}_{\boldsymbol{Y}}=\frac{1}{m-1}\boldsymbol{Y}^{\mathrm{T}}\boldsymbol{Y}=\frac{1}{m-1}\boldsymbol{U}^{\mathrm{T}}\boldsymbol{X}^{\mathrm{T}}\boldsymbol{X}\boldsymbol{U}=\boldsymbol{U}^{\mathrm{T}}\boldsymbol{\Sigma}_{\boldsymbol{X}}\boldsymbol{U} \tag{2-12}$$

其中，$\boldsymbol{\Sigma}_{\boldsymbol{X}}=\frac{1}{m-1}\boldsymbol{X}^{\mathrm{T}}\boldsymbol{X}\in\mathbb{R}^{n\times n}$ 是$\boldsymbol{x}_1,\boldsymbol{x}_2,\cdots,\boldsymbol{x}_n$ 的协方差矩阵。由于协方差矩阵是实对称且半正定矩阵，则存在正交矩阵$\boldsymbol{V}=[\boldsymbol{v}_1,\boldsymbol{v}_2,\cdots,\boldsymbol{v}_n]\in\mathbb{R}^{n\times n}$，使得

$$\boldsymbol{V}^{\mathrm{T}}\boldsymbol{\Sigma}_{\boldsymbol{X}}\boldsymbol{V}=\mathrm{diag}(\lambda_1,\lambda_2,\cdots,\lambda_n) \tag{2-13}$$

其中，$\lambda_1\geqslant\lambda_2\geqslant\cdots\geqslant\lambda_n\geqslant 0$ 为$\boldsymbol{\Sigma}_{\boldsymbol{X}}$ 的特征值。若取 $\boldsymbol{U}=[\boldsymbol{v}_1,\boldsymbol{v}_2,\cdots,\boldsymbol{v}_k]$，则有

$$\boldsymbol{U}^{\mathrm{T}}\boldsymbol{\Sigma}_{\boldsymbol{X}}\boldsymbol{U}=\mathrm{diag}(\lambda_1,\lambda_2,\cdots,\lambda_k) \tag{2-14}$$

将式(2-14)代入式(2-12)可知，对上述 $\boldsymbol{U}$，相应的 $\boldsymbol{y}_1,\boldsymbol{y}_2,\cdots,\boldsymbol{y}_k$ 两两不相关，具有较强的独立性，且 $\boldsymbol{y}_1$ 的方差为 λ_1，$\boldsymbol{y}_2$ 的方差为 λ_2，……，$\boldsymbol{y}_k$ 的方差为 λ_k。至此，完成了主成分的确定。

下面简要给出主成分个数 k 的一种选择方法。对给定的阈值 τ，例如：$\tau=80\%$，可选取使得下式成立的最小 i 作为主成分个数 k。

$$\frac{\lambda_1+\lambda_2+\cdots+\lambda_i}{\lambda_1+\lambda_2+\cdots+\lambda_n}\geqslant\tau \tag{2-15}$$

据此主成分分析法确定主成分 $\boldsymbol{Y}=[\boldsymbol{y}_1,\boldsymbol{y}_2,\cdots,\boldsymbol{y}_k]$的步骤如下：

(1) 对原始数据 $\boldsymbol{X}=[\boldsymbol{x}_1,\boldsymbol{x}_2,\cdots,\boldsymbol{x}_n]$进行标准化，使得 $\boldsymbol{x}_i(i=1,2,\cdots,n)$的均值为 0，标

准化的数据仍记为 $\boldsymbol{X}$；

(2) 计算标准化后数据的协方差矩阵 $\boldsymbol{\Sigma}_{\boldsymbol{X}}=\frac{1}{m-1}\boldsymbol{X}^{\mathrm{T}}\boldsymbol{X}$；

(3) 按照式(2-13)对协方差矩阵 $\boldsymbol{\Sigma}_{\boldsymbol{X}}$ 做特征值分解，$\lambda_i(i=1,2,\cdots,n)$ 为特征值，满足 $\lambda_1\geqslant\lambda_2\geqslant\cdots\geqslant\lambda_n$，$\boldsymbol{v}_1,\boldsymbol{v}_2,\cdots,\boldsymbol{v}_n$ 为相应的两两正交的特征向量；

(4) 根据式(2-15)选取主成分个数 k，并选取前 k 个特征值对应的特征向量构建投影矩阵 $\boldsymbol{U}=[\boldsymbol{v}_1,\boldsymbol{v}_2,\cdots,\boldsymbol{v}_k]$；

(5) 将原始数据与投影矩阵相乘，得到降维后的主成分 $\boldsymbol{Y}=\boldsymbol{X}\boldsymbol{U}$。

以上给出了主成分分析的数学描述及求解步骤，接下来，从几何意义上对其进行解释。从几何意义上来说，主成分分析是将原始变量投影到相互正交的新坐标系，使得具有最大方差的变量被分配到新坐标系下的少数几个坐标轴上，进而在数据信息损失最小的原则下，用少数新的变量代替原来较多的旧变量。下面以二维高斯分布数据为例，给出主成分分析的几何解释，如图 2-6 所示。

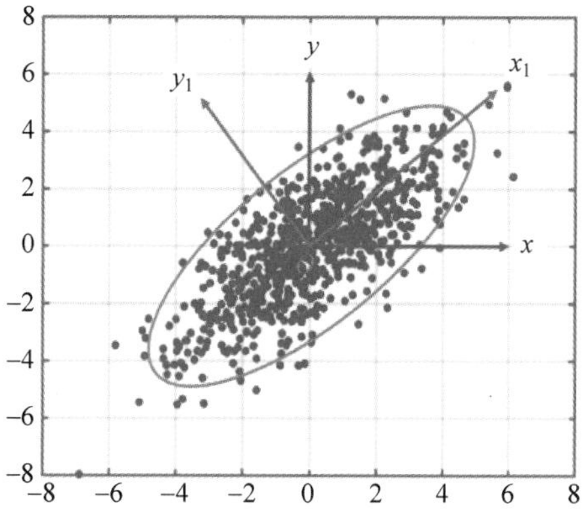

图 2-6　主成分分析几何解释

从图 2-6 中可以看出，数据点沿原始坐标系下 x 轴方向或是 y 轴方向都表现出较大的离散性，而数据离散程度可以通过变量的方差来进行定量表示，若只用 x 轴或 y 轴单一变量来表示原始数据，会在一定程度上导致信息的丢失。假设将原始坐标系 xOy 旋转到新的坐标系 x_1Oy_1，此时数据点沿 x_1 轴方向离散程度最大，方差贡献率大，可提取为第一主成分；沿 y_1 轴方向离散程度较小，方差贡献率小，可提取为第二主成分。因此，通过以上变换，可以达到降维的目的。

2.4 特征预处理

特征预处理是机器学习中的一个重要环节，它旨在通过对原始数据进行清洗、整理和转化来改善数据的质量，以便提高模型的预测性和稳定性，主要包括缺失值处理、异常值处理和特征变换等。

2.4.1 缺失值处理

在数据采集过程中，由于人为因素或设备因素等，会导致数据缺失，即部分样本的某些特征是缺失的。数据缺失是影响数据质量的重要因素。

1. 数据缺失类型

通常将数据集中不含缺失值的变量称为完全变量，含有缺失值的变量称为不完全变量。缺失数据可以划分成以下几种类别：

（1）完全随机缺失。数据缺失是完全随机的，缺失数据的发生与数据集中的其他特征或观测值没有关联，不会引入任何偏见或误差。

（2）随机缺失。数据缺失不是完全随机发生的，数据的缺失与其他已观测到的变量有关，但与该变量本身无关。

（3）非随机缺失。数据缺失与该变量的观测者本身有关，并且无法通过其他已观测到的特征进行解释或建模。

2. 缺失值处理方法

在了解到数据缺失的原因以及类型后，还需要对缺失数据进行有效处理以提高数据分析和建模的准确性和可靠性。处理缺失值的方法可以根据数据的性质、缺失数据类型以及具体问题的要求而有所不同。完整的缺失值处理流程包含以下 4 个步骤：①识别缺失值；②分析数据缺失原因；③探索缺失值模式；④缺失数据的处理。

例 2.3 考虑 UCI 网站上的数据集（Pittsburgh Bridges），其中包含 108 个样本，每个样本有 13 个特征，其中部分样本存在缺失值。对每个特征的缺失情况进行分析，并运用可视化图表进行展示，如图 2-7 所示。图 2-7(a)顶部列出了每个特征中没有缺失值的样本数量，从图 2-7(a)中可知，共有 9 个特征存在数据缺失，在图 2-7(b)中，白色直条表示存在数据缺失，黑色直条表示不存在数据缺失，由此可以大致看出存在数据缺失的样本的位置。

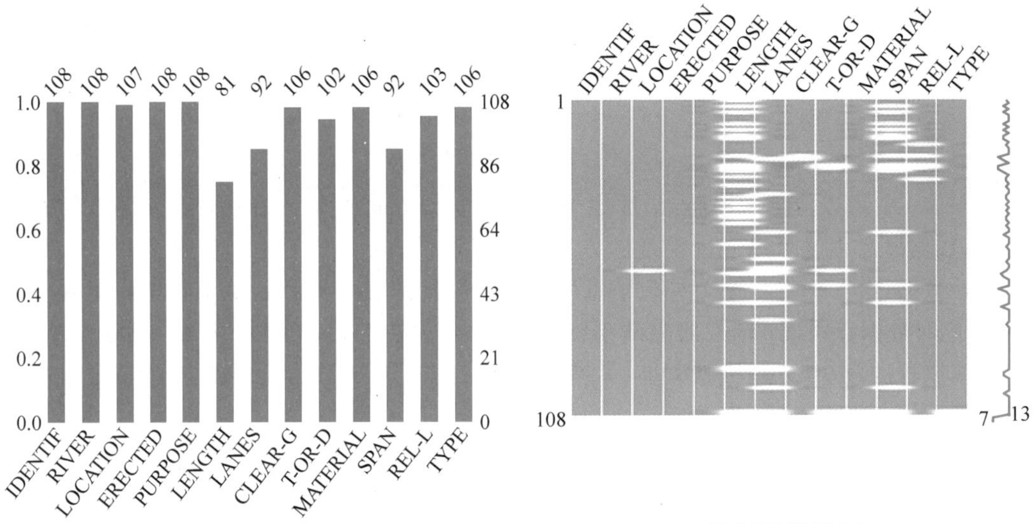

(a) 特征样本数量缺失分布

(b) 缺失数据位置分布

图 2-7　Pittsburgh Bridges 数据集的数据缺失情况

缺失值的处理方法主要包括删除法和插补法。

（1）删除法包含整行删除法和成对删除法。整行删除法是指当缺失数据记录占整个数据记录比例非常小时（少于 5%），可直接对存在缺失值的样本执行删除操作。成对删除是指当选择一个或多个变量进行分析时，只删除特定变量上存在缺失值的样本，而保留其他样本，以最大程度减少数据的浪费。删除法在一定程度上会造成数据的浪费。

（2）插补法是指对数据集中样本缺失的特征观测值进行填充。其优点是能够尽可能保留训练数据的样本信息。插补法包括均值插补、中位数插补和众数插补。均值插补是指用特征的均值来填补缺失值，适用于数据服从正态分布的情形；中位数插补是指用特征的中位数来填补缺失值，对存在大量离群值或偏态分布的数据，比均值插补更加有效；众数插补是指用特征的众数来填补缺失值，适用于分类变量或具有离散取值的特征数据。

2.4.2 异常值处理

异常值检测与处理是数据分析过程中不可或缺的环节。异常值是指特征观测值明显超出或低于正常范围的样本点，也称离群点。异常值处理就是通过一定的分析方法将异常值识别出来并进行合适的处理。

1. 异常值检测

1）3σ 准则

如果特征的取值服从正态分布，可以采用 3σ 准则来检测异常值。根据统计规律，在正态分布中，大约 99.7%的观测值落在$[\mu-3\sigma,\mu+3\sigma]$上，其中 μ、σ 分别为特征的均值和标准差，如图 2-8 所示。如果一个样本的观测值超出了$[\mu-3\sigma,\mu+3\sigma]$，则被认为是异常值。

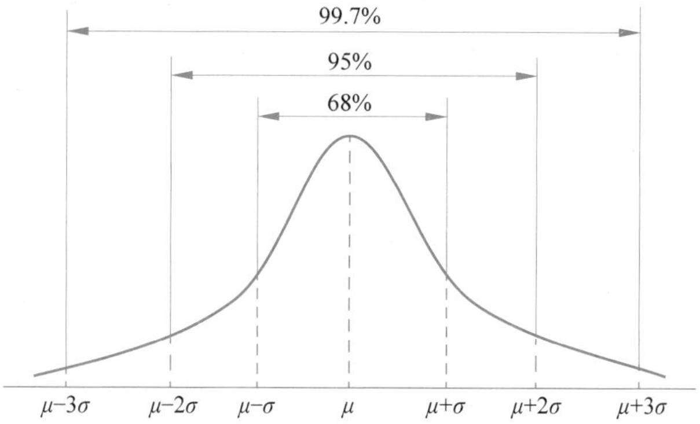

图 2-8 3σ 控制图

2）Z-Score 方法

如果特征的取值不服从正态分布，则可以采用 Z-Score 来检测异常值。Z-Score 方法的基本思想是计算每个样本的 Z-Score 值：

$$z=\frac{x-\bar{x}}{\sigma} \tag{2-16}$$

并根据设定的阈值，判断每个样本的 Z-Score 值是否超过该阈值。如果超过，则认为该观测值异常。其中，x 表示样本特征的观测值，$\bar{x}$ 表示样本特征的平均值，σ 表示样本特征的标准差。

3）IQR 方法

IQR 方法是一种基于数据分布的离群点检测方法，其基本思想是通过计算数据的四分位数来确定异常值。具体来说，将满足以下关系的数据点称为异常点，如图 2-9 所示。

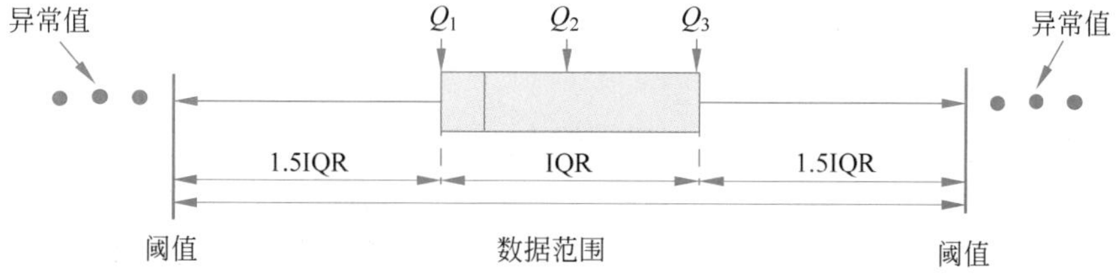

图 2-9 基于 IQR 的异常值检测

$$x < (Q_1 - 1.5 \times \mathrm{IQR}) \text{ 或 } x > (Q_3 + 1.5 \times \mathrm{IQR}) \tag{2-17}$$

其中，Q_1 表示下四分位数，Q_3 表示上四分位数，IQR 为四分位数 Q_1 与 Q_3 之间的距离。

4）聚类方法

除了以上几种方法外，聚类方法也是一种行之有效的异常值检测方法。例如，当前使用较多的基于密度的空间聚类算法(DBSCAN)，其基本思想是对数据进行聚类分析，将相似的数据点进行合并以构成一个簇，而对于那些没有被划分到任何簇中的数据点可以看作异常数据。图 2-10 给出了 DBSCAN 聚类数据后的结果，从中可以看出 DBSCAN 可以有效检测出异常值。

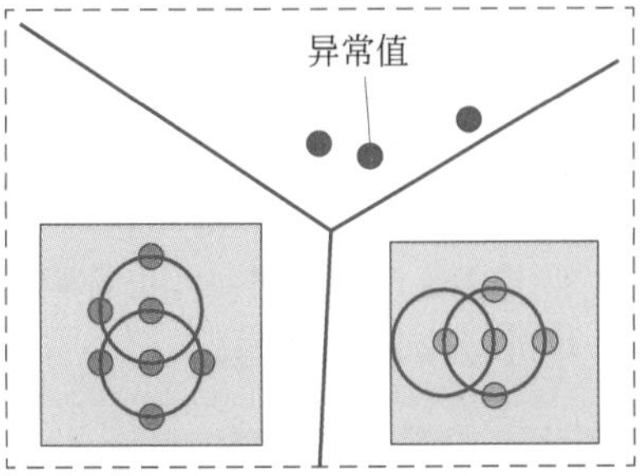

图 2-10 基于聚类方法的异常值检测

2. 异常值处理

检测出异常值后，就需要对异常值进行处理，因为它会影响数据分析以及机器学习算法的性能。对异常值的处理主要有以下几种思路：第一种是直接删除异常值，但是当数据量很小的时候，过多的删除会影响数据集的完整性和可靠性；第二种是变换法，对于明显偏离正常范围的异常值，通过缩放、归一化等方法将数据缩小到合适的范围，减少异常值对数据集的影响；第三种是插补法，将异常值看作缺失值，然后采用均值、中位数、众数等插补法处理。

2.4.3 特征变换

在数据集中，很多时候数据的分布、取值大小以及规模都有所不同，必须对不同特征的分布、尺度等进行处理，以满足不同数据分析和机器学习任务对数据的要求，这也就是特征变换。特征变换方法有很多，以下介绍常用的分类型变量编码、无量纲化处理以及数值型特征变换。

1. 分类型变量编码

分类型变量是用来表示类别或标记的变量，包含有序型变量和无序型变量。在例 2.1 中，客户所在城市、客户性别等都是分类型变量，不能直接参与数值计算，需要将其编码成数值型。分类型变量的常用编码方式包括数字编码、独热编码等。

1）数字编码

一种简单的数字编码方法是从 0 开始赋予特征的每个取值一个整数。对于序数特征，按照特征取值从小到大进行整数编码可以保证编码后的数据保留原有的次序关系。

例 2.4 用 X 表示分类型变量“学历”，该变量的取值空间为

{小学，初中，高中，本科，研究生}

使用一个数值型变量 Y，对原分类型变量进行编码，其取值空间为

$$\{0,1,2,3,4\}$$

即如果 $X=$“小学”，则对应的有 $Y=0$；如果 $X=$“研究生”，则对应的有 $Y=4$ 等。但是对于一般的无序型特征，数字编码会为该特征引入次序关系，因而并不十分适用。

2）独热编码

独热编码，也称 One-Hot 编码，是指将可能有 k 个取值的分类型变量 X 用一个长度为 k 的特征向量 $\boldsymbol{Y}$ 来表示。$\boldsymbol{Y}$ 的每个分量的取值为 0 或 1，且所有分量之和为 1。

例 2.5 考虑例 2.4 中的分类型变量 X，其有 5 个可能取值，使用独热编码对 X 重新编码。如果 $X=$“小学”，则对应的有 $\boldsymbol{Y}=[1,0,0,0,0]^{\mathrm{T}}$。完整的独热编码结果如表 2-2 所示。

表 2-2 表示分类型变量"学历"的独热编码

X	小　学	初　中	高　中	本　科	研究生
Y	1	0	0	0	0
	0	1	0	0	0
	0	0	1	0	0
	0	0	0	1	0
	0	0	0	0	1

将分类型变量进行独热编码的一个不足是需要枚举该变量所有取值情况，极大地增加特征维度，在大型分类变量编码中并不适用。

3）分箱计数

分箱计数借助目标变量的信息实现对分类型变量的编码。如果分类型变量 X 与目标变量 $Z\in\{0,1\}$ 相关，分箱计数方法不对分类变量 X 的值进行编码，而是使用目标变量 $Z=1$ 的条件概率 $P(Z=1|X)$ 对分类型变量 X 进行编码，即如果分类型变量 X 的取值为 $X=$"A"，那么 $X=$"A" 经过编码后为 $Y=P(Z=1|X=$"A"$)$。

例 2.6 对例 2.1 中的分类型变量"姓氏"做分箱计数编码，统计不同姓氏的流失和不流失的客户数量，并计算相应的流失率，如表 2-3 所示。如果以流失率的值作为对分类型变量"姓氏"的分箱计数编码，对于姓氏为 Smith 的客户，重新编码后的观测值为 9/32。

表 2-3 分类型变量"姓氏"的分箱计数编码

姓　氏	流失客户数	未流失客户数	姓氏编码
Smith	9	23	9/32
Scott	3	26	3/29
Martin	9	20	9/29
Walker	4	24	4/28
Brown	5	21	5/26
…	…	…	…

需要说明的是，当面对类别数量特别大的情况时，独特编码会生成大型、稀疏的特征向量空间，不利于机器学习模型训练。而分箱计数法将每个分类型变量表示为小而密集的特征向量，具有较小的存储需求和计算成本，适合以上情况处理。

2. 无量纲化处理

1）数据缩放

数据缩放主要目的是消除数据的量纲，将不同特征的取值范围映射到相同尺度，以避免某些数值特征对模型训练产生不利影响。例如，在基于距离度量的机器学习算法中（如 SVM、K 近邻等），如果一个特征的取值范围远大于其他特征，则该特征有可能会主导模型的训练，从而导致模型最后预测结果不正确。此外，通过数据缩放还可以加速优化算法收敛速度，提高建模效率。Min-Max 缩放是比较常用的一种方法，该方法可以将数据缩放到指定的区间。Min-Max 缩放方法将数据 x 缩放至区间[0,1]上的数 x' 为

$$x'=\frac{x-x_{\min}}{x_{\max}-x_{\min}} \tag{2-18}$$

其中，$x_{\min}$ 为数据最小值，$x_{\max}$ 为最大值。

2）数据标准化

消除量纲的另一种有效方法是数据标准化，它是将服从正态分布的数据转换为均值是 0、

标准差是 1 的正态分布。对于回归模型，服从正态分布的自变量和因变量往往有更好的回归预测性能。另外，该方法同样有均衡不同特征的权重、加快优化算法收敛速度的优点。数据标准化可用前面介绍的 Z-Score 方法。为了避免异常值对样本标准差的影响，有时也用平均绝对离差替代样本标准差 σ，此时数据标准化可通过下式实现：

$$x' = \frac{x - \bar{x}}{\sum_{i}^{n} | x_i - \bar{x} | / n} \tag{2-19}$$

3. 数值型特征变换

1）对数变换

对数变换是一种常用的特征变换方法，可以调整数据的分布形态，使其接近线性分布或减小数据的尺度。例如，呈指数增长趋势的人口或经济数据，通过对数变换可以使数据更接近线性分布，方便后续的数据建模和分析。另外，对于大于 0 的重尾分布数据，通过对数变换可以减少右偏分布数据，使数据更接近正态分布，从而提高建模的准确性。对数变换方法如下：

$$x' = \log_b(x) \tag{2-20}$$

其中，x'是变换后的特征，x 是原始特征，b 通常取自然数 e。

2）Box-Cox 变换

Box-Cox 变换是一种灵活且被广泛应用的幂变换方法，适用于需要正态分布数据的统计分析、建模和假设检验任务。其一般形式可以写为

$$x' = \begin{cases} \dfrac{x^\lambda - 1}{\lambda}, & \lambda \neq 0 \\ \ln x, & \lambda = 0 \end{cases} \tag{2-21}$$

其中，x'为经 Box-Cox 变换后的变量，λ 取不同的值有不同的变换效果。当 $\lambda = 0$ 时，Box-Cox 变换为对数变换；当 $\lambda \neq 0$ 时，Box-Cox 变换自动寻找一个最优的参数 λ，以实现数据 x'最大限度地接近正态分布。λ 的取值可以通过极大似然估计来确定。

3）特征离散化

特征离散化是将连续的特征转换为离散特征的过程，也就是将连续的数据进行分段处理，使其变成一系列离散的数据。在机器学习算法中，很少直接采用连续值作为特征输入，大多数要求输入特征必须是离散型，例如决策树、朴素贝叶斯等算法。对连续特征进行离散化处理，有助于数据被简化、增强特征的表达能力以及提升模型的泛化能力。离散化方法很多，按离散化过程中是否使用了分类信息可分为无监督离散化和有监督离散化。

（1）无监督离散化方法，比较典型的方法有等宽分箱、等频分箱和聚类分箱。

等宽分箱是直接将原分布特征划分至预先设置好的等间距区间，无须考虑特征取值的分布。假设特征最大值和最小值分别为 $x_{\max}$ 与 $x_{\min}$，那么连续特征 x 离散化后可表示为

$$x' = \left\lfloor k \times \frac{x - x_{\min}}{x_{\max} - x_{\min}} \right\rfloor \tag{2-22}$$

其中，k 为分箱数，$\lfloor \cdot \rfloor$表示向下取整。

与等宽分箱不同，等频分箱是使划分的区间中样本数量尽可能保持一致，该方法需要统计特征取值的分布并进行排序。等频分箱的计算公式可表示如下：

$$x' = \left\lfloor k \times \frac{\text{index}(x)}{n} \right\rfloor \tag{2-23}$$

其中，$k \in [0,1]$，n 表示样本数，index(x)表示特征升序后的索引。

聚类分箱的思想是通过 K-means 聚类算法对连续属性值进行聚类，然后根据聚类结果来确定特征的分组。由于聚类分箱考虑了数据的分布以及近邻特征，因此可以产生较好的离散化结果，但该算法需要用户指定分箱数目。

(2) 监督离散化方法，常用的有信息熵分箱和卡方分箱。信息熵分箱是基于信息熵最小原则来确定分隔点，使分箱后的数据能够最大程度地区分因变量的类别。卡方分箱是基于卡方检验的分箱方法，其基本思想是将每个特征取值看作一个独立的区间，然后计算相邻区间的卡方值，把最小卡方值的相邻区间合并在一起，直到满足分箱的限制条件为止。

2.5 特征选择

完成前面特征提取、探索性分析和特征预处理等步骤后的数据，已经基本符合实际运用中算法对数据的要求。但特征的数量和质量对模型的计算效率和性能有很大的影响，因此有必要对特征进行选择。所谓特征选择就是指从给定的特征集合中选择最相关、最重要的特征子集，以便于算法建模和分析。因此，特征选择也称“特征子集选择”。正确的特征选择有助于提高模型的性能，减少维度灾难，并增加对数据的理解。目前，常见的特征选择技术大致可分为过滤法、封装法和嵌入法。

2.5.1 过滤法

过滤法是先对数据集的特征进行选择，然后将特征输入机器学习算法中，其过程完全独立于任何机器学习算法。该方法通过采用某些统计指标来度量特征的重要性，例如相关系数、互信息和信息增益等，然后根据这些统计指标的得分与指定的阈值进行比较来选择最相关的数据特征。过滤法的基本思路如图 2-11 所示。过滤法运行速度快，但由于没考虑算法模型，无法提供反馈，因此有可能无法为算法模型选出正确的特征。

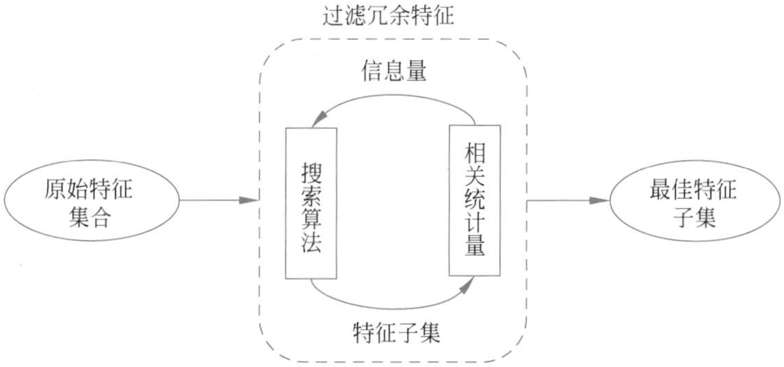

图 2-11 过滤法的基本思路

基于相关系数的特征提取的过程是计算各个特征与目标变量(也称解释变量或响应变量)之间的相关系数，通过设定阈值，选择相关系数较大的目标特征。相关系数的计算可通过式(2-6)得到。基于互信息的特征提取从信息熵的角度分析每个特征与目标变量之间的依赖关系，其中信息熵可以衡量变量中所携带的信息量。假设离散型随机变量 X 的取值空间为 $\{x_1, x_2, \cdots, x_n\}$，其取值为 x_i 的概率为 $p(x_i)$，变量 X 的信息熵可以定义为

$$H(X) = -\sum_{i=1}^{n} p(x_i)\log_2(p(x_i)) \tag{2-24}$$

另有一个离散型随机变量 Y 的取值空间为 $\{y_1, y_2, \cdots, y_m\}$，其取值为 y_i 的概率为 $p(y_i)$。

$(X,Y)=(x_i,y_j)$的联合概率为 $p(x_i,y_j)$。那么可以定义条件熵为

$$H(X \mid Y) = -\sum_{i=1}^{n}\sum_{j=1}^{m} p(x_i,y_j)\log_2\left(\frac{p(x_i)}{p(y_j)}\right) \tag{2-25}$$

其中,$H(X|Y)$为条件熵,表示在已知变量 Y 的情况下 X 的不确定性。

互信息度量了自变量 X 与目标变量 Y 之间的依赖程度,可通过如下公式计算:

$$I(X;Y) = H(X) - H(X \mid Y) = \sum_{i=1}^{n}\sum_{j=1}^{m} p(x_i,y_j)\log_2\left(\frac{p(x_i,y_i)}{p(x_i)p(y_j)}\right) \tag{2-26}$$

其中,$I(X;Y)$越大表示特征变量与目标变量的相关性越强,可将特征进行保留,用于后续学习任务;反之,若 $I(X;Y)$等于 0,说明特征变量与目标变量相互独立,特征可以剔除。

2.5.2 封装法

与过滤法不同,封装法是一种将特征选择与算法训练同时进行的方法,它利用算法模型的性能作为特征子集的选择依据,不用人为定义某个评估指标。封装法的基本思路如图 2-12 所示。结合图 2-11 和图 2-12 的基本思路可以看出,封装法是依靠自身算法模型来选择特征,而过滤法则独立于算法模型。因此,从最终算法模型性能上来看,封装法的特征选择要比过滤法的好。但由于封装法在选择特征过程中要多次训练算法模型,因此速度会比较慢。

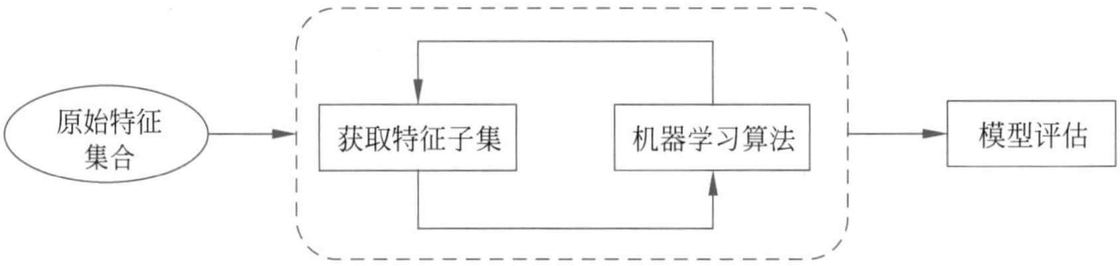

图 2-12 封装法的基本思路

递归特征消除法是其中比较经典且实用的方法。其主要思想是:从所有可用特征开始,反复训练模型,评估特征的重要性,并消除不重要的特征,直到达到指定数量的特征或所需的模型性能水平。该算法的基本步骤如表 2-4 所示。

表 2-4 递归特征消除法的基本步骤

输入:	特征集 E
输出:	最优特征子集 E^f
1	将初始特征 E 输入模型进行训练,计算模型的性能指标;
2	根据性能指标对特征重要性排序,选择得分最低的若干个特征作为待剔除的特征;
3	从特征集 E 中剔除待剔除的特征,得到不同特征子集 E_i',$i=1,2,\cdots,p$;
4	for 不同特征子集 E_i',$i=1,2,\cdots,p$ do
5	将特征子集 E_i'输入模型进行训练;
6	计算模型的性能指标;
7	end for
8	统计以上在不同特征子集 E_i',$i=1,2,\cdots,p$ 下的模型性能,选取模型性能最好时所采用的特征子集作为最优特征子集 E^f

2.5.3 嵌入法

与封装法在特征选择和模型训练过程中有明显区分不同,嵌入法是将特征选择与模型训

练融为一体，通过对特征进行加权或调整，使模型能够自动选择出对目标变量具有最大预测能力的特征子集。例如，决策分类器，它在每次训练过程中都要选择最优的特征来决定树的分枝点。嵌入法的基本思路如图 2-13 所示。从算法原理分析来看，嵌入法的计算复杂度较高，需要更多的计算资源，但总体上要比封装法低。

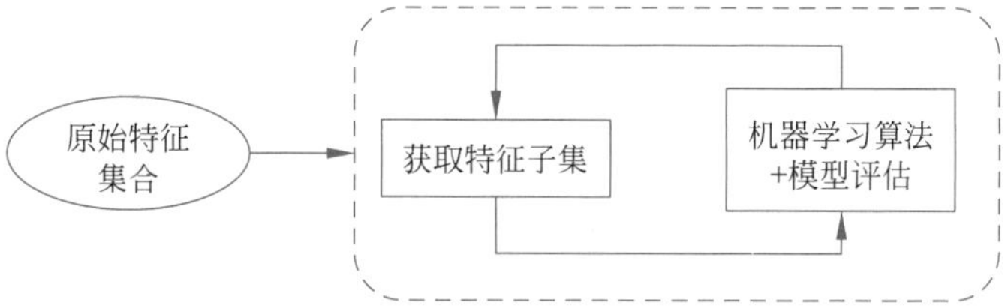

图 2-13 嵌入法的基本思路

在特征提取的嵌入法中，最常用的是基于正则化技术。逻辑回归是一种广义的线性回归模型，它可以根据一个样本的特征向量来估计该样本属于哪一类的概率。假设训练样本为 $(\boldsymbol{x}_i, y_i), i=1,2,\cdots,n$，其中 $\boldsymbol{x}_i \in \mathbb{R}^d$ 为特征向量，y_i 为类别标签，逻辑回归的二分类概率模型可描述为

$$p(y \mid \boldsymbol{x};\boldsymbol{\theta}) = (h_{\boldsymbol{\theta}}(\boldsymbol{x}))^y (1 - h_{\boldsymbol{\theta}}(\boldsymbol{x}))^{1-y} \tag{2-27}$$

其中，$h_{\boldsymbol{\theta}}(\boldsymbol{x})$为逻辑回归预测函数，可通过如下 logistic 函数来定义：

$$h_{\boldsymbol{\theta}}(\boldsymbol{x}) = \frac{1}{1+\exp(-\boldsymbol{\theta}^{\mathrm{T}}\boldsymbol{x})} \tag{2-28}$$

其中，$\boldsymbol{\theta}^{\mathrm{T}}\boldsymbol{x} = \theta_0 + \theta_1 x_1 + \theta_2 x_2 + \cdots + \theta_d x_d$。

接下来，对于以上二分类问题，在给定数据集 $D=\{(\boldsymbol{x}_1, y_1), (\boldsymbol{x}_2, y_2), \cdots, (\boldsymbol{x}_n, y_n)\}$上，使用极大似然估计方法来估计参数$\boldsymbol{\theta}$。极大似然函数为

$$L(\boldsymbol{\theta}) = \prod_{i=1}^{n} p(y_i \mid \boldsymbol{x}_i;\boldsymbol{\theta}) = \prod_{i=1}^{n} (h_{\boldsymbol{\theta}}(\boldsymbol{x}_i))^{y_i} (1 - h_{\boldsymbol{\theta}}(\boldsymbol{x}_i))^{1-y_i} \tag{2-29}$$

为了简化运算，令

$$J(\boldsymbol{\theta}) = -\frac{1}{n}\log(L(\boldsymbol{\theta})) \tag{2-30}$$

即

$$J(\boldsymbol{\theta}) = -\frac{1}{n}\sum_{i=1}^{n}(y_i \log(h_{\boldsymbol{\theta}}(\boldsymbol{x}_i)) + (1-y_i)\log(1-h_{\boldsymbol{\theta}}(\boldsymbol{x}_i))) \tag{2-31}$$

这样估计参数$\boldsymbol{\theta}$ 的问题可转换为极小化 $J(\boldsymbol{\theta})$的问题。

在实际应用中，为控制模型的复杂性以及防止模型过拟合问题发生，通常会在上述损失函数中引入正则化项。若使用 L1 正则化项，则对应的代价函数可表示为

$$J(\boldsymbol{\theta})_{\mathrm{L1}} = -\frac{1}{n}\log(L(\boldsymbol{\theta})) + \lambda \|\boldsymbol{\theta}\|_1 \tag{2-32}$$

若使用 L2 正则化项，则对应的代价函数变为

$$J(\boldsymbol{\theta})_{\mathrm{L2}} = -\frac{1}{n}\log(L(\boldsymbol{\theta})) + \lambda \|\boldsymbol{\theta}\|_2^2 \tag{2-33}$$

其中，λ 为正则化参数。

相比于 L2 正则化，L1 正则化更容易得到稀疏解。换句话说就是，L1 正则化可以有效地将一些特征的系数减少至零，仅保留$\boldsymbol{\theta}$ 的非零分量所对应的特征，以达到特征筛选的目的。因

此，基于 L1 正则化的学习方法属于一种嵌入式特征选择方法。

2.6 案例：工业设备信号特征工程

风力涡轮机作为一种可再生能源技术在全球范围内得到广泛应用，其重要组成部分如图 2-14 所示。滚动轴承是其最重要且最易损坏的部件。特征工程是利用机器学习算法进行设备故障诊断和剩余寿命预测的重要前处理步骤，对滚动轴承的运行状态监测和预测性维护具有重要意义。

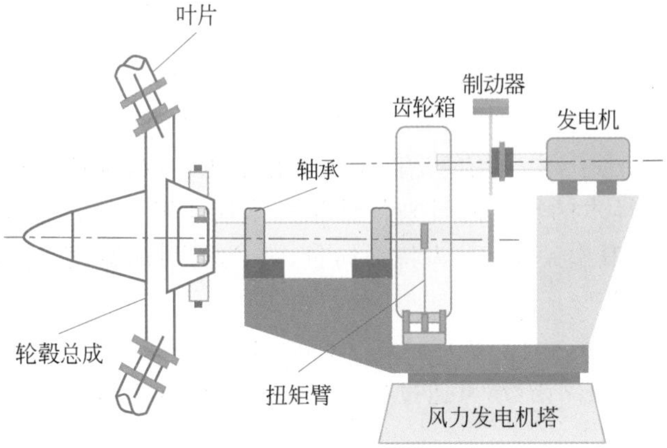

图 2-14　风力涡轮机重要组成部分

案例采用由国际故障预测与健康管理协会提供的风力涡轮机滚动轴承数据进行特征工程分析，该数据集常用于评估不同剩余寿命预测算法的有效性和实用性，可通过 Kaggle 平台获得。数据集采自 20 齿的小齿轮驱动的 2MW 的风力涡轮机轴承，连续采集 50 天，每天采集 6 秒，期间滚动轴承出现内圈故障。图 2-15 给出了 50 天所采集的振动信号，其中采样频率设置为 97656Hz。

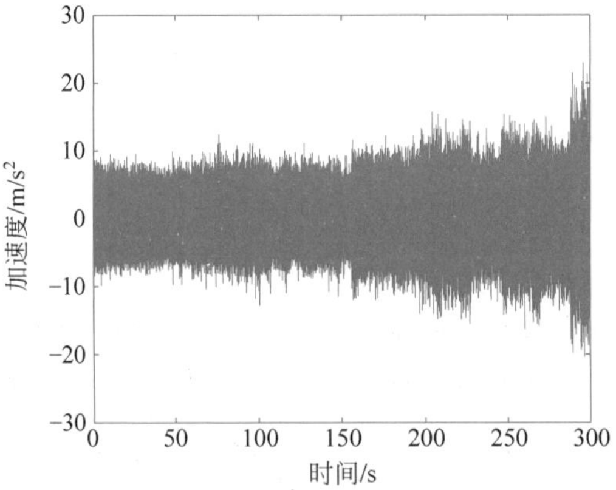

图 2-15　轴承的振动信号

在进行寿命预测分析中，如果直接将以图 2-15 的时域信号输入算法模型，会面临数据维度过高的问题，并且时域信号很难直接反映故障的信息。事实上，振动信号中包含了大量的故障信息，能够反映机械设备的运行状态。另外，当其处于不同的运行状态时，振动信号中的特征参数也会有不同的数值，呈现不同状态下的明显差异。因此，提取合适的特征以进行模式识别是非常重要的。

1．特征提取

为反映振动信号包含的信息，选取了实际工程中常用的特征指标，如表 2-5 所示。其中，不同特征指标具有不同物理含义，例如，均值用于分析信号的平稳性；脉冲因子用于检测信号是否含有冲击成分；峭度对轴承故障产生的异常脉冲比较敏感和裕度因子可以用来检测设备磨损情况等。通过分析以上指标可以帮助诊断设备异常。

表 2-5　不同特征参数

特征名称	表达式	特征名称	表达式
均值	$F_1=\frac{1}{N}\sum_{i=1}^{N}x_i$	能量因子	$F_7=\sum_{i=1}^{N}x_i^2$
标准差	$F_2=\sqrt{\frac{1}{N-1}\sum_{i=1}^{N}(x_i-F_1)^2}$	脉冲因子	$F_8=\frac{\max(\lvert x_i\rvert)}{\frac{1}{N}\sum_{i=1}^{N}\lvert x_i\rvert}$
峰-峰值	$F_3=\max(x_i)-\min(x_i)$	波形因子	$F_9=\frac{F_4}{\frac{1}{N}\sum_{i=1}^{N}\lvert x_i\rvert}$
均方根值	$F_4=\sqrt{\frac{1}{N}\sum_{i=1}^{N}x_i^2}$	波峰因子	$F_{10}=\frac{\max(\lvert x_i\rvert)}{F_4}$
偏度	$F_5=\frac{1}{N}\sum_{i=1}^{N}\frac{(x_i-F_1)^3}{F_2^3}$	裕度因子	$F_{11}=\frac{\max(\lvert x_i\rvert)}{\left(\frac{1}{N}\sum_{i=1}^{N}\sqrt{\lvert x_i\rvert}\right)^2}$
峭度	$F_6=\frac{1}{N}\sum_{i=1}^{N}\frac{(x_i-F_1)^4}{F_2^4}$		

表 2-5 中，x_i 表示传感器采集到的第 i 个时刻的振动信号，N 表示整个信号的长度。F_1～F_{11} 表示不同的特征参数指标。对于上述指标，实现代码描述如下：

```
# 特征提取
def feature_extraction(data):
  rows, cols = data.shape                              # rows 为样本个数,cols 为样本长度
  F1 = np.mean(data, axis = 1)                         # 均值
  F2 = np.std(data, axis = 1)                          # 标准差
  F3 = max_value - min_value                           # 峰 - 峰值
  F4 = np.sqrt(np.sum(data ** 2, axis = 1) / cols)     # 均方根值
  F5 = stats.skew(data, axis = 1)                      # 偏度
  F6 = stats.kurtosis(data, axis = 1)                  # 峭度
  F7 = np.sum(data ** 2, axis = 1)                     # 能量因子
  F8 = np.amax(abs(data), axis = 1)/np.mean(abs(data), axis = 1) # 脉冲因子
  F9 = F4/np.mean(abs(data), axis = 1)                 #波形因子
  F10 = np.amax(abs(data), axis = 1)/F4                # 波峰因子
  F11 = np.amax(abs(data), axis = 1)/np.mean(abs(data), axis = 1) # 裕度因子
  features = [F1, F2, F3, F4, F5, F6, F7, F8, F9, F10, F11]
  return np.array(features).T
```

基于上述公式及代码，不同特征指标随时间的变化趋势如图 2-16 所示。

不同特征表征滚动轴承的退化性能是不同的，选取表征能力强的特征可以简化退化评估模型。为此，选用单调性作为评价退化过程的重要指标，定义如下：

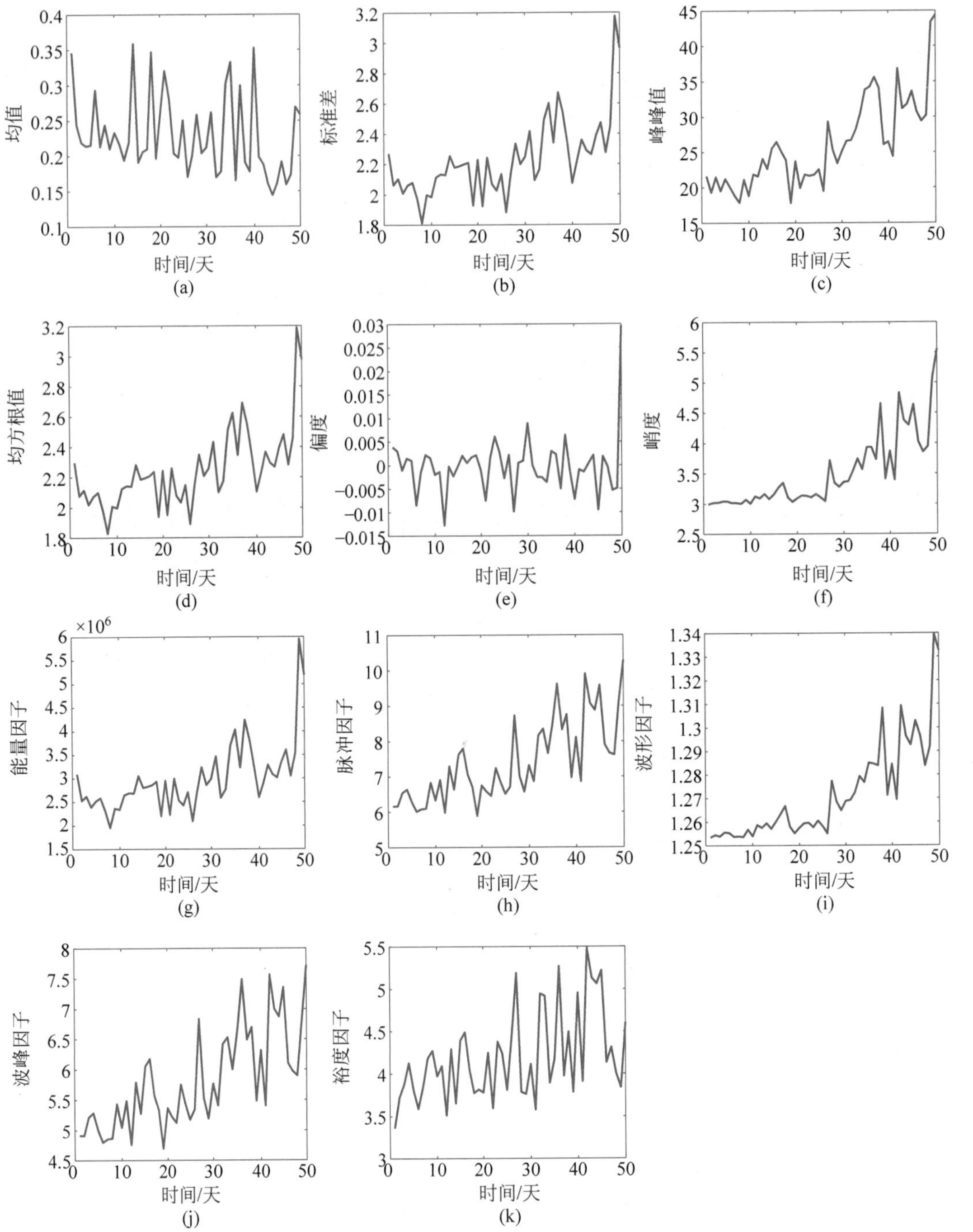

图 2-16 不同特征变化趋势

$$M_0=\frac{1}{m}\sum_{j=1}^{m}\frac{|N_p(\mathrm{diff}(x_i^j))-N_e(\mathrm{diff}(x_i^j))|}{n-1},\quad i=1,2,\cdots,n \tag{2-34}$$

其中，m 为设备数目，n 为测点数目，x_i^j 表示在 j 个设备上的第 i 个特征值，diff 表示差分运算，N_p 表示 diff(x_i^j)取正值的个数，N_e 表示 diff(x_i^j)取负值的个数。M_0 越大，表示该特征越重要。利用以上公式对不同特征进行计算，量化后的特征指标性能如图 2-17 所示。从图中可以看出，相比于其他特征，峭度的效果最好，可以有效反映滚动轴承的退化性能。

2. 特征选择

进一步,选取单调性较大的前 4 个特征(峭度、均值、波形因子、裕度因子)进行特征降维和特征融合,将多个不同的特征合并为一个更好的特征表示以建立准确的退化模型。这里采用 2.3.2 节的介绍的 PCA 方法进行处理。图 2-18 为利用 PCA 降维后的可视化结果。从图中可以看出,随着轴承接近故障,第一主成分逐渐增加,其中不同颜色代表不同的天数。需要注意的是,由于 4 个特征包含了带量纲的均值特征和无量纲的峭度等特征,因此在进行 PCA 分析之前需要采用 2.4.3 节的归一化方法以消除量纲对建模的影响。

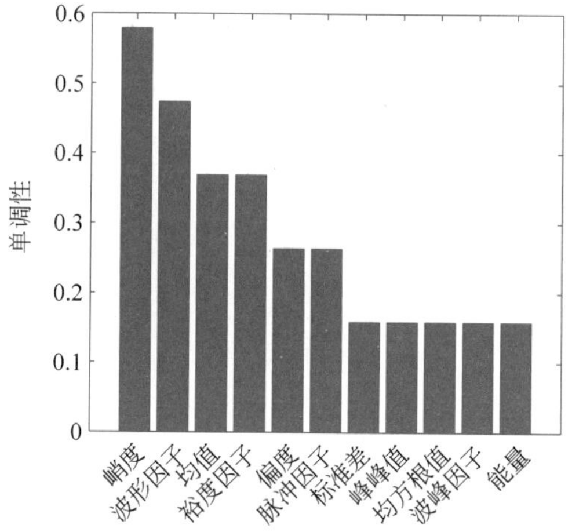

图 2-17 量化后的特征指标性能

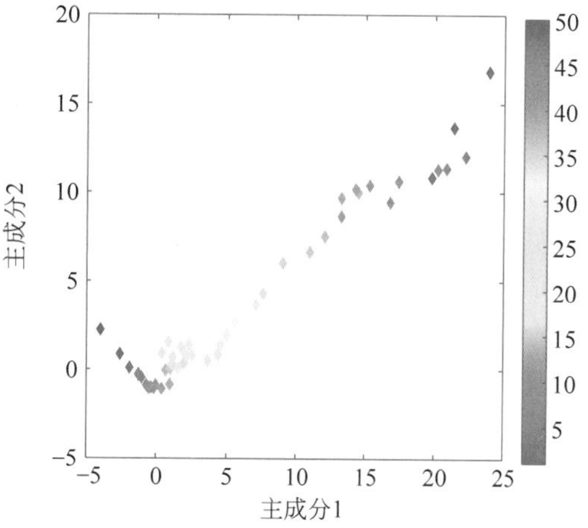

图 2-18 PCA 降维后的可视化结果

由以上分析可知,第一主成分随时间变化的单调性更强,可以很好地反映"随着设备接近故障,成分值增加"的特点,因此可将其视作轴承的健康指标以表征轴承的退化特征。图 2-19 展示了轴承性能的退化过程。在利用特征工程提取出健康指标后,就可以基于故障诊断的相关领域知识选取合适的数学模型对健康指标进行拟合,从而对轴承的寿命进行评估。关于寿命评估的内容,超出了本书讲解范畴,在此不做介绍。

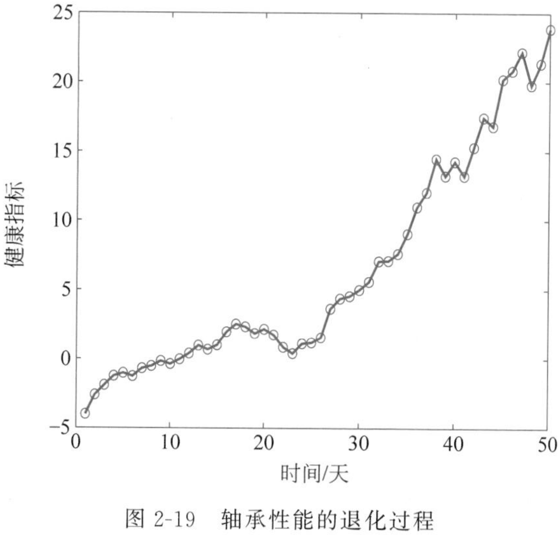

图 2-19 轴承性能的退化过程

本案例完成了风力涡轮机滚动轴承的特征工程分析。首先,介绍了案例的背景及数据的来源与形式;其次,基于故障诊断相关知识选取了实际工程中常用的 11 种特征指标进行了特征提取分析与可视化，并利用单调性特征评价指标确定出 4 种具有不同物理意义且可以有效表征轴承退化性能的重要特征；最后，通过 PCA 对提取的特征进行降维和特征融合，建立了可以表征轴承的退化性能的健康指标。在此基础上，选取合适的算法模型对提取的健康指标进行拟合，就可以对轴承的退化性能进行评估和寿命预测，帮助工程师对风机设备进行预测性维护。

2.7 本章小结

特征工程是机器学习与数据挖掘中的一个重要前处理环节，其目的是从原始数据中提取出有价值的特征以便更好地表示数据，用于算法和模型的输入，从而提高模型的性能和准确性。本章主要介绍了特征工程的相关概念和基本处理方法。首先，从单变量分析和多变量分析介绍了探索性数据分析；其次，从缺失值处理、异常值处理和特征变换三个方面介绍了特征预处理；再次，介绍了 3 类特征选择方法；最后，介绍了特征工程在工业设备信号处理中的具体应用。

习题

1. 选择题

(1) 在机器学习中，以下属于特征工程的是(   )。

A. 模型选择和特征提取　B. 特征提取和特征选择

C. 数据清洗和特征提取　D. 特征缩放和特征变换

(2) 探索性数据分析的目的是(   )。

A. 发现数据中的模式和关系　B. 验证假设

C. 预测未来趋势　D. 确定数据的模型

(3) 以下不属于单变量分析的是(   )。

A. 均值　B. 众数　C. 四分位数间距　D. 相关系数

(4) 在多变量分析中，哪种方法可以帮助识别变量间的线性关系？(   )

A. 线性回归　B. 聚类分析　C. 卡方分析　D. 判别分析

(5) 在处理缺失值时，以下哪种方法会导致信息丢失？(   )

A. 填充缺失值　B. 删除缺失值　C. 替换缺失值　D. 使用均值填充

(6) 以下不属于异常值处理的方法有(   )。

A. Z-Score 方法　B. IQR 方法　C. 聚类方法　D. 平均数过滤

(7) 以下哪种方法不是特征变换的方法？(   )

A. 线性回归　B. 独热编码　C. 分箱计数　D. Box-Cox 变换

(8) 以下(   )不是特征选择的目的。

A. 减少特征数量　B. 减少过拟合

C. 增加特征数量　D. 提高模型泛化能力

(9) 以下哪一项不是特征选择常见的方法？(   )

A. 过滤法　B. 封装法　C. 嵌入法　D. 开放法

(10) 以下不属于过滤法的是(   )。

A. 方差选择法　B. 卡方检验　C. 递归特征消除　D. 相关系数法

2. 简答及计算题

(1) 什么是特征工程？它在机器学习中的作用是什么？

(2) 如何处理缺失值？常见的缺失值处理方法有哪些优缺点？

(3) 简述四分位数法识别异常值的基本步骤。

(4) 数据标准化和归一化的目的是什么？

(5) 简述独热编码的基本原理及特点。

(6) 描述过滤法、封装法和嵌入法三种特征选择方法的基本原理和特点。

(7) 表2-6列出了某公司部分员工的相关信息，试分析员工离职与哪些因素有关，并绘制出相关系数矩阵。

表2-6 部分员工的相关信息

员工序号	工作满意度	工资水平	工作年限	部门类型	职位类型	离职状态
1	4	5000	5	销售	经理	1
2	5	6000	3	技术	全职	0
3	3	7000	2	行政	兼职	1
4	4	4000	10	销售	经理	1
5	2	5500	4	技术	全职	0

(8) 表2-7给出了某公司生产的商品在市场上的销售价格、用于商品的广告费用和销售量的连续12个月的统计数据，试建立销售量关于销售价格和广告费用的多元线性回归模型，并求出模型的参数。

表2-7 商品的相关信息

月份	销售价格/(元/件)	广告费用/万元	销售量/万件
1	100	5.5	55
2	90	6.3	70
3	80	7.2	90
4	70	7.0	100
5	70	6.3	90
6	70	7.35	105
7	70	5.6	80
8	65	7.15	110
9	60	7.5	125
10	60	6.9	115
11	55	7.15	130
12	50	6.5	130

3. 思考题

(1) 当存在异常值时，如何做特征缩放？

(2) 假设要处理一个商品数据集，其中包含价格、销售额、库存量、商品种类等。请思考如何从这些数据中提取特征，以构建一个预测商品未来销售趋势的模型。

第 3 章

多类型数据表征

随着大数据技术的发展与应用，人们经常面临诸多不同类型的数据，如时序数据、文本数据和图像数据等。多类型数据表征是指在数据分析过程中对不同类型数据进行有效表示。本章主要介绍三种常用的数据类型及其表征方法，并结合具体的案例阐述了图像数据的处理过程及其表示方法。通过本章的学习，读者可以了解常见的数据类型及其表征方法，更好地理解数据，为执行更为复杂的数据处理任务奠定基础。

3.1 问题导入

在实际工程应用中，通过不同传感器设备采集的数据，往往具有多样性、高维度和复杂性的特点。对原始数据进行适当的表征是提升机器学习和数据分析任务性能的重要前提。为实现对不同数据类型的特征表示，需要解决以下问题：

（1）如何对时序数据进行处理以转换成适合机器学习模型输入的特征；

（2）如何对文本数据进行处理以提取出适用于自然语言处理任务的文本特征；

（3）如何从图像数据中提取特征以形成紧凑且有用的数据表示，用于图像处理任务。

针对以上三个问题，本章将从时序数据表征、文本数据表征和图像数据表征三个方面进行介绍。

3.2 时序数据表征

时序数据是指按时间顺序采集的数据集合，每个时间序列表示在不同时间点上某个观测变量的取值。从时序数据中挖掘有用的模式和规律，在金融、生物医学等领域中具有重要的意义。时序数据特征可分为如下三类：时域特征、频域特征和时频域特征。时域特征是基于时间序列原始数据获取的特征，描述了时间序列在时间维度上的统计特性，用以表征数据的整体趋势、周期性、幅度以及其他与时间相关的信息。常用的时域特征表示方法如表 2-5 所示，在此不再赘述。

3.2.1 频域特征

频域特征是指利用傅里叶变换技术将时域数据变换到频域提取的特征，它描述了信号在频率维度上的特性，用来分析信号的频率分布、能量分布等与频率相关的信息。常用的频域特征包括功率谱密度、均方频率和频率方差等。

1. 功率谱密度

功率谱密度是描述信号频域特性的一个重要概念，可以用来反映信号在不同频率上的功率强度。信号 $x(n)$ 在第 k 条谱线上的功率谱定义为

$$P(k)=\frac{\Delta t}{N}\left|\sum_{n=0}^{N-1}x(n)\mathrm{e}^{-\mathrm{j}2\pi kn/N}\right|^2 \tag{3-1}$$

其中，Δt 为采样间隔，N 为信号的长度，$x(n)$ 代表时序信号。

2. 均方频率

均方频率是均方根频率的平方，其描述了功率谱重心位置的变化。具体计算公式为

$$\mathrm{MSF}=\frac{1}{4\pi^2\Delta f^2}\frac{\sum_{k=1}^{K}f_k^2S(k)}{\sum_{k=1}^{K}S(k)} \tag{3-2}$$

其中，Δf 表示采样频率，$S(k)$ 是信号幅值谱第 k 条谱线对应的功率谱幅值，f_k 是第 k 条谱线对应的频率，K 是谱线的个数。

3. 频率方差

频率方差是描述功率谱能量分布的分散程度的特征量。具体计算公式为

$$VF=\frac{1}{4\pi^2\Delta f^2}\frac{\sum_{k=1}^{K}S(k)(f_k-S_f)^2}{\sum_{k=1}^{K}S(k)} \tag{3-3}$$

其中，S_f 是所有谱线对应幅值的均值。

3.2.2 时频域特征

时频域特征是描述信号在时域和频域上特性的一类特征，它同时提供了信号在时间和频率上的变化信息，可以用于分析信号的频率成分变化和瞬态特性等。常用的时频特征变换方法有短时傅里叶变换(Short-Time Fourier Transform，STFT)、小波变换(Wavelet Transform，WT)和 Wigner-Ville 分布等。

1. 短时傅里叶变换

短时傅里叶变换定义了一个非常有用的时间和频率分布类，指定了任意信号随时间和频率变化的复数幅度。离散短时傅里叶变换定义如下：

$$X(n,k)=\sum_{m=n-(N_w-1)}^{\infty}x(m)w(n-m)\mathrm{e}^{-\mathrm{j}2\pi mk/N} \tag{3-4}$$

其中，$X(n,k)$ 是与时间和频率相关的函数且是离散的，变量 n 表示时间索引，变量 k 是频率索引，有时也称频率点。$x(m)$ 表示输入信号，$w(n-m)$ 表示窗函数 $w(m)$ 在时间上翻转且有 n 个样本的偏移量，N_w 表示窗的长度。

例 3.1 考虑一个如图 3-1(a)所示的语音信号，采用短时傅里叶变换对其进行时频分析，其对应的时频图如图 3-1(b)所示。从图中可以看出，信号的频率范围主要分布在 90～3500Hz，其中颜色较深的地方展示了语音频率随时间变化的信息。

2. 小波变换

同短时傅里叶变换一样，小波变换是一种对信号进行时间—频率分析的方法，在时序信号中有着广泛的应用。离散小波变换的计算公式如下：

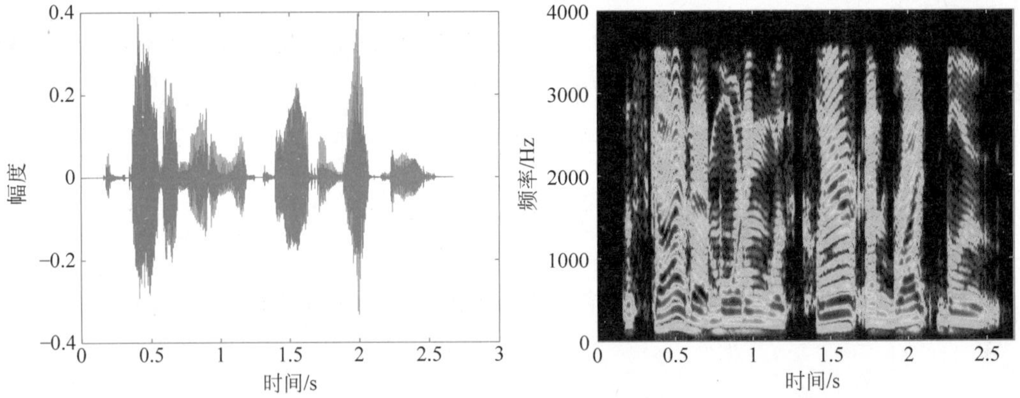

(a) 时域信号 (b) 时频图

图 3-1 语音信号的短时傅里叶变换

$$W(m,n)=\frac{1}{\sqrt{a_0^m}}\sum_k x(k)\psi^*\left(\frac{n-ka_0^m}{a_0^m}\right) \tag{3-5}$$

式中，a_0 是伸缩步长，m 为尺度参数，k 为沿时间轴的平移参数，$\psi^*(x)$为小波基函数的共轭函数。

3. Wigner-Ville 分布

Wigner-Ville 分布通过计算信号的自相关函数在时间延迟和频率偏移上的傅里叶变换来获得。具体计算公式为

$$W(m,n)=\frac{1}{N}\sum_{k=0}^{N-1}x(kT)x^*((n-k)T)\mathrm{e}^{-\mathrm{j}\frac{\pi m(2k-n)}{N}} \tag{3-6}$$

式中，T 为采样周期。

需要指出的是，虽然以上方法都能用于进行时频域特征提取，但各自方法有其适用特点和缺陷。例如，短时傅里叶变换计算公式简单，相对容易实现，但其时频分析窗口不具有自适应性，无法同时获得高的时间分辨率和频率分辨率，此外由于其需要反复进行傅里叶变换，因此计算量较大；小波变换能提供多尺度的时频分析能力，但其要求时频分析窗是平行分割与等面积的，并且小波基函数的选取需要一定的先验知识，与短时傅里叶变换、Wigner-Ville 分布相比具有更好的时频分辨率，但在时频分析中会产生严重的交叉干扰项，影响时频分布解释。

3.3 文本数据表征

传统的文本数据采集往往依赖于纸质媒介，存在体量小、获取成本高以及时间相对滞后等问题。通过互联网媒介获取文本数据，可以有效从海量文本数据中提取有价值的信息，其中自然语言处理技术是进行文本处理和分析的关键技术。本节介绍与自然语言处理相关的概念及重要技术。

3.3.1 词袋模型

词袋(Bag-of-Words，BOW)模型是文本特征表示的基本方法，其目的是将文本转换为数值型向量，以便于计算机进行处理和分析。在词袋模型中，通常不考虑词语在句子中的顺序和语境关系，而是将文本看成一个由相互独立的词语组成的集合，然后通过计数的方式统计各单词在文本中出现的次数，并将其以向量的形式进行表示。如果词汇表中的某个单词没有出现在文档中，那么计数就为 0。具体来说，词袋模型包含以下几步：

第 1 步，分词。将文本按照一定的规则或算法划分成一系列由词语组成的词序列。

第 2 步，构建词表。将划分的词序列构建成一个词表，其中每个词语对应唯一的索引。

第 3 步，计算词频。统计每个词语在文本中出现的频次。

第 4 步，向量化。根据词表和词频，将文本表示成一个向量，称为词向量，其中向量的每个维度对应词表中的词语，维度对应的值表示文本中词语出现的次数。

例如，有如下两个文本：

(1) I love to eat bananas.

(2) Bananas are tasty.

图 3-2 给出了以上两个文本的词向量表示。因此，文本 1 对应的向量是[1,1,1,1,1,0,0]，文本 2 对应的向量是[0,0,0,0,1,1,1]。

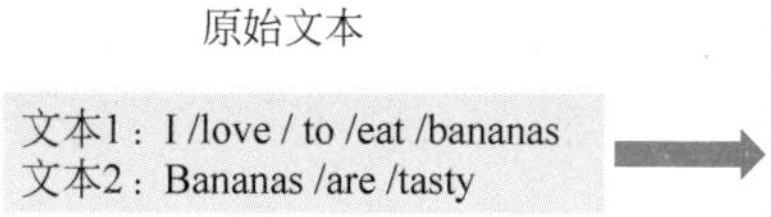
原始文本
文本1：I /love / to /eat /bananas
文本2：Bananas /are /tasty

词向量

单词	文本1	文本2
I	1	0
love	1	0
to	1	0
eat	1	0
bananas	1	1
are	0	1
tasty	0	1

图 3-2 原始文本的词向量表示

3.3.2 TF-IDF 特征

BOW 模型操作简单，但其没有考虑单词之间的顺序，此外也无法反映一个句子中的关键词信息。例如，文本“Jack likes apples, Lily likes too”。若采用 BOW 模型，它的词表为['Jack','likes','apples','Lily','too']，对应的词向量为[1,2,1,1,1]，所以提取的关键词为“likes”。很显然，与文本所要表达的关键信息“apples”相悖。

针对以上问题，词频-逆向文件频率(Term Frequency-Inverse Document Frequency，TF-IDF)被提出，其由词频(Term Frequency，TF)和逆向文件频率(Inverse Document Frequency，IDF)两部分组成。通过 TF 来表示单词在文本中的重要性，同时引入 IDF 对文本中出现频次较高但又不含有实际意义的单词进行处理。

TF 描述了某个词在文档中出现的频率，其计算公式如下：

$$\mathrm{TF}(w)=\frac{n_w}{N_p} \tag{3-7}$$

式中，n_w 表示单词 w 在某个文档中出现的次数，N_p 表示该文档中单词的总数。

IDF 描述了某个词语出现在其他文档中的频率，用于衡量一个词语的普遍重要性。如果包含某个词条的文档越少，那么它的 IDF 值就越大，表示该词对于区分文档的重要性较高；反之，则不然。IDF 的具体计算公式如下：

$$\mathrm{IDF}(w)=\log\frac{N_z}{1+N_w} \tag{3-8}$$

其中，N_z 表示语料库中文档的总数，N_w 表示包含词 w 的文档数。

基于以上概念，TF-IDF 的计算公式如下：

$$\text{TF-IDF} = \text{TF}(w) \times \text{IDF}(w) \tag{3-9}$$

其中，TF-IDF 值越大表示该词越重要，即该词可以被认为是关键词。

3.3.3 词向量嵌入

词向量嵌入是自然语言处理中的一项关键技术，其作用是将文本数据转换成数字型的向量，使计算机能更好地理解和处理自然语言数据。其中，Word2Vec 是一种用于生成词向量的模型，已成为自然语言处理领域中的标志性工具。该模型通过神经网络构建词向量，将单词通过实数向量进行表示，并且可以学习到单词之间的语义和语法信息。Word2Vec 提供了两种算法模型：连续词袋(Continuous Bag of Words，CBOW)模型和 Skip-Gram 模型。

1. CBOW 模型

CBOW 模型的基本思想是通过上下文词语预测当前目标词语，其模型结构如图 3-3 所示。从图中可以看出，该模型由输入层、投影层和输出层组成。输入层是预测目标词 $w(t)$ 上下文对应的 One-Hot 编码表示，输出层节点对应每个词语的预测概率。

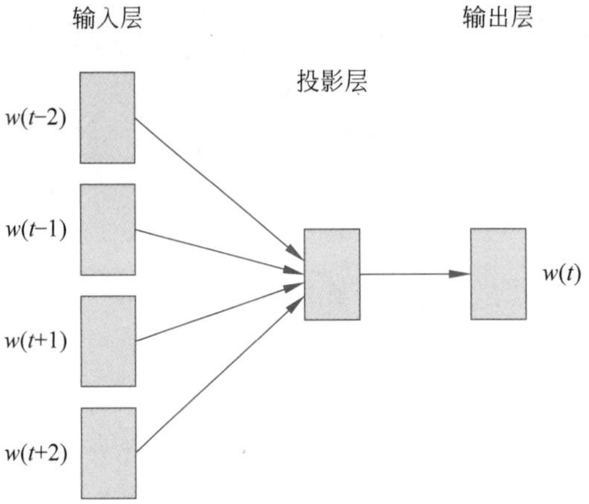

图 3-3 CBOW 模型结构

2. Skip-Gram 模型

与 CBOW 模型相反，Skip-Gram 模型的基本思想是通过当前目标词语预测上下文词语信息，其模型结构如图 3-4 所示。该模型同样由输入层、投影层和输出层组成。输入是当前目标词 $w(t)$ 对应的 One-Hot 编码表示，输出层节点对应上下文词语的预测概率。

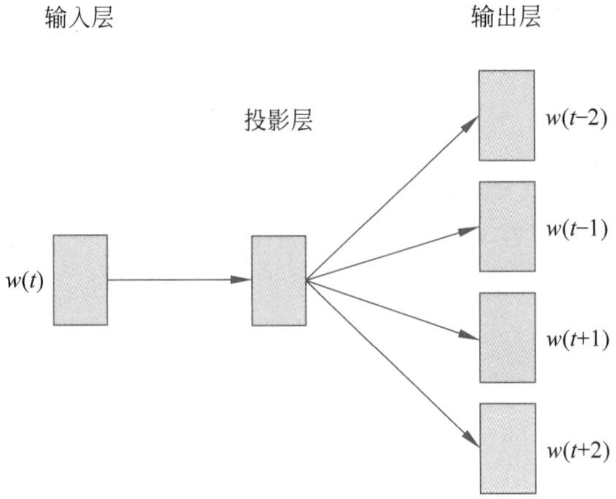

图 3-4 Skip-Gram 模型结构

3.4 图像数据表征

随着物联网技术的发展，越来越多的图像数据被生成，形成了具有大规模性、高维度性以及多样性等特点的图像数据资源。处理图像数据，需要借助图像处理技术来提取、分析和理解图像中的信息。当前，图像处理技术已在诸如计算机视觉、智能交通和智能制造等领域发挥着重要作用。本节将对图像处理的基本概念及图像数据表征的相关技术进行介绍。

3.4.1 图像处理基础

1. 采样与量化

为了生成数字图像，需要将通过传感设备采集的连续信号转换成数字信号的形式，其中采样和量化是两个重要的处理过程。

采样是指将空间上连续的图像信号转换成离散采样点集合的一种操作，以便于数字图像的存储、处理和传输。其中，图像采样分别沿着水平和垂直方向进行，得到的二维离散信号最小单位称为像素。例如，对于一幅图像进行采样，若每行像素个数为 M，每列像素个数为 N，则图像大小为 $M \times N$ 像素，从而可以构成一个 $M \times N$ 的实数矩阵。一般情况下，两个方向的采样间隔是相同的，而采样间隔由采样频率决定。在实际进行图像采样的过程中，采样频率越大，其对应的采样间隔越小，丢失的信息越小，采集的图像质量也就越高；反之，则不然。图 3-5 展示了采样的示意图。

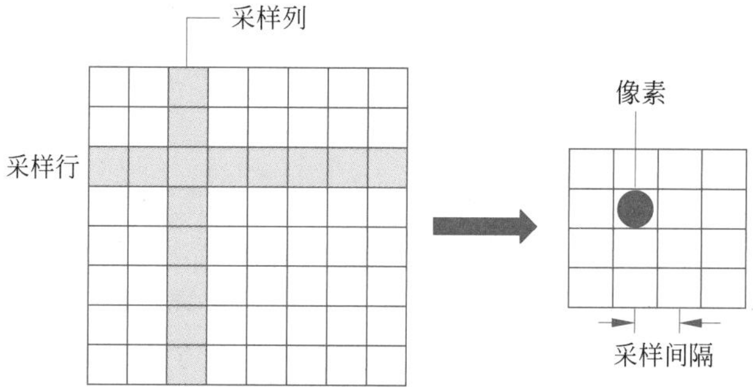

图 3-5 采样示意图

量化是指将各个像素所包含的明暗信息进行离散并以数值形式表示的过程。量化后，数字图像就可以用整数矩阵的形式来描述，其中每个像素包含位置和灰度两个属性。位置由行和列来决定，灰度表示该像素位置上的明暗程度，通常量化为一整数。灰度级别是灰度的取值范围，一般设置为 0～255，分别描述从黑到白。图 3-6 展示了量化的示意图。

2. 数值描述

数值描述是指通过数值的形式来描述一幅图像。如前面所述，图像经过采样和量化后，可以通过二维矩阵来描述图像，其中矩阵元素位置 (i,j) 对应数字图像上像素点的位置，矩阵元素的值 $I(i,j)$ 对应像素点上的像素值。图 3-7 展示了图像的像素坐标系。如果每个像素值只在 0 或 1 之间取值，其对应的是二值图；如果采用 8bit 来存储每个像素值，且像素取值范围在 0～255，其对应灰度图；如果每个像素值采用红、绿、蓝三个分量表示且每个分量用一个 0～255 的整数表示图像的颜色深度，可以表达不同的颜色，此时对应的是彩色图像。

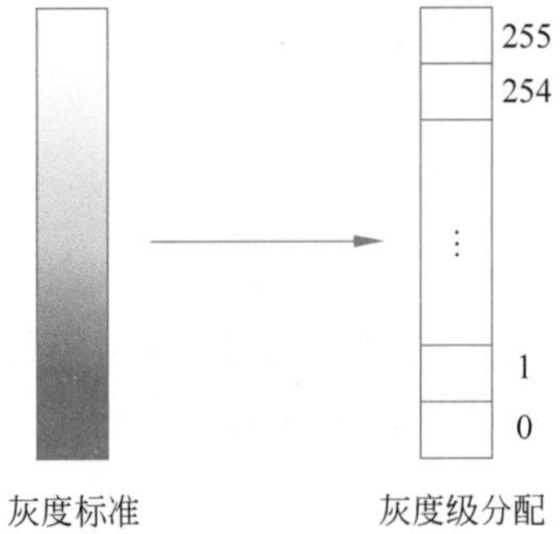

图 3-6　量化示意图

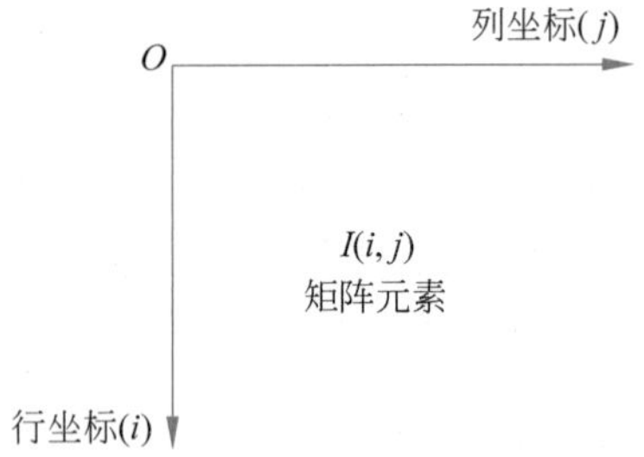

图 3-7　像素坐标系

3. 灰度直方图

灰度直方图是用于描述一幅图像灰度分布情况的统计图表，通过统计具有相同灰度值的像素个数，展示了图像中各灰度级别的像素比例。通过绘制灰度直方图，有助于了解图像的亮度特征，可用于图像增强、分割和质量评估等多方面。例如，图 3-8(a)为图像的灰度图，其对应的灰度直方图如图 3-8(b)所示。

1	4	3
2	1	0
2	0	1

(a) 灰度图

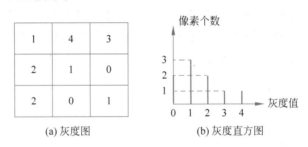

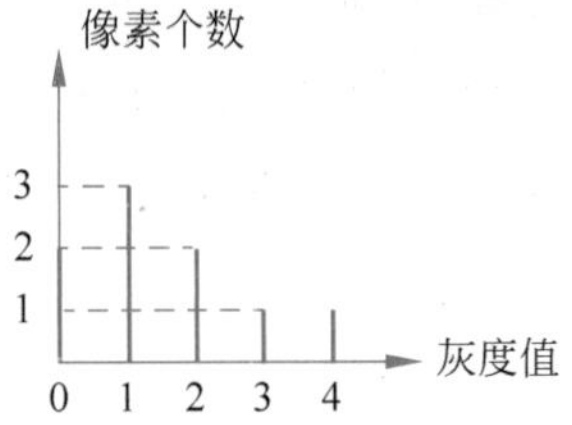

(b) 灰度直方图

图 3-8　灰度直方图

4. 图像增强

图像增强是指为了适应特定的应用需求，通过一定的技术手段对图像进行处理，突出图像中重要的目标信息，抑制不必要的细节信息，从而改善图像的质量，使处理后的图像更符合人眼的视觉特性和易于机器识别。常用的几类典型图像增强方法包括直方图均衡化方法、小波变换方法、偏微分方程算法、基于 Retinex 理论的方法以及基于深度学习的方法。接下来介绍最常用的直方图均衡化方法。

直方图均衡化是最基础的一类图像增强方法，其基本思想是将原始图像的灰度做某种映射变换，使变换后的图像灰度的概率密度呈均匀分布，从而增强图像整体对比度，增大像素灰度值的动态范围。

图像的灰度直方图描述了图像中的灰度概率分布情况，因此一幅图像中灰度级为 r_k 出现的概率 $p_r(r_k)$ 计算公式为

$$p_r(r_k)=\frac{n_k}{N},k=0,1,\cdots,L-1 \tag{3-10}$$

其中，n_k 是灰度级为 r_k 的像素个数，N 为图像中所有的像素个数，L 为图像总的灰度级数。

在直方图均衡化中，常采用原始图的累计概率分布作为映射函数。因此，对于离散的灰度级，映射函数为

$$s_k=T(r_k)=\sum_{i=0}^{k}p_r(r_i)=\sum_{i=0}^{k}\frac{n_i}{N},k=0,1,\cdots,L-1 \tag{3-11}$$

式中，s_k 表示变换之后的值。

综上所述，直方图均衡化方法仅需式(3-11)就可完成对原始图像的直方图均衡化处理，使原始图像的灰度范围扩大和对比度增强。

5. 图像变换

图像变换是指通过数学方法来改变图像的某些特性，是图像处理中的一项基本技术。在实际应用中，通过图像变换可以有效提取图像的特征，提高图像的质量，并服务于特定的图像处理任务，如图像特征提取以及图像降噪等。最常用的图像变换是图像几何变换，即对图像进行平移、旋转、缩放等，通过这些变换可以改变图像的大小和位置。接下来介绍几种常用的图像变换。

1）平移变换

图像平移是指将图像中的所有点按指定的平移量进行水平或垂直移动。假设平移前的像素点坐标为(x,y)，经过平移量$(\Delta x,\Delta y)$，平移后的坐标为(x',y')，则有

$$\begin{cases} x' = x + \Delta x \\ y' = y + \Delta y \end{cases} \tag{3-12}$$

上式可进一步写成如下矩阵形式：

$$\begin{bmatrix} x' \\ y' \\ 1 \end{bmatrix} = \begin{bmatrix} 1 & 0 & \Delta x \\ 0 & 1 & \Delta y \\ 0 & 0 & 1 \end{bmatrix} \begin{bmatrix} x \\ y \\ 1 \end{bmatrix} \tag{3-13}$$

2）旋转变换

旋转变换是指将图像按照某个点为中心点进行旋转，使得图像围绕这个中心点旋转一定的角度。假设旋转前的像素点坐标为(x,y)，图像绕任意中心点(x_r,y_r)旋转角度θ，旋转后的像素点坐标为(x',y')，则有

$$\begin{cases} x' = x_r + (x - x_r)\cos\theta - (y - y_r)\sin\theta \\ y' = y_r + (y - y_r)\cos\theta + (x - x_r)\sin\theta \end{cases} \tag{3-14}$$

上式可进一步写成如下矩阵形式：

$$\begin{bmatrix} x' \\ y' \\ 1 \end{bmatrix} = \begin{bmatrix} 1 & 0 & x_r \\ 0 & 1 & y_r \\ 0 & 0 & 1 \end{bmatrix} \begin{bmatrix} \cos\theta & -\sin\theta & 0 \\ \sin\theta & \cos\theta & 0 \\ 0 & 0 & 1 \end{bmatrix} \begin{bmatrix} 1 & 0 & -x_r \\ 0 & 1 & -y_r \\ 0 & 0 & 1 \end{bmatrix} \begin{bmatrix} x \\ y \\ 1 \end{bmatrix} \tag{3-15}$$

3）缩放变换

缩放变换是指对图像大小进行调整的过程。假设缩放前的像素点坐标为(x,y)，图像按(s_x,s_y)进行缩放且缩放的中心点为(x_f,y_f)，缩放后的像素点坐标为(x',y')，则有

$$\begin{cases} x' = x_f + (x - x_f) \times s_x \\ y' = y_f + (y - y_f) \times s_y \end{cases} \tag{3-16}$$

上式可进一步写成如下矩阵形式：

$$\begin{bmatrix} x' \\ y' \\ 1 \end{bmatrix} = \begin{bmatrix} 1 & 0 & x_f \\ 0 & 1 & y_f \\ 0 & 0 & 1 \end{bmatrix} \begin{bmatrix} s_x & 0 & 0 \\ 0 & s_y & 0 \\ 0 & 0 & 1 \end{bmatrix} \begin{bmatrix} 1 & 0 & -x_f \\ 0 & 1 & -y_f \\ 0 & 0 & 1 \end{bmatrix} \begin{bmatrix} x \\ y \\ 1 \end{bmatrix} \tag{3-17}$$

3.4.2 SIFT

SIFT(Scale Invariant Feature Transform，尺度不变特征变换)于1999年提出，并在2004年被完善，是用于检测和描述图像局部特征的一种算法，具有尺度不变性、旋转不变性和亮度

不变性等特点，在计算机视觉领域有着广泛应用。其特征提取包括以下步骤：尺度空间极值检测、关键点定位、关键点方向分配和生成特征描述子。利用 SIFT 提取图像特征的流程图如图 3-9 所示。

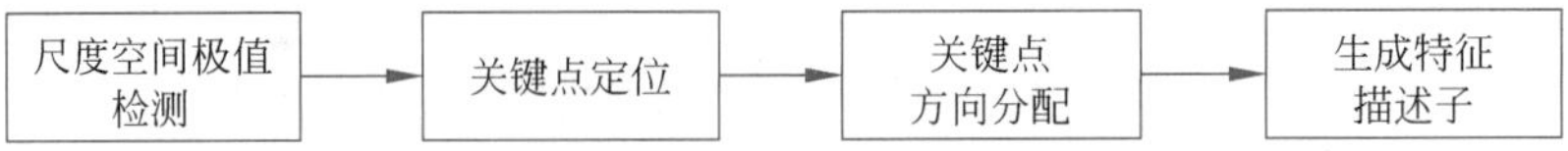

图 3-9　利用 SIFT 提取图像特征的流程图

利用 SIFT 提取图像特征的具体实施步骤如下：

1. 尺度空间极值检测

图像的尺度空间是指同一图像在不同尺度上的集合，其中尺度是指图像的模糊度。在 SIFT 算法中，通过构建图像的高斯差分金字塔，搜索所有尺度空间上的图像特征点，可以检测图像在不同尺度空间中的稳定特征点。高斯差分金字塔通过计算两个相邻尺度空间的图像表示来实现，高斯差分函数 $D(x,y,\sigma)$ 定义为

$$D(x,y,\sigma)=[G(x,y,k\sigma)-G(x,y,\sigma)]*I(x,y)=L(x,y,k\sigma)-L(x,y,\sigma) \tag{3-18}$$

式中，k 表示相邻尺度空间的因子差，$L(x,y,\sigma)=G(x,y,\sigma)*I(x,y)$ 为高斯核与原始图像 $I(x,y)$ 的卷积，即图像的尺度空间。高斯核 $G(x,y,\sigma)$ 定义为

$$G(x,y,\sigma)=\frac{1}{2\pi\sigma^2}\mathrm{e}^{-(x^2+y^2)/2\sigma^2} \tag{3-19}$$

式中，σ 为尺度因子，决定了图像模糊的程度。

基于以上概念，进行极值点检测。在利用高斯差分函数构造的高斯差分金字塔中，将每个像素点与其所在尺度同层的 8 个邻域点和上下两层的 18 个点进行比较，从而得到极大值点和极小值点，即候选关键点。

2. 关键点定位

上一步生成的众多候选关键点，其中有一些处于边缘部位，还有一些对比度较低。为此，需要对这些候选关键点进行筛选才能获得准确稳定的关键点。具体操作包括如下两个过程：

(1) 消除对比度低的不稳定极值点。其思想是通过高斯差分函数 $D(x,y,\sigma)$ 在尺度空间的泰勒函数展开式进行拟合来对关键点的坐标准确定位，公式如下：

$$D(\boldsymbol{x})\approx D(\boldsymbol{x}_0)+\nabla D(\boldsymbol{x}_0)^{\mathrm{T}}(\boldsymbol{x}-\boldsymbol{x}_0)+\frac{1}{2}(\boldsymbol{x}-\boldsymbol{x}_0)^{\mathrm{T}}\boldsymbol{H}(\boldsymbol{x}_0)(\boldsymbol{x}-\boldsymbol{x}_0) \tag{3-20}$$

式中，$\boldsymbol{x}=(x,y,\sigma)^{\mathrm{T}}$ 为拟合后关键点的坐标，$\nabla D(\boldsymbol{x}_0)^{\mathrm{T}}=\left(\frac{\partial D}{\partial x},\frac{\partial D}{\partial y},\frac{\partial D}{\partial \sigma}\right)_{\boldsymbol{x}=\boldsymbol{x}_0}$，$\boldsymbol{x}_0$ 为初始位置点坐标，$\boldsymbol{H}(\boldsymbol{x}_0)$ 为 $D(\boldsymbol{x})$ 在 $\boldsymbol{x}_0=(x,y,\sigma)^{\mathrm{T}}$ 处的 Hessian 矩阵，表示为

$$\boldsymbol{H}(\boldsymbol{x}_0)=\begin{pmatrix}\frac{\partial^2 D}{\partial x^2} & \frac{\partial^2 D}{\partial x\partial y} & \frac{\partial^2 D}{\partial x\partial \sigma}\\ \frac{\partial^2 D}{\partial y\partial x} & \frac{\partial^2 D}{\partial y^2} & \frac{\partial^2 D}{\partial y\partial \sigma}\\ \frac{\partial^2 D}{\partial \sigma\partial x} & \frac{\partial^2 D}{\partial \sigma\partial y} & \frac{\partial^2 D}{\partial \sigma^2}\end{pmatrix}_{\boldsymbol{x}=\boldsymbol{x}_0}$$

对式(3.20)求导并令其为 0，可得局部极值点

$$\hat{\boldsymbol{x}}=\boldsymbol{x}_0-\boldsymbol{H}(\boldsymbol{x}_0)^{-1}\nabla D(\boldsymbol{x}_0) \tag{3-21}$$

将上式代入公式(3.20),可得

$$D(\hat{\boldsymbol{x}})=D(\boldsymbol{x}_0)-\frac{1}{2}\nabla D(\boldsymbol{x}_0)^{\mathrm{T}}\boldsymbol{H}(\boldsymbol{x}_0)^{-1}\nabla D(\boldsymbol{x}_0) \tag{3-22}$$

如果$|D(\hat{\boldsymbol{x}})|$小于设定的阈值，则认为该极值点为低对比度的不稳定点,将其进行剔除,反之则将极值点保留用于下一步判断。

(2) 消除边界上的不稳定极值点。当一个极值点位于边缘位置时,其对应的主曲率一般比较高,依据该特性可以消除边界不稳定极值点。主曲率可通过引入如下矩阵:

$$\bar{\boldsymbol{H}}=\begin{bmatrix}\dfrac{\partial^2 D}{\partial x^2} & \dfrac{\partial^2 D}{\partial x\partial y}\\ \dfrac{\partial^2 D}{\partial y\partial x} & \dfrac{\partial^2 D}{\partial y^2}\end{bmatrix}_{(x,y)=(x_0,y_0)} \tag{3-23}$$

得到。设α和β分别是矩阵$\bar{\boldsymbol{H}}$的最大和最小特征值,则有

$$\mathrm{Tr}(\bar{\boldsymbol{H}})=\alpha+\beta \tag{3-24}$$

$$\mathrm{Det}(\bar{\boldsymbol{H}})=\alpha\beta \tag{3-25}$$

其中,Tr(·)表示矩阵的迹,Det(·)表示矩阵行列式,它们的比值可以代表主曲率的变化。

令$\alpha=r\beta$,可以得到

$$\frac{\mathrm{Tr}(\bar{\boldsymbol{H}})^2}{\mathrm{Det}(\bar{\boldsymbol{H}})}=\frac{(\alpha+\beta)^2}{\alpha\beta}=\frac{(r+1)^2}{r} \tag{3-26}$$

从上式可以看出,式(3-26)的值是随r单调递增的,其值越大说明两个特征值的比值越大,正好符合边缘的情况。因此,为了消除边界不稳定点,只需让上式小于一定的阈值,即

$$\frac{\mathrm{Tr}(\bar{\boldsymbol{H}})^2}{\mathrm{Det}(\bar{\boldsymbol{H}})}<\frac{(r+1)^2}{r} \tag{3-27}$$

式中,r为自定义的比例系数,一般取值为10。

3. 关键点方向分配

经过以上步骤后,可以完全确定图像所有的关键点,并使这些特征点具有尺度不变性。接下来,为保证关键点对图像的旋转不变性,需要为每个关键点附加方向。关键点的方向可以通过梯度方向直方图来进行求解,其基本思想是以每个关键点为中心,计算其像素梯度的幅值和方向角度:

$$m(x,y)=\sqrt{[L(x+1,y)-L(x-1,y)]^2+[L(x,y+1)-L(x,y-1)]^2} \tag{3-28}$$

$$\theta(x,y)=\arctan\left(\frac{L(x,y+1)-L(x,y-1)}{L(x+1,y)-L(x-1,y)}\right) \tag{3-29}$$

式中,$m(x,y)$为幅值,$\theta(x,y)$为方向角,L所用尺度为每个关键点各自所在的尺度。

获得关键点梯度后,以关键点为中心,采用直方图统计邻域的梯度和方向,将直方图峰值处所在方向作为关键点的主方向。至此,每个关键点都具有位置、尺度和方向信息。下一步就是根据这些信息通过一个向量来唯一表示关键点。

4. 生成特征描述子

为了进一步满足图像匹配的任务,需要为每个特征点进行描述,即创建特征描述子。其基本思想是以检测得到的关键点(如图3-10中的点所示)为中心选取16×16像素的邻域窗口,将其划分成16个子区域(每个子区域大小为4×4像素),然后对每个子区域做8个方向的梯

度幅值和方向统计，即可得到 4×4×8(128)维的特征向量，以此作为关键点的数学描述。其中，16 个子区域生成特征描述子的过程如图 3-10 所示。

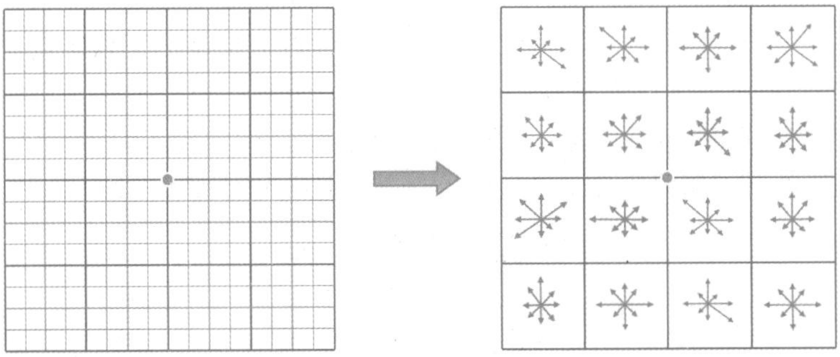

(a) 关键点16×16像素邻域窗口　　(b) 特征描述子

图 3-10　特征描述子生成过程

3.4.3　HOG

HOG(Histogram of Oriented Gradients，方向梯度直方图)于 2005 年提出，是一种基于图像形状边缘的特征提取算法，具有速度快、准确率高等特点，被广泛应用于人脸识别、行人检测和目标识别等领域。其基本思想是通过计算图像的梯度并统计图像局部区域内的梯度方向分布信息来描述图像特征。图 3-11 给出了利用 HOG 提取特征的流程图。

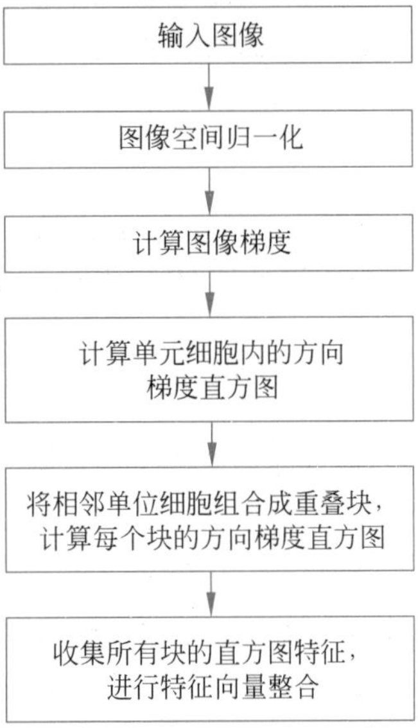

图 3-11　利用 HOG 提取特征的流程图

HOG 算法特征提取的步骤如下：

(1) 图像空间归一化。对输入图像进行灰度化处理，采用 Gamma 校正方法对图像进行处理以降低光照不均匀的干扰。Gamma 校正公式如下：

$$I_0(x,y)=I(x,y)^{\gamma} \tag{3-30}$$

其中，$I(x,y)$表示原始图像某个像素点的灰度值，$I_0(x,y)$表示校正后的灰度值，γ 为校正系数。当 $\gamma<1$ 时，图像整体灰度变亮；当 $\gamma>1$ 时，图像整体灰度变暗。通常 γ 取值为$\frac{1}{2}$。

(2) 计算图像梯度。对上述归一化后的图像，计算其每个像素点的梯度幅度和角度，计算公式如下：

$$G_f(x,y)=\sqrt{G_x(x,y)^2+G_y(x,y)^2} \tag{3-31}$$

$$\theta(x,y)=\arctan\left(\frac{G_y(x,y)}{G_x(x,y)}\right) \tag{3-32}$$

其中，$G_x(x,y)=I_0(x+1,y)-I_0(x-1,y)$和 $G_y(x,y)=I_0(x,y+1)-I_0(x,y-1)$分别表示像素点$(x,y)$在水平方向和垂直方向上的梯度。

(3) 计算单元细胞内的方向梯度直方图。将整幅图像划分成若干个同等大小的单元细胞，计算每个单元细胞的梯度信息，具体过程如下：将 360°的角平均划分为 9 份，然后根据每个像素点的方向梯度找到对应的组距(bin)，将每一个单元细胞的幅值按梯度方向对应区域进行累加，统计每一个单元细胞的 bin，最后形成每一个单元细胞的 HOG 特征。

（4）计算每个块（block）的方向梯度直方图。将单元细胞有重叠地组成 block，把每一个 block 内的所有单元细胞的 HOG 特征级联，得到该 block 的方向梯度直方图。

（5）特征向量整合。将所有 block 的方向梯度直方图串联起来获得整幅图像的 HOG 特征向量。

3.4.4　深度特征表示

以上传统的图像特征提取算法适用范围有限，对不同类型的图像自适应性较差。相较于以上方法，深度特征表示使用深度学习模型自动提取图像的特征，能够更好地捕捉到图像的语义信息。近年来，传统的图像特征提取算法逐渐被深度学习的方法所取代，并在图像匹配、目标检测等图像处理领域取得了显著的成果。

图 3-12 展示了基于深度学习的特征表示框架。首先，为深度学习网络模型选择合适的超参数，如网络层数、每层神经元的个数、激活函数和代价函数等，常用的深度网络学习模型包括多层感知机、卷积神经网络和深度置信网络；其次，应用选择出的超参数构建深度特征网络；最后，将原始图像数据输入深度学习网络模型进行训练，并将获取的结果与停止准则进行比较。如果训练的结果满足停止准则，则获得训练好的深度特征网络；如果训练的结果不满足停止准则，则进行超参数调优。

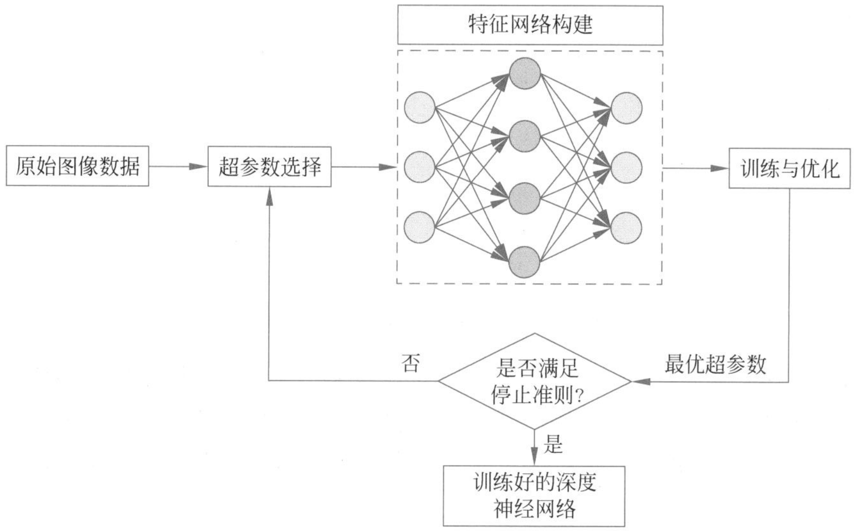

图 3-12　基于深度学习的特征表示框架

3.4.5　多模态特征融合

多模态图像特征是指从不同模态图像数据，如可见光图像、红外光图像等图像数据中提取的信息。多模态特征融合是指将来自不同模态的图像特征信息进行整合或融合的一项技术。相比于单一模态特征表示，多模态特征融合可以提供更为丰富的特征表示，让模型能够理解和处理更为复杂的问题。与多模态数据融合不同，多模态特征融合关注的是将不同模态特征进行融合，而不是对不同模态数据（如文本、音频、视频等）的整合。

多模态特征融合方法可分为模型无关的方法和基于模型的方法，其中模型无关的方法又可分为早期融合、晚期融合和混合融合。图 3-13 展示了三种模型无关的特征融合方法。早期融合，也称特征融合，它是在特征提取后立即将不同模态特征表示进行融合；晚期融合，也称决策级融合，它是先对不同模态进行训练，再融合多个模型输出；混合融合综合了早期融合和晚期融合两者的优点，可以提高模型的性能，但增加了模型的复杂度训练难度。

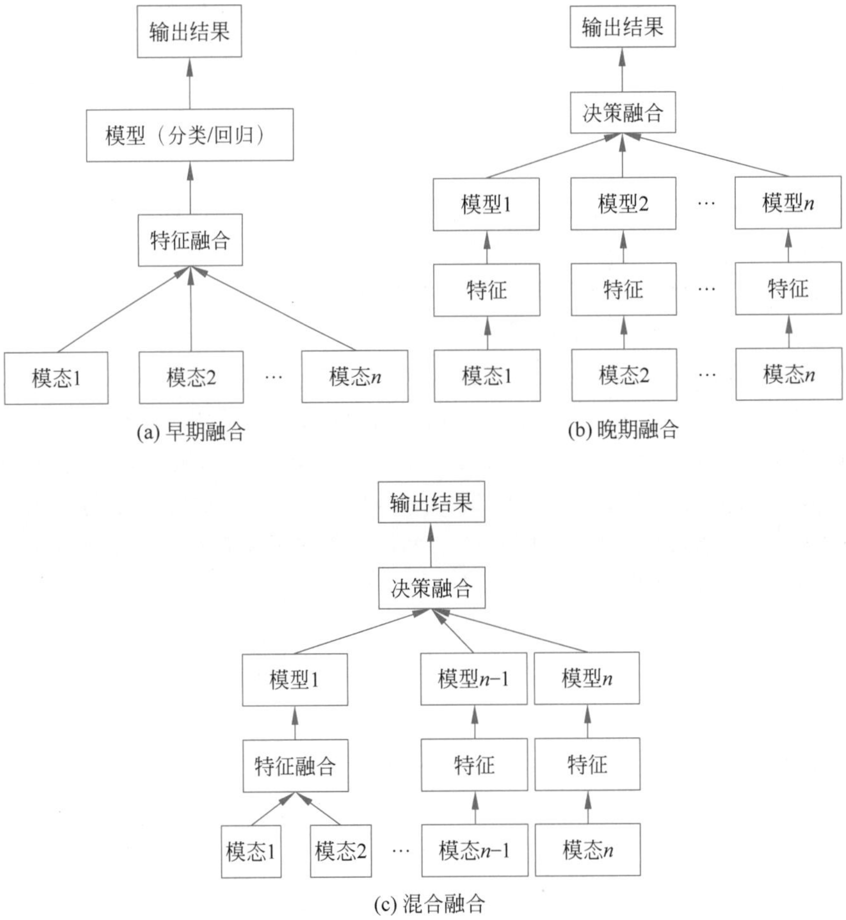

图 3-13 模型无关的多模态特征融合

基于模型的方法是从实现技术角度来解决多模态融合问题的，常用方法有神经网络方法、图像模型方法和多核学习方法。随着深度学习的发展，目前基于神经网络的方法是应用最广泛的一类方法。图 3-14 展示了基于卷积神经网络的多模态特征融合。其基本思想是首先采

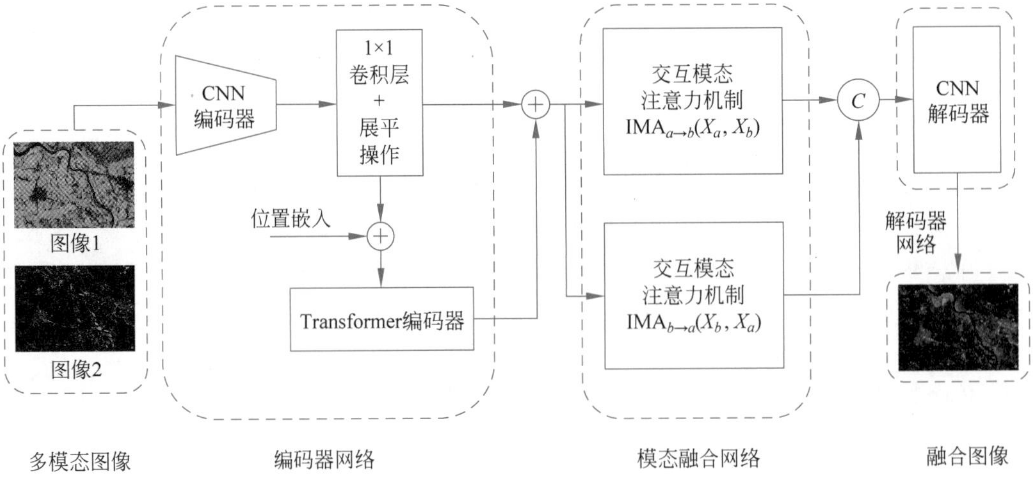

图 3-14 基于卷积神经网络的多模态特征融合

用 CNN 与 Transformer 作为编码器提取图像的特征，并将其作为编码器的输出；其次将提取的多模态特征输入到模态特征融合网络进行特征融合并对输出的特征进行拼接；最后，将融合的特征经 CNN 解码器重构出融合的图像。相比于无模型方法，基于模型的神经网络方法具有更好的特征学习能力且扩展性好，但存在模型解释性差的问题。

3.5　案例：农作物病虫害图像表征

农作物病虫害检测是指利用一定的技术手段和设备检测农作物是否存在病害或虫害的过程，旨在早期发现和诊断农作物病虫害，以便及时采取有效的措施进行控制，从而减少农作物损失。因此，在农业生产管理过程中，非常有必要对农作物的病虫害进行有效检测，其中病虫害图像特征提取是进行有效检测的重要环节之一。本节将简要介绍利用 SIFT 算法提取图像特征的关键过程。

如前所述，SIFT 算法涉及步骤较多。从原始图像开始，首先通过构建图像高斯差分金字塔在高斯差分尺度空间寻找极值点作为候选关键点；其次利用式(3-20)定位关键点的位置及尺度；然后利用关键点邻域像素的梯度方向分布为每个关键点分配方向参数；最后以关键点为中心取 16×16 像素的窗口，将其划分为 4×4 个子区域，其中每个子区域包括 4×4 像素，在此基础上计算每个子区域 8 个方向的梯度直方图并绘制每个梯度方向的直方图，产生一个 4×4×8 维的特征向量。综合以上求解过程，SIFT 算法是将图像中检测到的特征点用一个特征向量进行描述。因此，一幅图像经过 SIFT 算法处理后，可得到若干个由 1×128 维的特征向量构成的集合。

利用 SIFT 算法提取图像特征的核心代码描述如下：

```
import cv2 as cv
import numpy as np
import matplotlib.pyplot as plt
# 读取灰度图像
imag1 = cv.imread("cai.jpg")
gray = cv.cvtColor(imag1, cv.COLOR_BGR2GRAY)
# SIFT 实例化
sift = cv.SIFT_create()
# 检测关键点
keypoints, descriptors = sift.detectAndCompute(gray, None)
# 绘制关键点
imag2 = imag1.copy()
cv.drawKeypoints(imag2, kp, imag2, (0, 0, 255))
```

本案例测试图像选取了小白菜、萝卜和玉米三种常见的带病虫害农作物图像进行分析。图 3-15 展示了利用 SIFT 算法提取图像特征的结果，其中上部分为原始图像，下部分为提取特征后的图像。图中红色点为利用 SIFT 算法提取的特征点，并对其中响应值最高的特征点用蓝色圆圈进行标注与特征向量提取。最终，通过 SIFT 算法提取的特征为 128 维的特征向量：小白菜对应的特征向量为[15,16,5,1,…,26,22,1,1]，萝卜对应的特征向量为[1,0,2,10,…,9,0,0,0]，玉米对应的特征向量为[1,13,98,38,…,2,3,50,14]。关于病虫害检测的完整过程，由于还涉及阈值分割、边缘检测以及分类器等相关研究内容，超出了本节的讲解范畴，在此不做进一步介绍。

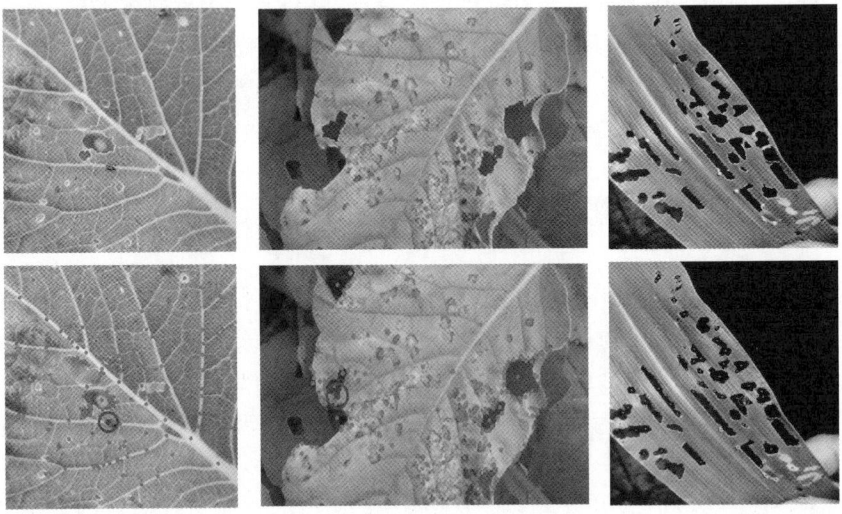

(a) 小白菜　　(b) 萝卜　　(c) 玉米

图 3-15　基于 SIFT 算法的图像特征提取

3.6　本章小结

随着大数据时代的来临，大量的结构化和非结构化数据存在于各个行业和各个领域，数据种类繁多，如时序数据、文本数据和图像数据等，如何从这些不同类型的数据中提取出有价值的信息，是数据挖掘和机器学习中的重要研究内容。本章分别对时序大数据、文本大数据和图像大数据的常用特征表示方法进行了概括和总结，并通过农作物病虫害图像特征提取的案例阐述了图像特征表示方法在实际生活中的具体应用。

习题

1. 选择题

(1) 以下不属于时序数据表征方法的是(　　)。

A. 主成分分析　B. 小波变换　C. 均方根　D. 傅里叶变换

(2) 在词袋模型中，如何量化词语的重要程度？(　　)

A. 使用 TF-IDF　B. 使用词性标注　C. 使用词向量　D. 以上都是

(3) 关于 Word2Vec 的优缺点，说法正确的是(　　)。

A. 无法处理一词多义问题　B. 是一种有监督的训练方式

C. 编码的词向量中不包含语义信息　D. 不确定

(4) 以下哪种方法编码的词向量包含语义信息？(　　)

A. Word2Vec　B. One-Hot　C. TF-IDF　D. Bag-of-Words

(5) 以下不属于文本数据表征的方法是(　　)。

A. MEMM　B. BOW　C. N-Gram　D. TF-IDF

(6) 以下不属于数字图像处理的研究内容是(　　)。

A. 图像数字化　B. 图像分割　C. 图像增强　D. 数字图像存储

(7) 图像与灰度直方图间的对应关系是(　　)。

A. 一对多　　B. 多对一　　C. 一一对应　　D. 都不是

(8) 图像数字化为什么会丢失信息?(　　)

A. 采样丢失数据　　B. 量化丢失数据

C. 采样和编码丢失数据　　D. 压缩编码丢失数据

(9) 将像素灰度转换成离散的整数值的过程叫(　　)。

A. 采样　　B. 量化　　C. 增强　　D. 复原

(10) 以下哪项不属于图像特征描述算法?(　　)

A. SIFT　　B. HOG　　C. PCA　　D. CNN

2. 简答及计算题

(1) 常用的时序数据表征方法有几类?每种方法有什么特点?

(2) 给定一个信号 $y=\sin(4\pi t)\cos(100\pi t)$,其中采样频率为 1024Hz,采样时间为 2s,试根据表 2-5 的计算公式,计算均值、均方根值、峭度值等信号的时域特征。

(3) 假设有如下由不同频率叠加组合而成的混合信号:

$$y=\sin(10\pi t)+2.5\sin(40\pi t)+N(t)$$

其中,$N(t)$表示均值为 0、方差为 1 的随机噪声,采样频率 $f_s=100$Hz,采样时间为 5s。请计算其功率谱密度、均方频率、短时傅里叶变换系数等频域和时频域特征,并绘制出相应的图。

(4) 假设有如下 3 个文档:

① Apples are a great source of fiber, which can help improve digestion and overall gut health.

② Apples have a sweet-tart taste, and are known for their juicy texture.

③ Whether eaten raw, cooked, or juiced, apples offer a refreshing and nutritious snack option.

请计算每个单词的 TF-IDF 值。

(5) 输入一幅彩色图像,请将其转换为灰度图,绘制其灰度直方图,并找出出现最频繁的灰度值。

(6) 假设有一个 4×4 的输入图像块(如图 3-16 所示)和 3×3 的卷积核(如图 3-17 所示),试计算卷积结果。

$$\begin{bmatrix} 7 & 3 & 4 & 1 \\ 3 & 5 & 3 & 0 \\ 2 & 1 & 7 & 1 \\ 2 & 0 & 7 & 0 \end{bmatrix}$$

图 3-16　图像块

$$\begin{bmatrix} -1 & 0 & 1 \\ -2 & 0 & 2 \\ -1 & 0 & 1 \end{bmatrix}$$

图 3-17　卷积核

3. 思考题

(1) 在电商平台上,商品可以通过文本、图片、视频等来反映。请思考如何将这些不同类型的数据进行表征与整合,用于商品的推荐。

(2) 通过文献调研,编程实现一种基于深度学习的图像特征提取算法,并与经典的 SIFT 算法进行比较。

第 4 章

数据抽样

在统计学中，数据抽样是一个核心概念，通过对少量抽样数据的分析实现对总体的估计。大数据时代存在样本数量不均衡、样本分布不明确以及数据实时生成等特点，使得数据抽样方法依然至关重要。本章将主要介绍非均衡数据抽样和数据流抽样等数据抽样方法。

4.1 问题导入

信用卡交易欺诈是金融领域中存在的一个棘手问题。为建立稳定且性能高的信用卡交易欺诈预警模型，需要采用数据分布均衡的信用卡交易数据，然而实际中采集的数据分布往往是非均衡的。为构造适用于信用卡交易欺诈预警模型的数据集，需要解决如下问题：

(1) 如何从大量的信用卡交易历史数据中等概率抽样得到有代表性的样本；

(2) 如何运用数据抽样方法从非均衡分布的信用卡交易数据集中生成分布均衡的数据集；

(3) 如何从连续发生的信用卡交易中等概率抽样获得新样本，实现信用卡欺诈预警模型的更新。

围绕上述不同场景下的数据抽样问题，本章主要介绍概率抽样算法、非均衡抽样算法、数据流抽样算法等。

4.2 概率抽样

概率抽样又称为随机抽样，是按照随机原则进行的抽样，总体中的每一个样本都有一定的概率被选择。从理论上讲，概率抽样是最科学的抽样方法，它既能保证抽取出来的样本对总体的代表性，又能有效地控制抽样误差。概率抽样包括简单随机抽样、系统抽样、分层抽样和整群抽样等。

1. 简单随机抽样

简单随机抽样(Simple Random Sampling)又称纯随机抽样，是概率抽样的最基本形式。它按等概率原则直接从含有 N 个元素的总体中随机抽取 n 个元素组成样本($N>n$)，每一个样本被选中的概率都是 n/N。在实际操作中，可以为总体中的每个样本分配唯一标识符，然后使用随机数生成器来选择抽样的样本。

例 4.1 假设有一个规模为 1000 的信用卡欺诈数据集，为了评估该数据集的质量，考虑使用简单随机抽样的方法从中选择 100 个样本进行逐条检查。为此，可以对总体中的样本按照 1,2,…,1000 进行编号,并对第 i 个样本生成一个服从[0,1]区间的均匀分布的随机数 $a_i \sim U([0,1])$。对 a_i 按从大到小排序,选择编号前 100 的样本得到抽样数据集。

2. 系统抽样

系统抽样(Systematic Sampling)又称等距抽样或间隔抽样。它是将规模为 N 的总体中的单位按照某种顺序进行排列,并从中等距选择 n 个样本作为抽样结果,其中的抽样间距

$$k = \left\lfloor \frac{N}{n} \right\rfloor$$

是小于$\frac{N}{n}$的最大的整数。典型的系统抽样是先随机抽取一个数字 $r(1 \leqslant r \leqslant k)$作为抽样起点,然后依次取第 $r+k$、$r+2k$、……个样本,获得抽样数据集。如图 4-1 所示是一个系统抽样实例。

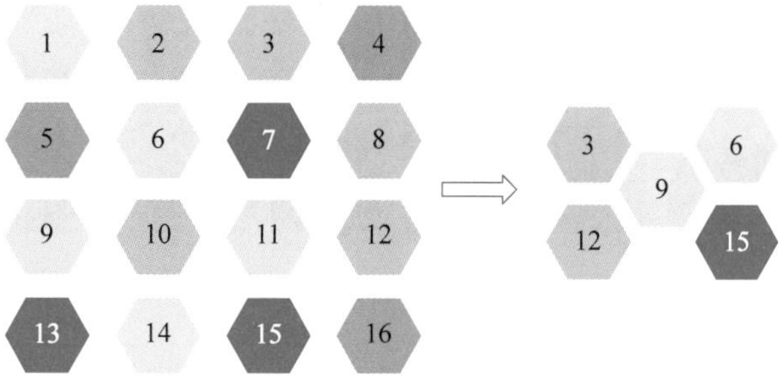

图 4-1　系统抽样实例

3. 分层抽样

分层抽样(Stratified Sampling)又称类型抽样,它是先将总体按某种特征或标志(如性别、年龄、职业或地域等)划分成若干类型或层次;然后在各个类型或层次中采用简单随机抽样或系统抽样的办法抽取一个子样本;最后,将这些子样本合起来构成总体的抽样结果。如图 4-2 所示,总体中包含多种不同种类的动物图片数据集,对每种动物图片抽样,得到抽样数据集。

图 4-2　动物图片的分层抽样实例

4. 整群抽样

整群抽样(Cluster Sampling)是从总体中随机抽取一些小的群体,然后由所抽出的若干小群体内的所有元素构成样本。这种小的群体可以是居民家庭,可以是学校中的班级,也可以是工厂中的车间,还可以是城市中的居委会等。整群抽样中对小群体的抽取可采用简单随机抽样、系统抽样或分层抽样的方法。整群抽样与前几种抽样的最大差别在于,它的抽样单位不是

单个的个体，而是小的群体。如图 4-3 所示，在动物图片数据集中使用整群抽样的方法，得到梅花鹿和熊的图片作为抽样数据集。

图 4-3 动物图片的整群抽样实例

4.3 非均衡抽样

大数据时代不仅需要应对大规模数据处理的需求，同时也面临着小样本的难题。主要体现在两个方面：一是样本的绝对数量少，二是样本的相对数量少。本节主要考虑第二种情形，即样本分布不均衡问题。

4.3.1 样本分布不均衡问题

样本分布不均衡是大数据时代经常发生的一种情况。样本分布不均衡(Class-Imbalance)指的是数据集中具有不同类别标签的训练样本数量差别很大。样本数量较多的类别称为多数类(Majority)，样本数量较少的类别称为少数类(Minority)。一般地，样本类别比例(Ratio)(多数类样本数量 vs 少数类样本数量)明显大于 1∶1 就可以归为样本分布不均衡的问题。在信用卡交易欺诈、疾病诊断等实际问题中，都存在样本分布不均衡现象。在大量信用卡交易记录中，涉嫌交易欺诈的记录通常只占很小的比例，而精准地识别出占比极小的欺诈交易又显得特别重要。

样本标签具有非均衡分布的特点给分类算法的有效性带来了巨大的挑战。通过重采样的方法从原非均衡数据集中构造出新的均衡数据集用于建立模型，是学术界和工业界解决非均衡分类问题的重要方法。

非均衡抽样方法可以分为过采样方法和欠采样方法。考虑具有两种类别标签的数据集，其中多数类样本数量为 S_{maj}，少数类样本的数量为 S_{min}($S_{\text{maj}} \gg S_{\text{min}}$)。过采样方法是指从少数类样本中复制或生成新的样本使其数据规模达到 S_{maj}，欠采样方法是指从多数类样本中删除或压缩数据，使得数据规模降至 S_{min}，达到样本分布均衡的目的。

4.3.2 过采样

过采样是一种增加少数类样本数量以达到数据类别分布均衡的重采样方法，代表性的过采样方法包括随机过采样法(Random Over-Sampling,ROS)、人工少数类样本合成采样法(Synthetic Minority Over-Sampling Technique,SMOTE)方法和自适应人工采样法(Adaptive Synthetic Sampling Approach,ADASYN)等。

1. ROS 方法

随机过采样是最简单的平衡数据集的过采样技术,它通过随机复制少数类样本以增加少数类样本数量来平衡数据集。这不会导致任何信息丢失,但数据集在复制相同信息时容易过拟合。

2. SMOTE 方法

与随机过采样方法不同,SMOTE 方法通过合成新的少数类样本来扩充数据集,以得到均衡数据集,从而提升模型的预测性能。考虑一个包含 S_{maj} 个多数类样本、S_{min} 个少数类样本的非均衡数据集($S_{maj}>S_{min}$),其中的少数类样本点记为$\{\boldsymbol{x}_1,\boldsymbol{x}_2,\cdots,\boldsymbol{x}_n\}$,$n=S_{min}$。SMOTE 方法合成少数类样本的流程如下。

(1) 计算每个少数类样本需要合成的新样本数量,$m=\left\lfloor\dfrac{S_{maj}-S_{min}}{S_{min}}\right\rfloor$。

(2) 对少数类样本中的每一个点 $\boldsymbol{x}\in\{\boldsymbol{x}_1,\boldsymbol{x}_2,\cdots,\boldsymbol{x}_n\}$,重复以下操作。

(3) 计算 $\boldsymbol{x}$ 和少数类样本点 $\boldsymbol{x}_1,\boldsymbol{x}_2,\cdots,\boldsymbol{x}_n$ 的距离,并从中选出与 $\boldsymbol{x}$ 的 k 个最近邻点,分别记为 $\boldsymbol{x}^{(1)},\boldsymbol{x}^{(2)},\cdots,\boldsymbol{x}^{(k)}$。

(4) 从 $\boldsymbol{x}$ 的 $\boldsymbol{k}$ 个最近邻样本中随机选择一个样本 $\boldsymbol{x}^{(j)}$,$j\in 1,2,\cdots,k$,从 $\boldsymbol{x}$ 与 $\boldsymbol{x}^{(j)}$ 的线性组合中任意选择一个随机样本作为采样点,即按照公式

$$\boldsymbol{x}_{new}=\lambda\boldsymbol{x}+(1-\lambda)\boldsymbol{x}^{(j)} \tag{4-1}$$

生成一个新样本 $\boldsymbol{x}_{new}$,其中 $0<\lambda<1$ 是一个位于区间 $(0,1)$ 内的随机数。

(5) 重复步骤(4)m 次。

通过上述步骤,能够从每个少数类样本 $\boldsymbol{x}_i$,$i=1,2,\cdots,n$ 合成 m 个属于少数类的新样本。SMOTE 算法可以在保持原有样本分布特征的基础上,有效扩充少数类样本,从而改善分类器性能。

例 4.2　考虑一个二维空间中的非均衡分布的数据集,其中标签为 1 的少数类样本数量占比 1%,如图 4-4(a)所示。使用 SMOTE 方法扩充少数类样本,得到结果如图 4-4(b)所示,可以直观地看到,生成的样本点落在原始少数类样本点的线性组合上。

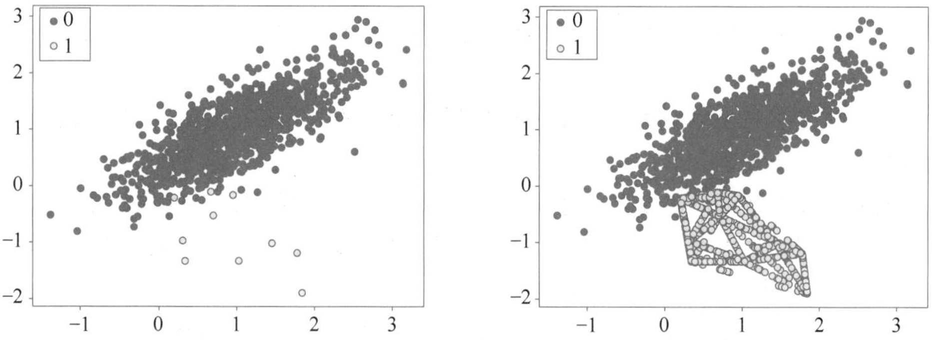

(a) 分布不均衡的样本点　　(b) 使用SMOTE方法采样结果

图 4-4　二维空间非均衡数据采样

3. ADASYN 方法

ADASYN 是一种自适应的过采样方法,能够根据样本分布情况自动调整过采样比例。

如果一个少数类别样本的邻近样本中多数类别占据主导地位，说明该样本点正处于分类边界附近，从而将获得更高的权重，生成更多的合成样本。给定一个包含 2 种类别的非均衡数据集，其中多数类样本规模为 S_{maj}，少数类样本规模为 S_{min}，ADASYN 方法的基本步骤如下：

(1) 计算需要合成的样本数量 $N=S_{\text{maj}}-S_{\text{min}}$。

(2) 对于每个少数类样本 $\boldsymbol{x}$，找出其在整个数据集中的 k 个近邻点，并计算其中多数类样本的占比

$$r_x=\frac{\Delta_x}{k}$$

其中 $\Delta_{\boldsymbol{x}}$ 表示 $\boldsymbol{x}$ 的 k 近邻内多数类样本数量。

(3) 对 $r_{\boldsymbol{x}}$ 做标准化，即

$$\hat{r}_x=\frac{r_x}{\sum_x r_x}$$

$\hat{r}_x$ 可作为样本 $\boldsymbol{x}$ 的权重，表明少数类样本 $\boldsymbol{x}$ 的重要性。

(4) 根据样本的权重 $\hat{r}_x$，确定基于点 $\boldsymbol{x}$ 需要生成的新样本数量

$$n_x=N\hat{r}_x \tag{4-2}$$

(5) 结合 n_x 的值，基于样本 $\boldsymbol{x}$ 运用公式(4-1)生成新样本。

该算法的优势在于能够自适应地调整过采样比例，根据数据集的实际情况进行过采样，从而更好地保持了数据集的分布特征，有利于提高分类器的性能。

例 4.3 考虑例 4-2 中的非均衡分布数据集。使用 ADASYN 过采样方法扩充少数类样本，结果如图 4-5 所示。从图中可见，ADASYN 方法从非边界点中合成的样本明显变少了。

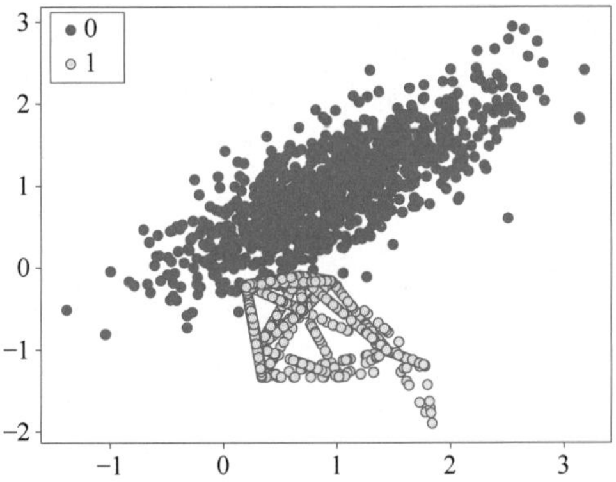

图 4-5 使用 ADASYN 方法的采样结果

4.3.3 欠采样

欠采样方法是通过删减多数类样本数量来实现不同类别样本数量的均衡，相对提高少数类样本的重要性。常见的欠采样方法包括随机欠采样和编辑最近邻欠采样(Edited Nearest Neighbors，ENN)等。

随机欠采样方法是从多数类样本中随机选择一个样本，并将其删除。重复该过程以达到不同类别的样本分布均衡。

编辑最近邻欠采样方法的基本思想是检查多数类中每个样本的最近邻样本的类别，如果其最近邻样本中有大量少数类样本，那么这个多数类样本可能是位于分类边界上的噪声点或者不重要点，可以被删除。其具体步骤如下：

(1) 对于数据集中每个多数类样本 $\boldsymbol{x}$，计算其与其他样本的距离，从中选出与 $\boldsymbol{x}$ 最近的 k 个近邻点，记为 $\text{NN}(\boldsymbol{x})=\{\boldsymbol{x}^{(1)},\boldsymbol{x}^{(2)},\cdots,\boldsymbol{x}^{(k)}\}$，并检查最近邻样本的类别。

(2) 设定一个阈值 t，如果多数类样本 $\boldsymbol{x}$ 的 k 个最近邻样本中少数类样本的占比超过设定的阈值 t，则将该多数类样本标记为可删除。

(3) 删除所有标记为可删除的多数类样本。

相较于随机欠采样，ENN 更加有针对性，能够保留对分类决策有重要影响的样本。通过考虑最近邻关系，ENN 能够去除可能是噪声或边界点的多数类样本。而计算最近邻样本需要较高的计算成本，特别是对于大型数据集。阈值 t 的选择对结果有很大影响，如果设置不当，可能会导致过度删除或删除不足。

4.4 数据流抽样

大数据时代，数据已不仅仅拘泥于文件、数据库等传统的静态形式，一种连续、无界、不定速度的流式数据（即数据流）已经出现在越来越多的应用领域之中，是大数据的一种最重要的体现形式。本节主要介绍面向数据流抽样的蓄水池抽样算法。

4.4.1 数据流抽样问题

数据流是大量连续到达的、潜在无限数据的有序序列，这些数据或其摘要信息只能按照顺序存取并被读取一次或有限次。

例 4.4 石化企业某些设备的安全健康运行对温度控制有着较高的要求。在高压柜高压三相电的 6 个不同位置（分别记为 up_a（高压三相电 A 相（上）），up_b（高压三相电 B 相（上）），up_c((高压三相电 C 相（上）））, down_a（高压三相电 A 相（下）），down_b（高压三相电 B 相（下）），down_c（高压三相电 C 相（下）））安装温度传感器设备，这样实时采集得到的温度监控数据就是数据流。采集的部分数据如图 4-6 所示。

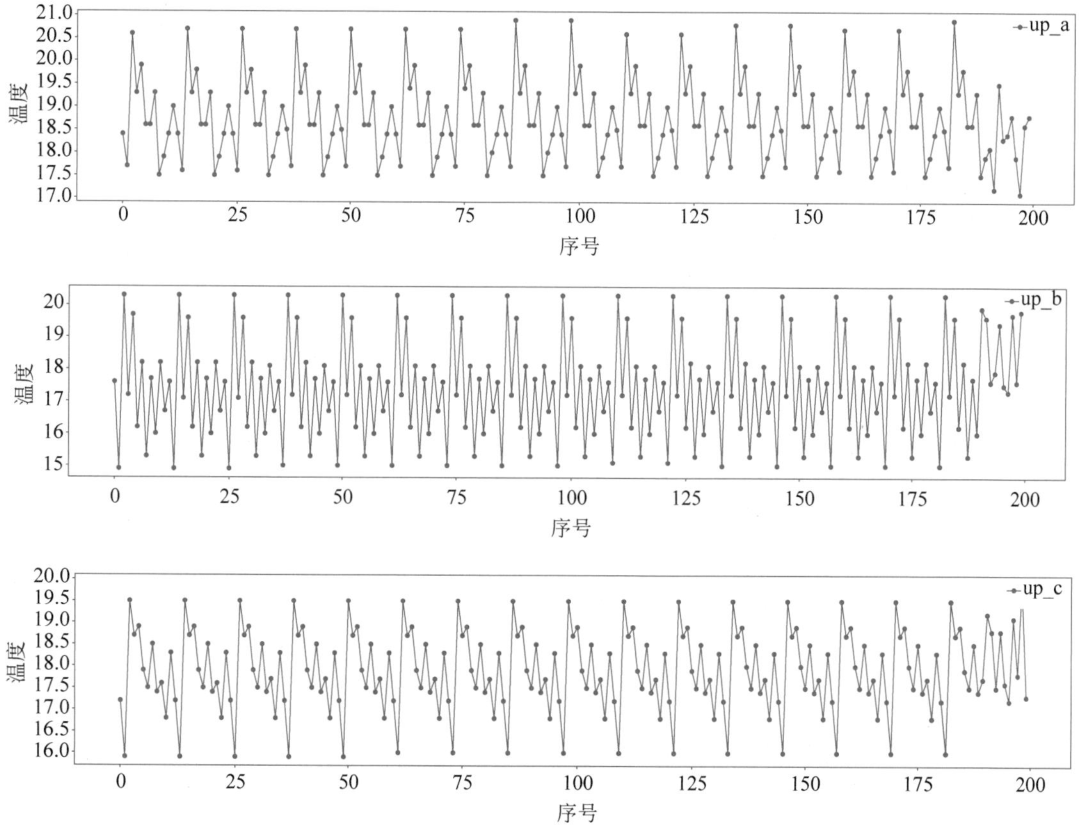

图 4-6 温度传感器采集流数据实例

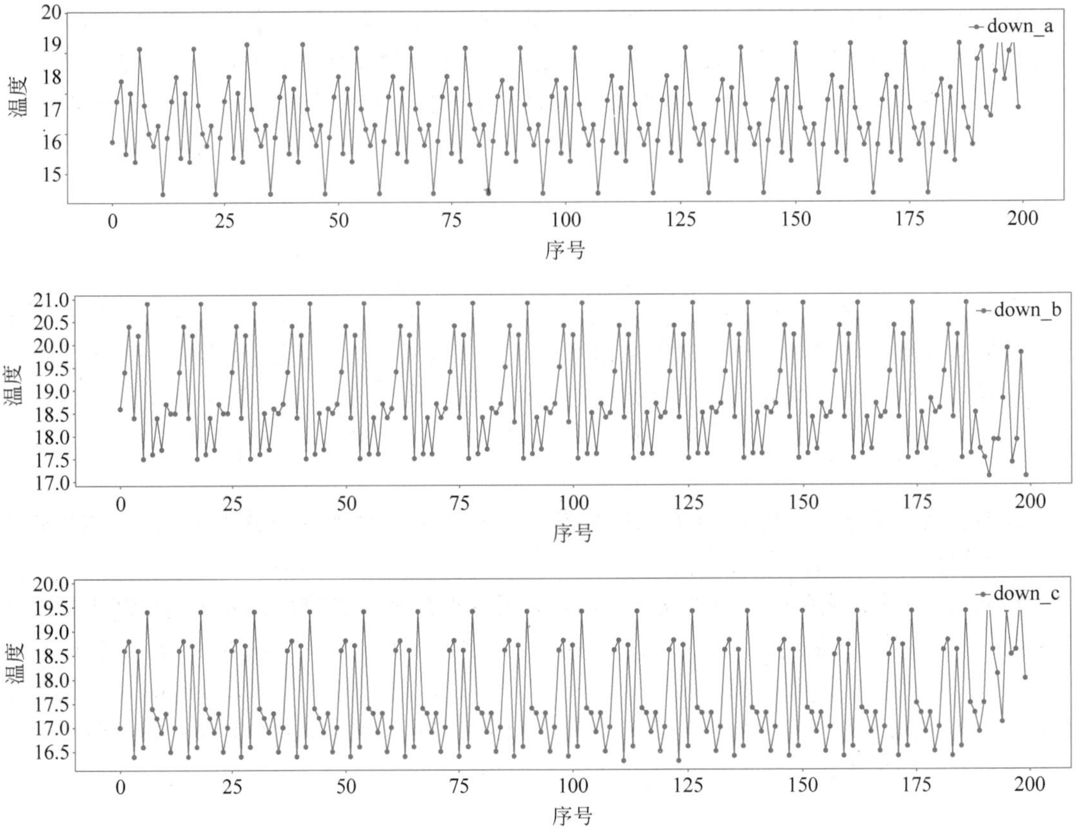

图 4-6 （续）

与传统的静态数据相比，数据流具有以下特点：

（1）无限快速性。数据流通常是源源不断地快速产生，理论上其长度是无限的，在实际应用中远超过系统所能存储的范围，而传统数据库中的数据主要用于持久存储，其存储量和数据更新次数都相对有限。

（2）不确定性。数据流产生的速度和间隔时间等统计特性事先难以确定，其产生顺序不受外界控制，很有可能数据流的产生速度超出系统所能接受并处理的限度，而传统数据库中的数据规模和处理能力等性能指标通常是已知的。

（3）时变性。数据流随时间而变化，这将引起数据的统计特征也随时间而改变，如数据的方差、分位数、概率分布等，而传统数据库中的数据通常是静态的，一旦存储则很少随时间发生改变。

（4）单遍扫描性。由于数据规模大、增长迅速，对数据流仅限于单遍扫描（One-Scan），即除非特意或显式存储外，每个数据只被处理一次。而传统数据库对数据进行持久存储，便于多遍扫描，并建立相应的索引机制有利于高效的查询。

（5）结果近似性。大量的数据流分析处理中并非一定需要精确的查询结果，满足精度误差要求的近似结果即可。而传统数据库建立在严格的数学基础之上，其查询语义明确，查询结果一般是精确的。

无限快速性和单遍扫描性是两个最为重要的特点，给数据流挖掘问题带来了巨大的挑战。数据流挖掘中的一些典型问题包括：

（1）从数据流中采样，是指从连续产生的数据中选择出一部分数据进行分析和处理，是时序数据处理的一个重要过程，包括随机采样、时间间隔采样、事件促发采样等。

（2）滑动窗口的动态数据集查询，是一种在动态数据集中进行查询和分析的有效技术，它允许用户在连续的数据流中维护一个固定大小的窗口，以便对实时分析等场景进行处理，计算平均值、最大值、最小值等统计信息。

（3）频繁模式挖掘，是一种在大型数据集中发现频繁出现的模式、关联、相关结构等知识的技术，广泛地应用于购物篮分析、生物信息学、社会网络分析等。

本节主要考虑数据流的抽样问题。数据流抽样是要从具有无限长度的样本中抽样得到一个子集，使得每个样本都能以一定的概率被选中，以便能够对该子集进行查询并给出数据流总体统计特征的估计。

4.4.2 蓄水池抽样

在数据流挖掘问题或者样本总容量未知的场景中，传统的概率抽样算法无法保证对样本进行均匀抽样。蓄水池抽样（Reservoir Sampling）是一种随机抽样算法，它能够在一个很大的集合中，抽取一部分样本，并保证每个样本的选取概率都是相等并随机的。算法的实现过程如表 4-1 所示。

表 4-1 蓄水池抽样算法

输入：	长度未知的数据流 $\boldsymbol{x}_1,\boldsymbol{x}_2,\boldsymbol{x}_3,\cdots$
输出：	样本容量为 N 的样本集 B
	初始化一个容量为 N 的蓄水池 B
	for $t=1,2,\cdots$, do
	如果 $\|B\|<N$
	$B=B\cup\boldsymbol{x}_t$
	如果 $\|B\|\geqslant N$
	从伯努利分布中抽样得到一个随机数 Z，满足 $\Pr(Z=1)=\frac{N}{t}$
	如果 $Z=1$
	从蓄水池 B 中随机删除一个样本 $\boldsymbol{x}'$，再将 $\boldsymbol{x}_t$ 插入蓄水池 B 中
	$B=(B\backslash\boldsymbol{x}')\cup\boldsymbol{x}_t$
	end for

定理 4.1 使用蓄水池抽样算法对数据流 $\boldsymbol{x}_1,\boldsymbol{x}_2,\boldsymbol{x}_3,\cdots\cdots$ 抽样，每个样本被抽中的概率均相等。

证明：当 $t\leqslant N$ 时，第 t 个样本一定会加入蓄水池 B 中，于是样本被选中的概率为 1。命题显然成立。

假设当第 $t\geqslant N+1$ 轮抽样时，每个样本被选中留在蓄水池中的概率为$\frac{N}{t}$。

当 $t=N+1$ 时，第 $N+1$ 个元素被选中的概率为$\frac{N}{N+1}$。当存在两种情形时，前 N 个样本中 $\boldsymbol{x}_i$，$i\leqslant N$ 会被保留在蓄水池中，一是 Z 的随机数 $z=0$，不需要从原蓄水池中删除样本，对应的概率为$\frac{1}{N+1}$。二是 Z 的随机数 $z=1$，但是元素 $\boldsymbol{x}_i$ 没有被选中从蓄水池中删除，其对应的概率为$\frac{N}{N+1}\left(1-\frac{1}{N}\right)=\frac{N-1}{N+1}$。将两种情况发生的概率相加，$\boldsymbol{x}_i$，$i\leqslant N$ 得到被保留在蓄水

池 B 中的概率为$\frac{N}{N+1}$。

在第 $t+1$ 轮抽样时，根据蓄水池抽样算法，新样本 $\boldsymbol{x}_{t+1}$ 被选中留在蓄水池中的概率为 $\frac{N}{t+1}$。第 $i(\leqslant t)$ 个样本被抽中留在蓄水池中只能由 2 种原因导致，一是第 i 个样本已经在蓄水池中（概率为$\frac{N}{t}$）且 Z 的随机数 $z=0$，不需要从原蓄水池中删除样本，其概率为$\frac{N}{t}\left(1-\frac{N}{t+1}\right)$。二是第 i 个样本已经在蓄水池中$\left(\text{概率为}\frac{N}{t}\right)$，且 Z 的随机数 $z=1$，需要从原蓄水池中删除样本$\left(\text{概率为}\frac{N}{t+1}\right)$，但是第 i 个样本依然保留在蓄水池中（概率为$\frac{N-1}{N}$），其概率为$\frac{N}{t}\frac{N}{t+1}\left(1-\frac{1}{N}\right)$。于是得到第 $i(\leqslant t)$个样本被抽中留在蓄水池中的概率为

$$\frac{N}{t}\frac{N}{t}\left(1-\frac{N}{t+1}\right)+\frac{N}{t}\frac{N}{t+1}\left(1-\frac{1}{N}\right)=\frac{N}{t+1} \tag{4-3}$$

由此，根据数学归纳法命题得证。

4.5 蒙特卡洛抽样

数据科学与工程领域中，经常需要计算一个函数的期望。比如在基于大数据的围棋策略开发任务中，需要计算不同状态下的动作函数的期望收益。蒙特卡洛抽样广泛应用于函数的积分运算任务中。令 Z 是一个随机变量，h 是一个连续函数，则随机变量 $Y=h(z)$的期望如下：

$$E[Y]=\int h(z)p(z)\mathrm{d}z \tag{4-4}$$

其中，$p(z)$为随机变量 Z 的概率密度函数。当函数 $h(z)$或者 $p(z)$比较复杂时，上述期望难以计算。如果能够从 $Z\sim p(z)$中独立采样得到 n 个样本 $z_1,z_2,\cdots,z_n$，根据大数定律可以得到 $E[Y]$的一个近似估计为

$$\frac{1}{n}\sum_{i=1}^{n}f(z_i)$$

本节介绍从 $Z\sim p(z)$中进行独立采样的蒙特卡洛抽样方法。该方法在物理学、统计学、金融工程、机器学习等许多领域都有广泛的应用。蒙特卡洛抽样的难点是如何保证独立采样得到的 n 个样本 $z_1,z_2,\cdots,z_n$ 的经验分布与 Z 的真实分布 $p(z)$保持一致。经典的蒙特卡洛抽样方法主要包括直接采样、接受-拒绝采样与重要性采样等。

4.5.1 直接采样

若随机变量 Z 的分布函数 $F(z)$连续且严格单调，直接采样法根据分布函数 $F(z)$进行采样，得到服从概率密度为 $p(z)$的样本。其基本原理可以用定理 4.2 描述。

定理 4.2 设连续随机变量 Z 的分布函数 $F(z)$是连续且严格单调上升的分布函数，其反函数存在且记为 $F^{-1}(u)$。如果 V 是一个在$[0,1]$上均匀分布的随机变量($V\sim U(0,1)$)，则随机变量 $F^{-1}(V)$与随机变量 Z 的分布相同。

根据定理 4.2，可得生成分布函数为 $F(z)$的直接采样方法。其基本步骤如下：

(1) 从均匀分布 $U(0,1)$中抽取样本 $u_1,u_2,\cdots,u_n$。

(2) 利用随机变量 Z 的分布函数 $F(z)$的反函数 $F^{-1}(u)$得到

$$z_i = F^{-1}(u_i), i = 1,2,\cdots,n \tag{4-5}$$

由定理 4.2,则样本序列 $z_1, z_2, \cdots, z_n$ 是服从概率密度函数 $p(z)$ 或分布函数 $F(z)$ 的独立同分布的抽样样本。

例 4.5 使用直接采样法从标准正态分布中独立采样。

标准正态分布的分布函数记为 $\Phi(z)$。根据上述步骤,首先生成服从均匀分布 $U(0,1)$ 的 n 个随机样本 $u_i, i=1,2,\cdots,n$。然后计算 $z_i = \Phi^{-1}(u_i), i=1,2,\cdots,n$ 得到服从标准正态分布的独立样本 z_i。在实验中选择样本数量为 $n=100000$,画出抽样样本的直方图,如图 4-7 所示。可见采样结果基本吻合标准正态分布的概率密度函数。

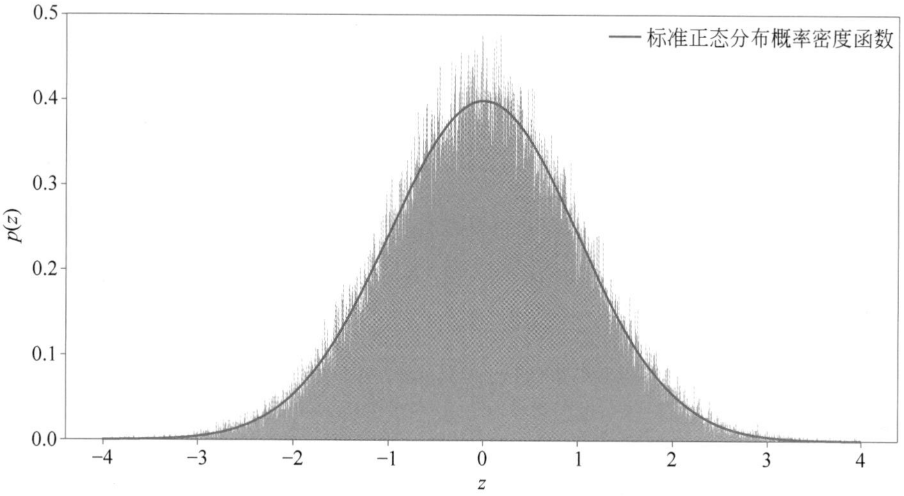

图 4-7 从标准正态分布中直接采样的样本经验分布图

4.5.2 接受-拒绝采样

若已知随机变量 Z 的概率密度函数 $p(z)$,但是其分布函数的反函数不存在或难以确定时,可以使用接受-拒绝采样方法进行独立采样。假设当 $z \in [z_{\min}, z_{\max}]$ 时,概率密度函数 $p(z) > 0$,当 $z \notin [z_{\min}, z_{\max}]$ 时,概率密度函数 $p(z) = 0$,且 $p(z)$ 的值域为 $[0, p_{\max}]$。拒绝采样的核心思想是在二维平面 $[z_{\min}, z_{\max}] \times [0, p_{\max}]$ 上进行均匀采样,若采样点 (z_i, y_i) 在概率密度函数曲线下方,即 $p(z_i) \leqslant y_i$,则接受样本 z_i;若采样点 (z_i, p_i) 在概率密度函数曲线上方,即 $p(z_i) > y_i$,则拒绝样本 z_i。于是,$\{(z,y) \in [z_{\min}, z_{\max}] \times [0, p_{\max}] \mid p(z) \leqslant y\}$ 称为接受域,$\{(z,y) \in [z_{\min}, z_{\max}] \times [0, p_{\max}] \mid p(z) > y\}$ 称为拒绝域,如图 4-8 所示。

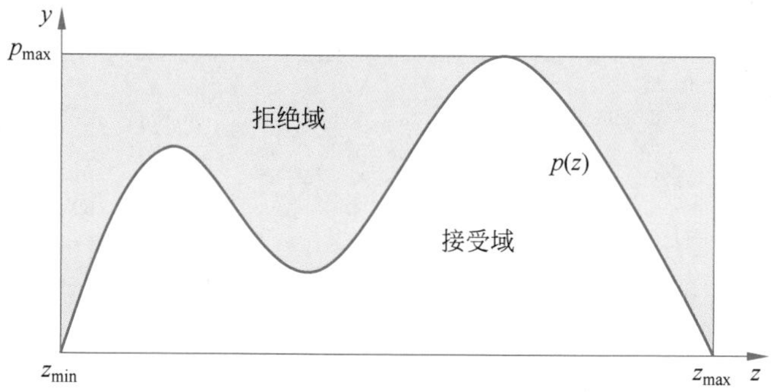

图 4-8 接受域与拒绝域

从图 4-8 中可以看到，对于一个采样点(z_i, y_i)，如果$p(z_i)$值越大，那么z_i被接受的概率也越大；如果$p(z_i)$值越小，那么z_i被接受的概率也越小。z_i被接受的概率正比于$\frac{p(z)}{p_{\max}}$，这就是接受-拒绝采样基本原理。

但是接受-拒绝采样存在采样效率低的问题。所谓采样效率是指，在n次重复独立采样操作中，来自接受域的采样点所占的比例。采样区域$[z_{\min}, z_{\max}] \times [0, p_{\max}]$中任意一个随机样本点$(Z, Y)$，来自接受域的概率为

$$\begin{aligned} P(Y \leqslant p(Z)) &= \int_{z_{\min}}^{z_{\max}} \int_0^{p(z)} \frac{1}{p_{\max}(z_{\max} - z_{\min})} \mathrm{d}y \mathrm{d}z \\ &= \frac{1}{p_{\max}(z_{\max} - z_{\min})} \int_{z_{\min}}^{z_{\max}} p(z) \mathrm{d}z \\ &= \frac{1}{p_{\max}(z_{\max} - z_{\min})} \end{aligned} \tag{4-6}$$

$p_{\max}(z_{\max} - z_{\min})$越大，接受-拒绝采样法的采样效率越低。

例 4.6 使用接受-拒绝采样法从贝塔分布 Be(2.7,6.3)中独立采样。令随机变量$Z \sim \mathrm{Be}(\alpha, \beta)$，则其概率密度函数为

$$p(z; \alpha, \beta) = \frac{1}{B(\alpha, \beta)} z^{\alpha-1} (1-z)^{\beta-1}$$

其中，$z \in [0,1]$，$B(\alpha, \beta) = \int_0^1 z^{\alpha-1}(1-z)^{\beta-1} \mathrm{d}z$称为贝塔函数。当$\alpha = 2.7, \beta = 6.3$时，求$p(z; \alpha, \beta)$的导数，并令其等于 0，可以得到$p(z; \alpha, \beta)$在$z = \frac{\alpha-1}{\alpha+\beta-2} = \frac{1.7}{7}$时取得最大值$p_{\max} = 2.67$。

根据接受-拒绝采样方法，从二维平面$[0,1] \times [0, 2.67]$上进行均匀采样，根据得到的采样点(z_i, y_i)是否满足不等式$y_i \leqslant p(z_i; \alpha, \beta)$来决定是否接受$z_i$。经过 1000 次独立采样，得到的结果如图 4-9 所示，其中红色的点表示位于接受域的采样点，黑色点表示位于拒绝域的采样点。

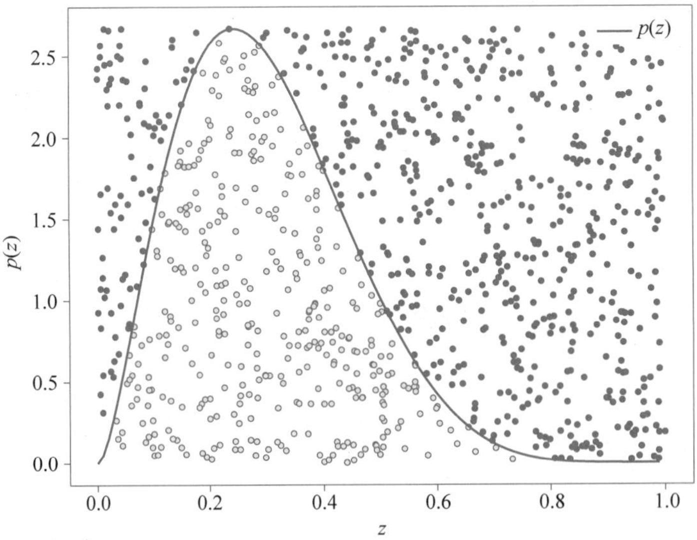

图 4-9 使用接受-拒绝采样法根据贝塔分布 Be(2.7,6.3)生成的采样点

可以计算采样点(Z,Y)来自接受域的概率为

$$P(Y \leqslant p(Z)) = \frac{1}{p_{\max}(z_{\max} - z_{\min})} = \frac{1}{2.67} = 37\%$$

表明此时接受-拒绝采样的采样效率只有37%。

一种改进的接受-拒绝采样方法是引入一个新的概率密度函数$q(z)$来帮助提高采样效率。概率密度函数$q(z)$具有以下的特点：

(1) 概率密度函数$q(z)$容易计算，容易运用直接采样法从$Z \sim q(z)$中抽样。

(2) 存在一个常数$k>0$，使得对于任意的z都有$p(z) \leqslant kq(z)$。

假设从$Z \sim q(z)$中采样得到一个样本点z_i，如果$p(z_i)$越接近$kq(z_i)$，那么z_i来自概率密度函数$p(z)$的可能性也越大，接受该样本的概率越大；反之，如果$p(z_i)$越远离$kq(z_i)$，那么z_i来自概率密度函数$p(z)$的可能性也越小，接受该样本的概率越小。如图4-10所示，与z_1相比，z_2点处的概率密度函数值$p(z_2)$越接近$kq(z_2)$，即$\frac{p(z_2)}{kq(z_2)} > \frac{p(z_1)}{kq(z_1)}$，因而可以更高的概率接受$z_2$作为来自分布$Z \sim p(z)$的采样样本。为此，可定义样本点$z_i$的接受概率函数为

$$r(z_i) = \frac{p(z_i)}{kq(z_i)} \tag{4-7}$$

同时从均匀分布$U(0,1)$生成一个随机数u_i，如果$u_i \leqslant r(z_i)$，则接受样本z_i；否则拒绝样本z_i，于是能保证样本z_i以概率$r(z_i)$被接受。由于辅助概率密度函数$q(z)$的引入，极大地缩小了采样点的拒绝域范围(如图4-8和图4-10的阴影部分)，从而提高了采样效率。改进后的接受-拒绝采样算法如表4-2所示。

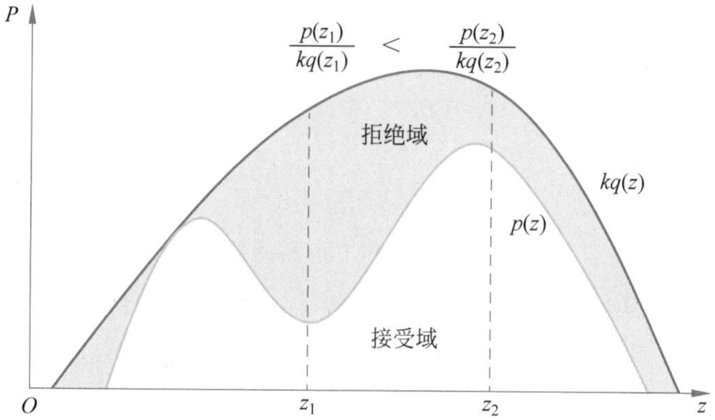

图4-10　接受-拒绝采样示例

表4-2　改进后的接受-拒绝采样算法

输入：	概率密度函数$p(z)$，$q(z)$，采样独立样本数量n，系数k
输出：	服从概率密度函数$p(z)$的n个独立样本$z_1,z_2,\cdots,z_n$
1	设置初始值$i=1$
2	repeat
3	从概率密度函数$q(z)$中进行随机采样，得到样本z
4	生成均匀分布$U(0,1)$抽样值u
5	计算接受概率$r(z)=\frac{p(z)}{kq(z)}$
6	if $u<r(z)$ then
7	接受该样本，$z_i=z$

续表

```
            i=i+1
        else
            拒绝该样本
    采样获得 n 个样本时终止
```

例 4.7 随机变量 Z 的概率密度函数 $p(z)=cg(z)$，其中 $0<c<1$ 且

$$g(z)=\mathrm{e}^{-\frac{z^2}{2}}(\sin^2(6+z)+3\cos^2(z)\sin^2(4z)+1)$$

使用改进的接受-拒绝采样方法从 $Z\sim p(z)$ 进行独立采样。取 $q(z)$ 为标准正态分布的概率密度函数，即 $q(z)=\frac{1}{\sqrt{2\pi}}\mathrm{e}^{-\frac{1}{2}z^2}$。由于

$$k=\max_z\frac{g(z)}{q(z)}=10$$

因而有

$$p(z)<g(z)\leqslant 10q(z)$$

如图 4-11 所示，画出了 $p(z)$ 和 $10q(z)$ 的函数图像，可见 $p(z)$ 函数落在 $10q(z)$ 的下方。

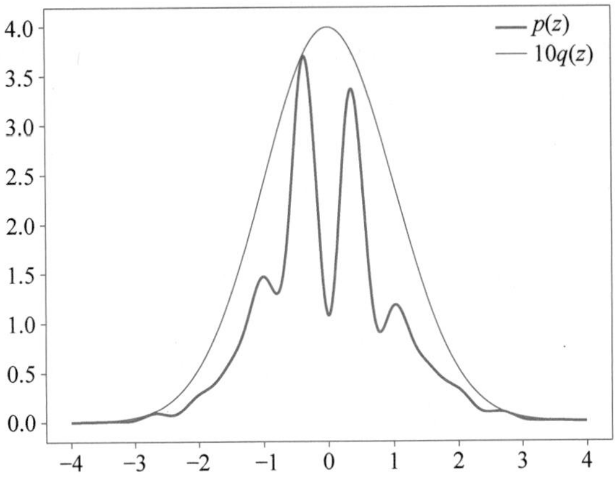

图 4-11　$p(z)$ 和 $10q(z)$ 函数图像

按照表 4-2 的过程，从标准正态概率密度函数 $q(z)$ 中重复抽样 100 000 次，并计算每一个样本的接受概率 $r(z)=\frac{p(z)}{kq(z)}$。接受的样本即可作为从概率密度函数 $p(z)$ 中采样得到的样本点。实验过程中发现共接受样本 57 134 个，占比 57.13%。绘制接受样本的直方图，如图 4-12 所示，可以发现样本的分布图和目标函数分布 $p(z)$ 基本一致。

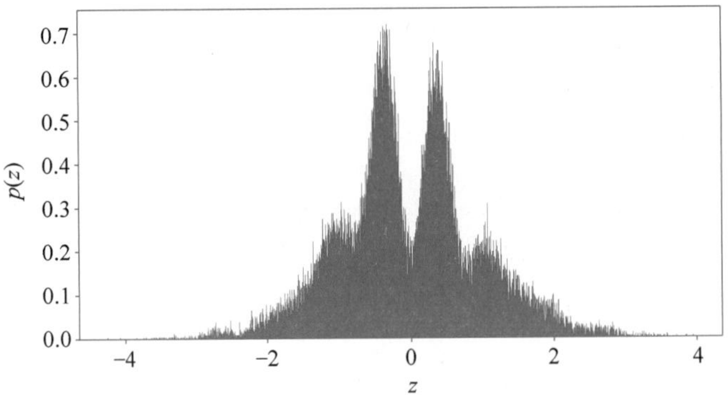

图 4-12　改进的接受-拒绝采样算法从 $Z\sim p(z)$ 中采样样本的直方图

4.5.3 重要性采样

改进的接受-拒绝采样效率依赖于 $q(z)$ 的选取，而且拒绝样本会带来采样过程额外的开销。重要性采样方法能有效地弥补这一缺点。若接受从 $Z\sim q(z)$ 中采样得到的全部样本，显然样本的分布不符合原本的概率密度函数 $p(z)$，为了矫正这个偏差，重要性采样给每个样本附一个重要性权重

$$w(z)=\frac{p(z)}{q(z)} \tag{4-8}$$

显然 $w(z)$ 的值越大，采样的样本 z 来自原本的分布 $p(z)$ 的可能性也就越大。于是可以将 $w(z)$ 作为衡量样本重要性的一个重要指标，从而用来实现式(4-4)的期望运算。

$$\begin{aligned}
E[Y]&=\int h(z)p(z)\mathrm{d}z\\
&=\int\left(h(z)\frac{p(z)}{q(z)}\right)q(z)\mathrm{d}z\\
&\approx\frac{1}{n}\sum_{i=1}^{n}h(z_i)\frac{p(z_i)}{q(z_i)}\\
&=\frac{1}{n}\sum_{i=1}^{n}h(z_i)w(z_i)
\end{aligned} \tag{4-9}$$

其中，$z_1,z_2,\cdots,z_n$ 是从分布 $q(z)$ 中独立抽样得到的 n 个样本。式(4-9)中的第二个等式表明，期望 $E[Y]$ 可以通过计算函数 $h(z)\frac{p(z)}{q(z)}$ 关于新的概率分布 $q(z)$ 下的期望来实现，$w(z)=\frac{p(z)}{q(z)}$ 表示样本 z 的重要性权重。

若随机变量 Z 的概率密度函数 $p(z)$ 未知且 $p(z)\propto g(z)$，则期望 $E[Y]$ 计算如下：

$$\begin{aligned}
E[Y]&=\int h(z)p(z)\mathrm{d}z\\
&=\int h(z)\frac{g(z)}{\int g(z)\mathrm{d}z}\mathrm{d}z\\
&=\frac{\int h(z)g(z)\mathrm{d}z}{\int g(z)\mathrm{d}z}\\
&=\frac{\int\left(h(z)\frac{g(z)}{q(z)}\right)q(z)\mathrm{d}z}{\int\left(\frac{g(z)}{q(z)}\right)q(z)\mathrm{d}z}\\
&\approx\frac{\sum_{i=1}^{n}h(z_i)\frac{g(z_i)}{q(z_i)}}{\sum_{i=1}^{n}\frac{g(z_i)}{q(z_i)}}
\end{aligned}$$

$$=\frac{\sum_{i=1}^{n}h(z_i)w(z_i)}{\sum_{i=1}^{n}w(z_i)}$$

其中，$w(z_i)=\dfrac{g(z_i)}{q(z_i)}$。

例 4.8 随机变量 Z 的概率密度函数 $p(z)=cg(z)$，其中 $0<c<1$ 且

$$g(z)=\mathrm{e}^{-\frac{z^2}{2}}(\sin^2(6+z)+3\cos^2(z)\sin^2(4z)+1)$$

使用重要性采样方法计算 $E[Z]$和 $E[Z^2]$，可按照如下步骤进行计算。

(1) 取 $q(z)$为标准正态分布的概率密度函数，即 $q(z)=\dfrac{1}{\sqrt{2\pi}}\mathrm{e}^{-\frac{1}{2}z^2}$。

(2) 从标准正态分布 $q(z)$中进行采样，得到 n 个样本点，记为 $z_1,z_2,\cdots,z_n$，这里选择 $n=10^5$。

(3) 计算每个样本点的权重 $w(z_i)=\dfrac{g(z_i)}{q(z_i)},i=1,2,\cdots,n$。

(4) 将计算出来的权重进行归一化，得到 $\hat{w}(z_i)=\dfrac{w(z_i)}{\sum_{i=1}^{n}w(z_i)}$。

(5) 计算期望

$$E[Z]=\sum_{i=1}^{n}z_i\hat{w}(z_i)=-0.0372$$

以及

$$E[Z^2]=\sum_{i=1}^{n}z_i^2\hat{w}(z_i)=0.9200$$

4.6 案例：基于 SMOTE 的信用卡交易欺诈数据采样

信用卡交易欺诈是金融领域一个严重的问题，传统的数据处理方法往往难以有效应对不平衡数据集所带来的挑战。SMOTE 是一种常用的数据采样方法，它通过合成少数类样本来平衡数据集，从而提高模型在少数类样本上的表现。本节将使用 Python 实现基于 SMOTE 的信用卡欺诈数据采样，并进行可视化分析。

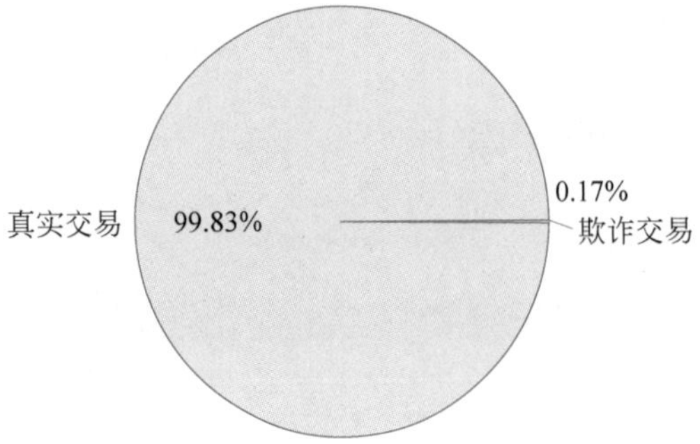

图 4-13 信用卡交易数据集类别分布

数据集包括了某两天时间内的信用卡交易数据，共包含 284 807 笔交易记录。在数据集中，字段 Class 代表了该笔交易的分类，其中 Class=0 代表正常交易(非欺诈)，而 Class=1 代表欺诈交易。在这些交易中，只有 492 笔是欺诈行为，用标签为 1 表示，欺诈交易记录的比率仅为 0.17%，如图 4-13 所示。

数据集的输入特征共有 28 个，分别标记为 V1～V28，这些特征值是通过主成分分析(PCA)

得到的结果。除了 28 个特征外，数据集还包括交易时间（Time）和交易金额（Amount）两个额外的特征。需要注意的是，为了保护数据隐私，外人并不知道 V1～V28 这些特征具体代表的含义，只知道它们是通过 PCA 得到的结果。由于欺诈交易数量较少，数据集存在严重的不均衡问题，这给机器学习模型的训练和评估带来了挑战。接下来，将对数据集做进一步分析和处理，并训练不同分类模型来比较它们的性能。

本案例按照以下的步骤进行。

1. 数据加载与初步探索

数据加载是数据处理的起点，通过加载数据，可以将数据导入程序中进行后续处理。初步探索则是为了熟悉数据的整体情况，包括特征的数量、数据类型、是否存在缺失值等。数据可视化是理解数据和发现数据规律的重要手段，通过可视化分析，直观地展现数据的分布情况、相关性等。在数据可视化过程中，可以通过直方图、箱线图、散点图等方式来展现数据的分布情况和特征之间的关系。数据中每个特征的统计信息如图 4-14 所示。

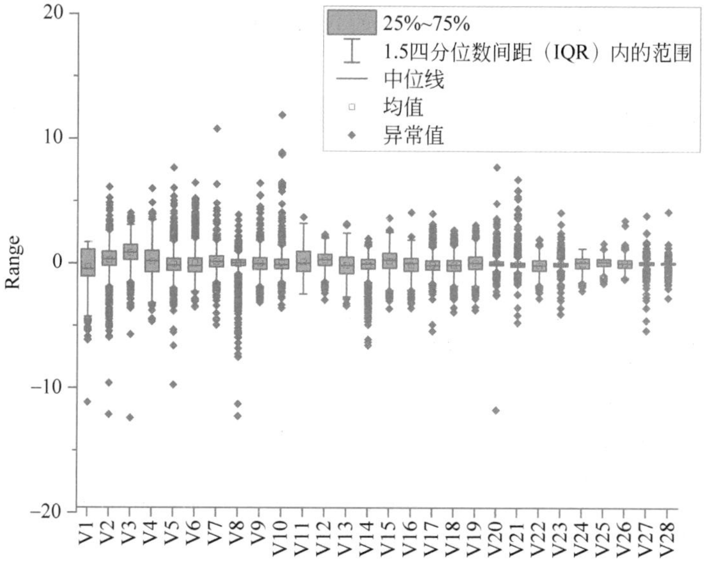

图 4-14 数据集统计信息

2. 数据预处理

数据预处理是数据分析的关键步骤之一，它包括了对数据进行清洗、转换、归一化等操作，以便为后续的建模和分析做好准备。在数据预处理过程中，常见的操作包括处理缺失值、特征标准化等。处理缺失值是为了保证数据的完整性和准确性，常见的方法包括删除缺失值或者填充缺失值；特征标准化是为了将特征的数值范围统一到某个范围内，以便模型能够更好地拟合数据，本案例使用 Z-Score 标准化方法对数据进行预处理。

3. 非均衡数据的重采样

样本标签分布的不均衡会使得多数类样本在模型训练过程中占据主导地位，产生对多数类样本的过拟合。为此，在本案例中考虑使用 SMOTE 过采样方法进行重采样，得到均衡数据集。为了在二维空间中使用散点图展示 SMOTE 方法的效果，使用降维算法对原始数据和均衡数据集分别投影到二维空间。如图 4-15 所示是使用 t-SNE 算法降维的结果，图 4-15(a)中是原始数据，图 4-15(b)中是均衡数据集降维的结果。可见使用非线性降维具有更好的效果。SMOTE 方法可以通过导入 Python 库 imblearn 中的函数来实现。

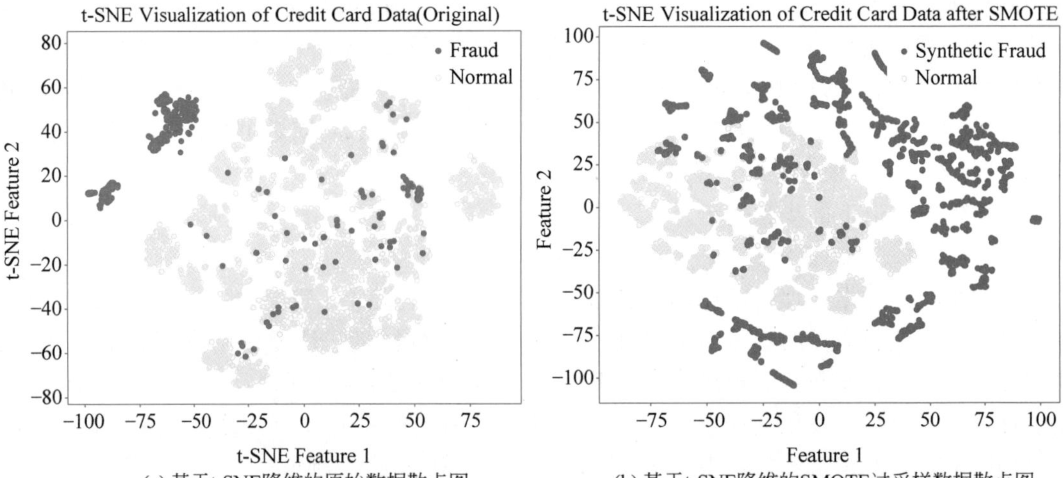

(a) 基于t-SNE降维的原始数据散点图

(b) 基于t-SNE降维的SMOTE过采样数据散点图

图 4-15 SMOTE 采样效果

```
##导入 Python 库
from collections import Counter
import numpy as np
import pandas as pd
import matplotlib.pyplot as plt
import matplotlib as mpl
from imblearn.over_sampling import SMOTE
from matplotlib import pyplot
from sklearn.model_selection import train_test_split
###导入数据
data = pd.read_csv(r'data\creditcard.csv')
###数据预处理和标准化
from sklearn.preprocessing import StandardScaler
data['normAmount'] = StandardScaler().fit_transform(data['Amount'].values.reshape(-1,1))
# 删除不需要使用到的两列数据
new_data = data.drop(['Time','Amount'], axis = 1)
###划分训练集和测试集
X = np.array(new_data.iloc[:, new_data.columns != 'Class'])          # 选取特征列数据
y = np.array(new_data.iloc[:, new_data.columns == 'Class'])          # 选取类别 label
X_train, X_test, y_train, y_test = train_test_split(X, y, test_size=0.3, random_state=0)

###采用 SMOTE 技术合成少数类样本
smote = SMOTE(random_state=2)
X_train_os,y_train_os = smote.fit_resample(X_train, y_train.ravel())
#### 模型调参器 GridSearchCV 网格搜索+交叉验证
from sklearn.metrics import confusion_matrix,roc_curve, auc, recall_score, classification_report
from sklearn.model_selection import GridSearchCV
from sklearn.linear_model import LogisticRegression
lr = LogisticRegression()
paramaters = {'C':np.linspace(1,10, num=10)}
lr_clf = GridSearchCV(lr, paramaters, cv=5, n_jobs=3, verbose=5)
lr_clf.fit(X_train_os, y_train_os.ravel())
print('最好的参数:',lr_clf.best_params_)
```

4. 模型训练与评估

在数据预处理后,可使用机器学习模型对重采样后的数据进行训练和评估,案例选用逻辑回归方法进行模型训练与评估。首先将数据集划分为训练集和测试集,然后使用逻辑回归模型进行训练,并在测试集上进行预测。逻辑回归是一种常用的分类算法,它在处理二分类问题时表现优异。它通过最小化训练数据集的平均交叉熵损失建立模型,运用梯度下降算法或牛顿法求解。

5. 结果评估和可视化分析

通过对逻辑回归模型的实验结果进行分析,可以评估模型在处理信用卡欺诈数据集上的性能。为了直观感受模型的差异,可绘制混淆矩阵(图 4-16)、ROC 曲线(图 4-17)等评估指标的可视化图表。

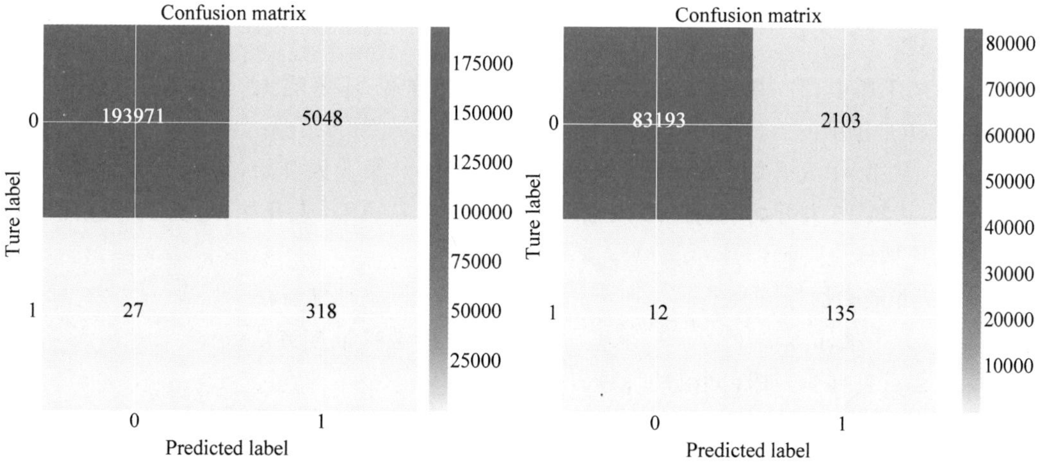

(a) 训练集混淆矩阵 (b) 测试集混淆矩阵

图 4-16 混淆矩阵

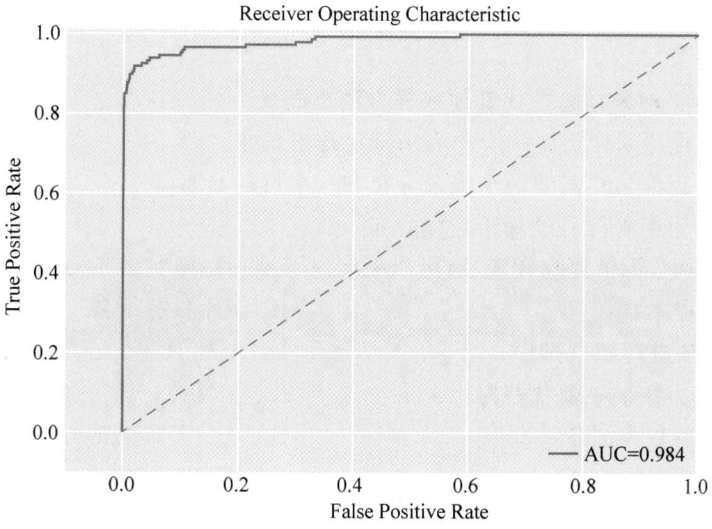

图 4-17 测试集 ROC 曲线

本案例通过对基于 SMOTE 的信用卡欺诈数据重采样以及逻辑回归模型的实验验证,全面展示了数据处理、模型训练和评估的过程。

4.7 本章小结

数据抽样是数据科学领域最重要的基础算法之一，对于改进模型预测性能、提高计算速度等方面都具有十分重要的作用。针对不同的应用场景，需要选用不同的抽样方法。当总体已知的情况下，可以使用概率抽样方法；样本分布不均衡问题中，可以使用过采样方法或欠采样方法得到均衡分布数据集；在处理数据流挖掘问题中，可以使用蓄水池抽样方法。蒙特卡洛抽样和数据合成技术在人工智能领域也有很大的应用。

习题

1. 选择题

(1) 在某工厂中，有 1000 名员工，需要进行系统抽样调查，每隔 10 人抽取 1 人进行调查。以下哪项操作是正确的？（　　）

A. 从第 11 人开始，每隔 5 人抽取 1 人　　B. 从第 5 人开始，每隔 10 人抽取 1 人

C. 从第 10 人开始，每隔 10 人抽取 1 人　　D. 从第 20 人开始，每隔 10 人抽取 1 人

(2) 系统抽样是一种（　　）。

A. 非概率抽样方法　　B. 概率抽样方法

C. 分层抽样方法　　D. 整群抽样方法

(3) 在系统抽样中，抽样间隔的计算方法是（　　）。

A. 总体数量除以样本量　　B. 样本量除以总体数量

C. 总体数量乘以样本量　　D. 总体数量减去样本量

(4) 在系统抽样中，如果抽样间隔为 10，总体数量为 1000，那么样本量为（　　）。

A. 100　　B. 1000　　C. 10　　D. 50

(5) 接受-拒绝采样是一种基于随机数生成目标分布随机样本的方法，以下哪项描述是正确的？（　　）

A. 接受-拒绝采样总是比其他采样方法更高效

B. 接受-拒绝采样需要一个中心极限定理来工作

C. 接受-拒绝采样需要一个提议分布和一个目标分布

D. 接受-拒绝采样只能用于连续分布

(6) 系统抽样中，为了提高代表性，可以采取以下哪种措施？（　　）

A. 增加样本量　　B. 减小抽样间隔

C. 对总体进行随机排序　　D. A 和 B

(7) SMOTE 方法的主要优势是（　　）。

A. 提高少数类的分类性能　　B. 减少多数类的分类性能

C. 减少模型的计算时间　　D. 提高模型的泛化能力

(8) 在蓄水池采样中，如果要选择 10 个样本，数据流中第 100 个元素被选中的概率是（　　）。

A. $\frac{10}{100}$　　B. $\frac{10}{90}$　　C. $\frac{90}{100}$　　D. 无法确定

(9) 蓄水池采样算法适用于哪种场景？(　　)

A. 数据流过大，无法全部存储　　B. 数据流动态变化

C. 需要对数据进行随机抽样　　D. 所有上述

(10) 蓄水池采样算法是否适用于数据流的大小未知的情况？(　　)

A. 是　　B. 否　　C. 无法确定　　D. 依赖于具体实现

2. 简答及计算题

(1) 在大数据时代，数据量呈爆炸式增长，对数据进行有效的分析和处理成为一大挑战。抽样算法作为一种有效的数据缩减方法，可以从大量的数据中选取一部分样本进行分析。请论述大数据时代抽样算法的作用。

(2) 在一个包含120个学生的班级中，老师想要使用系统抽样方法抽取一个包含12个学生的样本进行调研。如果老师随机选择了一个起始点，那么抽样间隔是多少？如果起始点是第3个学生，请列出这个样本中的学生编号。

(3) 假设有一个二分类问题，其中少数类有50个样本，多数类有500个样本。如果我们使用SMOTE方法进行过采样，并且选择5个近邻样本，那么每个少数类样本需要合成多少个新样本？

(4) 假设在包含100个样本的非均衡数据集中，仅包含10个少数类样本点如下：

(0.4,0.23),(1.3,0.72),(0.50,0.45),(0.48,1.20),(0.58,0.28)

(1.20,0.61),(1.50,0.70),(0.90,0.30),(1,22,0.10),(0.98,0.27)

请使用SMOTE方法对该数据集进行重采样。

① 每个少数类样本需要生成多少新样本？

② 请写出生成5个新样本的计算过程。

(5) 在SMOTE方法中，选择近邻样本的个数是一个关键参数，通常需要通过哪种方法来确定？

(6) 非对称拉普拉斯分布的概率密度函数为

$$p(z;\mu,\sigma,p)=\frac{p(1-p)}{\sigma}\exp\left(-\frac{x-\mu}{\sigma}[p-I(x\leqslant\mu)]\right)$$

其中，$-\infty<\mu<\infty$，$\sigma>0$，$0<p<1$，$I[\cdot]$是指示函数。请使用重要性采样法计算非对称拉普拉斯分布 $p(z;1,0.5,0.2)$ 的均值和方差。

3. 思考题

(1) 在实际应用中，如何权衡样本不均衡问题的不同解决方案？需要考虑哪些因素？

(2) 请简述蓄水池采样算法在数据流处理中的应用场景。蓄水池采样算法是否适用于数据流的元素有特定顺序的情况？

第 5 章

图 计 算

图数据是节点和边的集合，其中节点表示实体或对象，边代表实体之间的关系或连接。图计算是一种处理图数据的计算模型，通过对节点和边进行操作和计算，发现节点间的模式和关联性等信息，解决复杂的图网络分析问题。本章将介绍图数据的统计特性、图遍历算法、图分割算法、社区发现算法以及图计算平台等相关内容。

5.1 问题导入

在同一篇论文中署名的作者，即表示他们之间存在合作关系。对某一领域科研工作者之间的合作关系进行挖掘，有助于了解该领域科研团队的研究方向及进展。合作者关系数据可以使用图网络来进行建模，其过程如图 5-1 所示。为实现这一目标，需要解决以下问题：

（1）如何使用图网络来表示实体之间的合作关系；

（2）如何对图网络中的节点和边进行统计分析，以描述网络节点的属性和结构特征；

（3）如何对图网络进行计算，以实现图的分割和节点的聚类等任务。

围绕上述问题，本章将从图网络、图基础算法、社区发现等方面进行介绍。

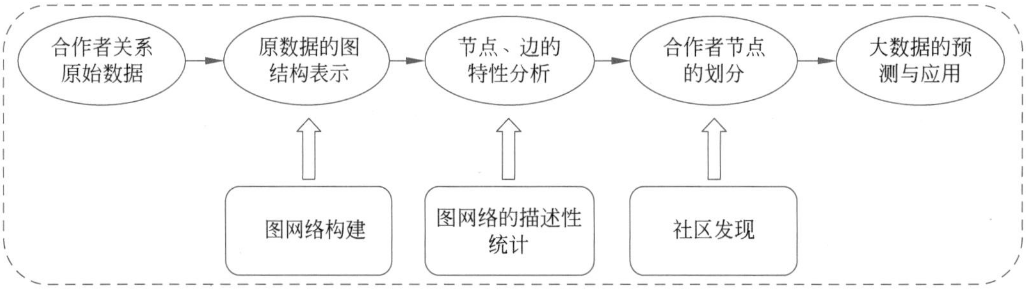

图 5-1　合作者关系建模过程

5.2 图网络

图网络常用于刻画社交网络、交易网络和通信网络等存在复杂网络关系的数据类型，是描述非结构化数据的一种重要方式。

5.2.1 图网络表示

常用$G(V,E)$表示图网络，其中V是由表示实体的节点构成的集合，E是由表示节点之间关系的边构成的集合，存在边连接的两个节点v_i，v_j用$<v_i,v_j>\in E$表示。图网络在现实生活中是广泛存在的，可用于不同场景的数据建模与分析。

例 5.1（社交网络） 20 世纪 70 年代，美国社会学家 Zachary 观察了一家空手道俱乐部 34 名成员之间的交往情况。每名成员用一个节点来表示，如果两名成员之间是交往频繁的朋友关系，那么就在两个节点之间用一条边连接，如图 5-2 所示。

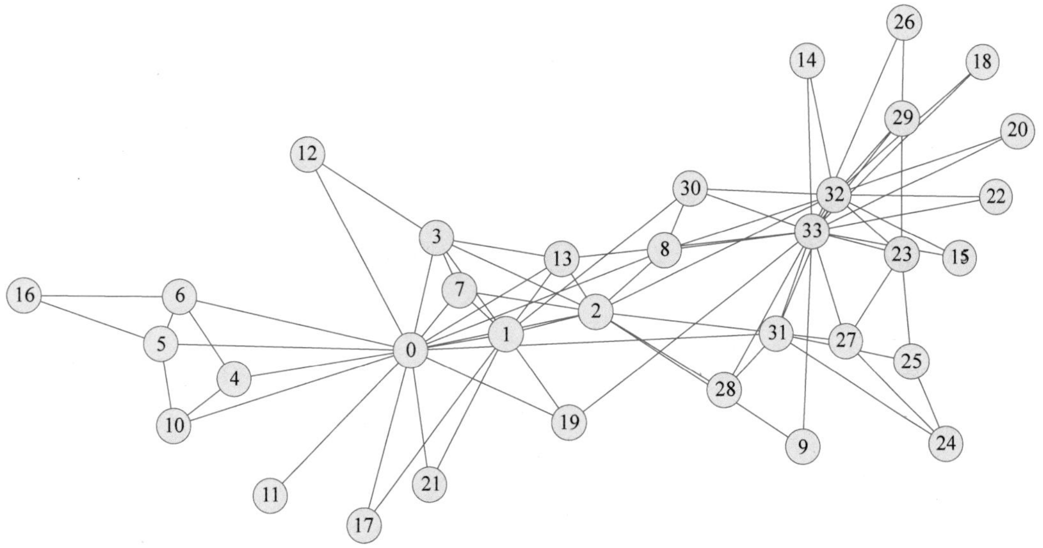

图 5-2 空手道俱乐部成员的社交网络

通过构造上述图网络，可以模拟和分析现实世界中的复杂系统。但要在计算机存储或处理上述图网络，还需要借助描述图网络中各节点之间连接关系的邻接矩阵。假设$G(V,E)$为具有n个节点的图，其邻接矩阵$\mathbf{A}=(a_{ij})_{n\times n}$定义为

$$a_{ij}=\begin{cases}1, & <v_i,v_j>\in E\\0, & <v_i,v_j>\notin E\end{cases} \tag{5-1}$$

例 5.2 如图 5-3(a)所示的图的邻接矩阵如图 5-3(b)所示。

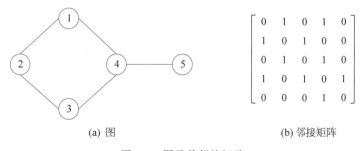

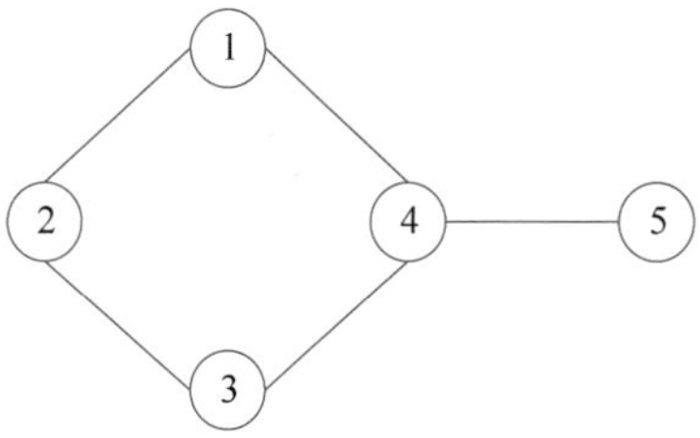

(a) 图

$$\begin{bmatrix}0&1&0&1&0\\1&0&1&0&0\\0&1&0&1&0\\1&0&1&0&1\\0&0&0&1&0\end{bmatrix}$$

(b) 邻接矩阵

图 5-3 图及其邻接矩阵

5.2.2 网络结构分类

现实生活中可利用图网络表示的数据类型十分丰富。根据不同的标准，可以将图进行不

同的划分。根据图网络中边是否有方向,可以将图网络分成有向图和无向图。根据图网络中边的连接方式,可以划分为 0-1 网络、加权网络、符号网络、双模网络和动态网络。根据图网络数据的表示模型,可以划分为 E-R 随机图模型、小世界网络和无标度图网络等。

1. 基于边方向的划分

1) 无向图

边没有方向的图称为无向图。如果$<v_i, v_j> \in E$,那么同时有$<v_j, v_i> \in E$。因此,无向图的邻接矩阵是对称的。例 5.1 中的社交网络是一个无向图。

2) 有向图

边有方向的图称为有向图。如果从节点 v_i 到节点 v_j 有一条边相连,那么$<v_i, v_j> \in E$,在邻接矩阵中 $a_{ij}=1$。如果从节点 v_j 到节点 v_i 有没有边相连,那么相应的在邻接矩阵中 $a_{ji}=0$。因此在有向图中,邻接矩阵不一定是对称的。

2. 基于边连接方式的划分

1) 0-1 网络

0-1 网络又称为无权网络。网络中的边仅表示相应的两个节点存在某种特殊的关系,比如两个节点是朋友关系,或者节点之间存在交易。0-1 网络可以由邻接矩阵完全表示,矩阵中的元素取值为 0 或 1。

2) 加权网络

加权网络不仅能够反映节点之间是否存在联系,还能反映节点之间联系的强弱。在加权网络中,可以定义权重矩阵。给定一个有 n 个节点的加权网络 $G(V,E)$,其权重矩阵为 $\boldsymbol{W}=(w_{ij})_{n\times n}$,如果节点 v_i 到节点 v_j 之间有边连接,则 w_{ij} 为连接的边的权重;如果节点 v_i 到节点 v_j 之间没有边连接,那么 $w_{ij}=0$。

3) 符号网络

符号网络是指边具有正或负符号属性的网络,其中正号表示积极关系,用“+”标识,负号表示消极关系,用“−”标识。符号网络可以被看作一种特殊的加权网络,广泛存在于社会学、生物学和信息学等领域中。

4) 双模网络

双模网络是定义在两种不同类型节点上的网络,且关系仅存在于不同类型的节点之间。比如我们要使用图网络结构表示图书馆图书的借阅关系,读者和图书属于不同类型的节点。同一种类型的节点之间不会产生关系,只有不同类型的节点之间可能存在边相连,如图 5-4 所示。

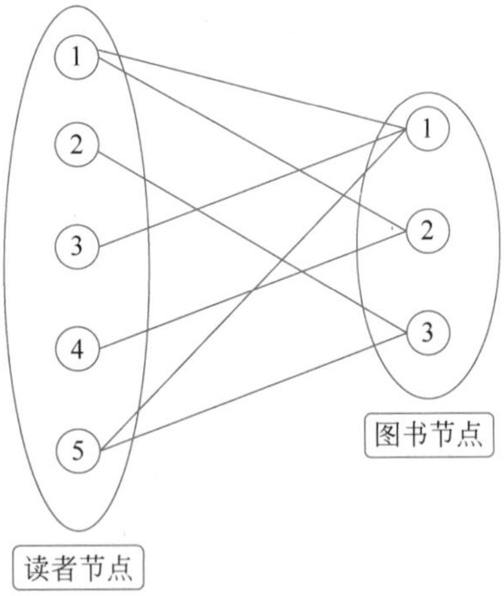

图 5-4 双模网络示意图

5) 动态网络

动态网络中网络结构会随着时间的变化而变化,包括节点数量的变化、边的变化以及边的权重的变化等。日常生活中存在的许多网络结构数据都具有丰富的时间信息,节点之间的联系随着时间而动态演变。

3. 基于表示模型的划分

1) E-R 随机图

E-R 随机图是由著名的数学家 Erdös 和 Rényi 提出的随机图模型生成的随机图。在这个模型中,给定 n 个节点$\{v_i, i=1,2,\cdots,n\}$,每两个节点 v_i, v_j 之间以概率 p 连接一条无向边，而且任意两点之间存在边的概率都相互独立。

2）小世界网络

小世界网络，就是相对于同等规模节点的随机网络，具有较短的平均路径长度和较大的聚类系数特征的网络模型。可以用来很好地建模真实网络的聚集性的特点。在现实世界的人际交往中，任意两个人只需要通过少数的几个中间人就能相互认识，具有小世界网络的特点。

3）无标度网络

在一个包含多个节点的网络中，每个节点连接的边的数量差别很大。如果图网络中的节点的度满足幂律分布，即各节点之间的连接状况具有严重的不均匀分布性，网络中少数节点拥有极其多的连接，而大多数节点只有很少量的连接，这样的网络就称为无标度网络。幂律分布广泛地存在于物理学、计算机科学、社会科学等众多领域之中，使得无标度网络在对现实世界的建模中具有重要的意义。BA 模型（Barabási-Albert Model）是一种生成无标度网络的重要方法，其流程如下：

（1）初始化 n_0 个相互连通的节点；

（2）增加一个节点 v，这个新增加的点与已有的节点 u 以概率 $p(u,v)=\frac{\deg(u)}{\sum_i \deg(i)}$ 生成一条无向边，其中 $\deg(u)$ 表示网络中与节点 $u\in V$ 有边连接的节点的数量；

（3）更新图网络中节点的度，不断重复步骤（2），直到生成足够丰富的节点。

5.2.3 网络描述性统计

接下来介绍常用的网络描述性统计量。

1. 节点的度

给定一个 n 个节点的无向图 $G(V,E)$，如果邻接矩阵为 $\mathbf{A}$，节点 v_i 的度定义为

$$\deg(v_i)=\sum_{j=1}^{n}a_{ij} \tag{5-2}$$

表示与节点 v_i 通过边相连接的节点数量。

对于邻接矩阵为 $\mathbf{A}$ 的 n 个节点的有向图 $G(V,E)$，每个节点的度包括入度和出度。节点 v_i 的入度表示从其他节点连向节点 v_i 的数量，其定义为

$$\deg_{+}(v_i)=\sum_{j=1,j\neq i}^{n}a_{ji} \tag{5-3}$$

节点 v_i 的出度表示从节点 v_i 连向其他节点的数量，其定义为

$$\deg_{-}(v_i)=\sum_{j=1,j\neq i}^{n}a_{ij} \tag{5-4}$$

2. 节点的中心性

节点的中心性是衡量网络中节点重要性的指标，它反映了节点在网络结构中的地位和作用，例如社交网络中最有影响力的人，互联网或城市网络中的关键基础设施节点以及疾病的超级传播者。常见的节点中心性度量指标包括度中心度、紧密中心度、介数中心度等。

1）度中心度

度中心度（Degree Centrality）是通过与节点有边连接的邻居节点数目来计算节点的重要性。一个节点的邻居越多，显然该节点的重要性越强。对节点的度进行归一化，可以得到度中心度的定义。给定一个包含 n 个节点的无向图 $G(V,E)$，节点 v_i 的度中心度为

$$C_d(v_i)=\frac{\deg(v_i)}{n-1} \tag{5-5}$$

其中，$0\leqslant C_d(v_i)\leqslant 1$。

2）紧密中心度

距离可以用来衡量两个非邻居节点之间的接近程度。如果节点 v_i 与其他节点的距离都很小，那么该节点越接近图的中心。这一特性可以用紧密中心度(Closeness)来衡量。其定义如下：

$$C_c(v_i)=\sum_{j\neq i}\frac{1}{d(v_j,v_i)} \tag{5-6}$$

其中，$d(v_j,v_i)$表示节点 v_i 到节点 v_j 之间的距离，可以通过迪杰斯特拉算法(Dijkstra's Algorithm)、贝尔曼-福特算法(Bellman-Ford Algorithm)和 A^* 搜索算法等计算。

3）介数中心度

在图网络中，两个非邻居节点需要通过其他节点进行连通。一个节点 v_i 充当中介作用的次数越高，说明其扮演桥梁作用的重要性越高。假如这个节点 v_i 消失了，那么其他节点之间的连接甚至可能断开。介数中心度(Betweenness Centrality)可以用来衡量节点在扮演桥梁作用中的重要性，其定义为

$$C_b(v_i)=\sum_{j,k\neq i}\frac{\sigma_{jk}(v_i)}{\sigma_{jk}} \tag{5-7}$$

其中，σ_{jk} 表示从节点 v_j 到节点 v_k 之间所有的路径的数量，$\sigma_{jk}(v_i)$表示其中途径节点 v_i 的路径数量。

3. 网络密度

在一个包含 n 个节点的网络 $G(V,E)$中，最多有 C_n^2 条边。如果节点之间都存在相连的边，那么这个上限就可以达到，此时的图网络就会显得稠密；如果只有较少的节点之间存在连接，此时的图网络就会显得稀疏。用网络密度来衡量，其定义为

$$\Delta=\frac{|E|}{C_n^2} \tag{5-8}$$

其中$|E|$表示图 $G(V,E)$中的边数，式(5-9)表示在所有可能的连接中，有多大比例的边是实际存在的。在许多实际的问题中，网络的密度通常都是很低的。

例 **5.3**(合作者网络)　现在的科学研究通常需要多名研究者通力合作共同参与来完成。不同领域的合作者的规模可能会存在一定的区别。可以用图网络模型来建模科学研究合作者网络，网络中的节点代表一位学者，如果两位学者合作发表过学术论文，那么就在代表他们的节点之间连接一条边。arxiv ASTRO-PH(天体物理学)协作网络是基于提交到 arxiv 中天体物理学类别的论文建立的科学合作者网络模型，包括 18 772 个节点和 198 110 条边，且：

(1) 该合作者网络的密度为 0.11%，每个节点平均与 21.1 个节点有边连接。

(2) 可以借助 Python 库 networkx 计算该合作者网络的各节点的度等描述性统计指标。其中节点度的分布如图 5-5 所示。图中横坐标表示节点的度，纵坐标表示相应的节点数量。大多数作者的合作者都很少，只有少量的节点的度很大，与很多节点都存在连接。

(3) 如图 5-6 展示了合作者网络节点的度与度中心度、介数中心度和紧密中心度等指标之间的相关关系。其中横坐标表示节点的度，纵坐标表示节点的其他统计特性。可见节点的度与度中心度呈现严格的线性关系。

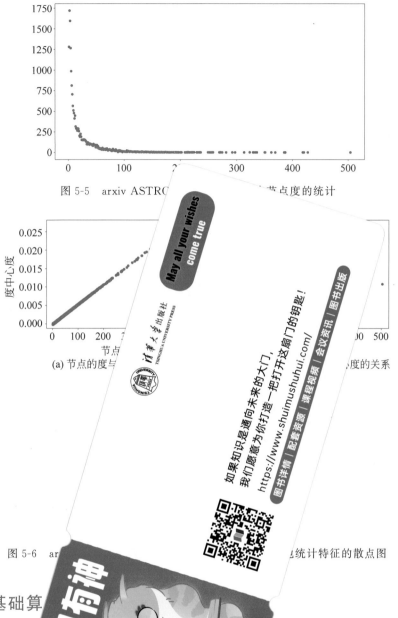

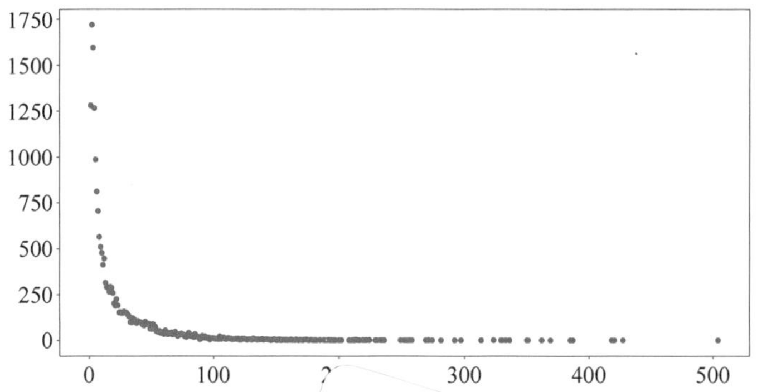

图 5-5　arxiv ASTRO……节点度的统计

图 5-6　ar……统计特征的散点图

5.3　图基础算……

前述介绍了图……节主要介绍图的基本算法：图遍历和图分割。

5.3.1　图遍历……

图遍历(Traversing Graph)是……点出发，按照某种搜索方法沿着图中的边对图中的所有节点访问一次且仅访问一次……图的基本运算，在求解图的连通性问题、拓扑排序、关键路径和最短路径等算法中具有重要的作用。图遍历算法包括广度优先搜索(Breadth First Search，BFS)和深度优先搜索(Depth First Search，DFS)。

1. 广度优先搜索

给定图 $G(V,E)$ 和起始节点 v_0 的情况下，广度优先搜索算法从初始点 v_0 开始，依次访问与其相邻的所有节点，然后由近及远，逐一访问相邻节点的相邻节点。通过广度优先搜索算法可以生成一棵根为 v_0 且包括 v_0 所有可达节点的广度优先树。

例 5.4 给定一个网络，如图 5-7 所示。请给出以节点 1 为起点的广度优先搜索结果。

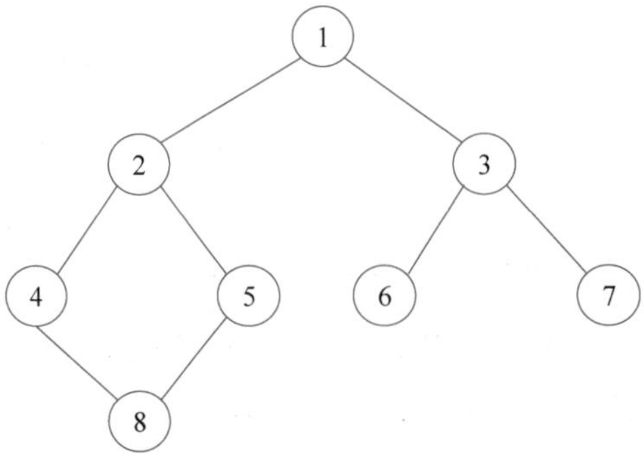

图 5-7 图网络示意图

根据广度优先搜索算法思想，有：

(1) 从节点 1 出发，首先搜索到它的相邻节点 2 和 3；

(2) 接下来搜索到节点 2 的相邻节点 4 和 5；

(3) 接下来搜索到节点 3 的相邻节点 6 和 7；

(4) 最后搜索到与节点 4 相邻的节点 8。此时所有的节点都已搜索到，于是得到从节点 1 出发的基于广度优先搜索算法的路径为

$$1 \rightarrow 2 \rightarrow 3 \rightarrow 4 \rightarrow 5 \rightarrow 6 \rightarrow 7 \rightarrow 8$$

2. 深度优先搜索

对于最新发现的节点 v，如果它还有以此为起点而未搜索的边，就沿此边继续搜索下去。当以节点 v 为起点的所有边都已被探寻过，搜索将回溯到发现节点 v 的那条边的始节点。这一过程一直进行到已发现从源节点可达的所有节点为止。如果还存在未被发现的节点，则选择其中一个作为源节点并重复以上过程，整个过程反复进行直到所有节点都被发现为止。

例 5.5 考虑例 5.4 中的图网络，请给出以节点 1 为起点的深度优先搜索结果。

根据深度优先搜索算法思想，有：

(1) 从节点 1 出发，访问节点 1。

(2) 访问节点 1 后，访问第一个与节点 1 相连且未被访问的节点 2。之后，以节点 2 为新节点，继续搜索，依次访问节点 4、8、5。

(3) 搜索从节点 5 依次溯回至节点 8、4、2、1。

(4) 由于与节点 1 相连的节点 3 未被访问，访问节点 3，并从节点 3 出发依次访问节点 6、7。至此所有的节点都已被搜索，于是算法终止。最终得到从节点 1 出发基于深度优先搜索算法的路径为

$$1 \rightarrow 2 \rightarrow 4 \rightarrow 8 \rightarrow 5 \rightarrow 3 \rightarrow 6 \rightarrow 7$$

3. Dijkstra 最短路径算法

Dijkstra 算法是一种基于贪心策略的路径寻优算法，主要用于求解图论中的单源最短路径问题。对给定的加权有向图 $G(V,E)$ 和源点 v_0，将所有节点划分成 S 与 $V-S$ 两个集合，S 中存放已找到的到 v_0 最短路径的节点(初始只包含源点 v_0)，$V-S$ 中存放未找到到 v_0 最短路径的节点(初始为 $V-\{v_0\}$)，然后计算 v_0 到 $V-S$ 中各节点最短路径的长度。若 S 中的节点与 $V-S$ 中节点 u 有边相连，则 v_0 到 u 的最短路径长度 $l(u)=\min_{v_i \in S} w(v_i,u)+l(v_i)$，

其中 $w(v_i,u)$ 为连接节点 v_i 与 u 的边的权重或长度(若 v_i 与 u 不相连,则 $w(v_i,u)=\infty$;若 S 中的节点与 u 没有边相连,则 $l(u)=\infty$)。在此基础上,将 v_0 到 $V-S$ 中路径长度最短的节点加入集合 S,直到所有节点都加入集合 S。Dijkstra 算法描述如表 5-1 所示。

表 5-1 Dijkstra 算法

(1) 初始化 S 与 $V-S$,其中 $S=\{v_0\}$,$V-S=V\backslash\{v_0\}$
(2) 计算 v_0 到 $V-S$ 中各节点最短路径的长度。将 v_0 到 $V-S$ 中路径长度最短的节点 u 添加到集合 S 中,并从 $V-S$ 中删除节点 u
(3) 重复步骤(2),直到 $V-S$ 集合为空

例 5.6 考虑如图 5-8 中的网络,请给出起点 A 到其他各节点的最短路径。

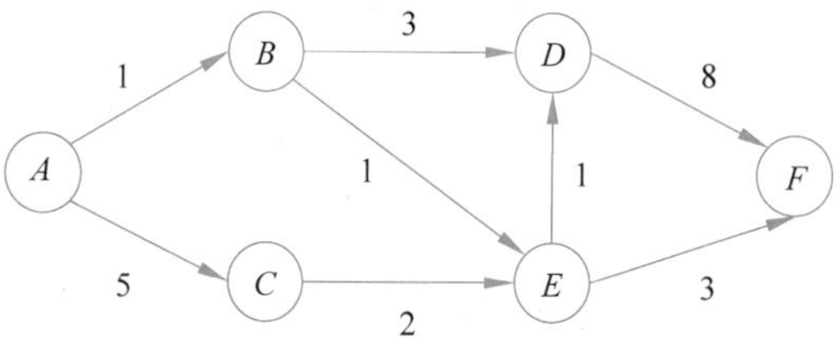

图 5-8 图网络示意图

根据 Dijkstra 算法,有:

(1) 初始化 S 与 $V-S$,令 $S=\{A(0)\}$,$V-S=\{B(1),C(5),D(\infty),E(\infty),F(\infty)\}$,其中 $B(1)$ 表示当前起点 A 到节点 B 的最短路径长度为 1,$D(\infty)$ 表示当前起点 A 到节点 D 的最短路径长度为 ∞,其余类似。

(2) 将起点 A 到 $V-S$ 中路径长度最短的节点 B 添加到 S 中,更新 S、$V-S$ 和节点 A 到 $V-S$ 中各节点最短路径的长度,得 $S=\{A(0),B(1)\}$,$V-S=\{C(5),D(4),E(2),F(\infty)\}$。

(3) 将起点 A 到 $V-S$ 中路径长度最短的节点 E 添加到 S 中,更新 S、$V-S$ 和节点 A 到 $V-S$ 中各节点最短路径的长度,得 $S=\{A(0),B(1),E(2)\}$,更新集合 $V-S=\{C(5),D(3),F(5)\}$。

(4) 将起点 A 到 $V-S$ 中路径长度最短的节点 D 添加到 S 中,更新 S、$V-S$ 和节点 A 到 $V-S$ 中各节点最短路径的长度,得 $S=\{A(0),B(1),E(2),D(3)\}$,$V-S=\{C(5),F(5)\}$。

(5) 由起始点到 C 与 F 的最短路径相等,可随机挑选一个加入集合 S,这里以 C 为例,将其加入集合 S,得 $S=\{A(0),B(1),E(2),D(3),C(5)\}$,$V-S=\{F(5)\}$。

(6) 将 $V-S$ 中剩余的 F 加入 S 中,得 $S=\{A(0),B(1),E(2),D(3),C(5),F(5)\}$,据此及算法过程可得起点 A 到各个节点的最短路径及长度。

5.3.2 图分割

令 $G(V,E)$ 表示一个加权无向图,其权重矩阵为 $\boldsymbol{W}$。图分割是将图 G 划分成 2 个规模相同的子网络 G_1 和 G_2。定义一个变量

$$p_i=\begin{cases}1, & v_i\in G_1\\ -1, & v_i\in G_2\end{cases}\tag{5-9}$$

连接 G_1 中的节点与 G_2 中的节点的所有边的权重总和被称为“割”,有

$$\mathrm{cut}(G_1,G_2)=\sum_{v_i\in G_1,v_j\in G_2}w_{ij}$$

$$
\begin{aligned}
&=\frac{1}{2}\sum_{i=1}^{n}\sum_{j=1}^{n}w_{ij}(p_i-p_j)^2 \\
&=\frac{1}{2}\sum_{i=1}^{n}\sum_{j=1}^{n}w_{ij}(p_i^2-2p_ip_j+p_j^2) \\
&=\frac{1}{2}\left(\sum_{i=1}^{n}\sum_{j=1}^{n}-2w_{ij}p_ip_j+\sum_{i=1}^{n}\sum_{j=1}^{n}2w_{ij}\right) \\
&=\boldsymbol{p}^{\mathrm{T}}(\boldsymbol{D}-\boldsymbol{W})\boldsymbol{p}
\end{aligned} \tag{5-10}
$$

其中，$\boldsymbol{p}=[p_1,p_2,\cdots,p_n]^{\mathrm{T}}$，$\boldsymbol{D}$ 是一个对角矩阵，对角线上的元素为 $d_{ii}=\sum_{j=1}^{n}w_{ij}$，也称为对角度矩阵。定义半正定对称矩阵 $\boldsymbol{L}=\boldsymbol{D}-\boldsymbol{W}$，称为拉普拉斯矩阵，则图分割可以求解如下优化问题实现：

$$
\begin{aligned}
\min\quad & \boldsymbol{p}^{\mathrm{T}}\boldsymbol{L}\boldsymbol{p} \\
\text{s.t.}\quad & p_i^2=1, i=1,2,\cdots,n
\end{aligned} \tag{5-11}
$$

优化问题式(5-11)是一个组合优化问题，属于 NP 难问题。为解决该问题，一种有效的方法是对该优化问题的约束条件进行松弛，对应的优化问题可写为

$$
\begin{aligned}
\min\quad & \boldsymbol{p}^{\mathrm{T}}\boldsymbol{L}\boldsymbol{p} \\
\text{s.t.}\quad & \boldsymbol{e}^{\mathrm{T}}\boldsymbol{p}=0 \\
& \boldsymbol{p}^{\mathrm{T}}\boldsymbol{p}=n
\end{aligned} \tag{5-12}
$$

其中，$\boldsymbol{e}=[1,1,\cdots,1]^{\mathrm{T}}$。$\boldsymbol{L}$ 的最小特征值为 0，此时对应的特征向量为 $\boldsymbol{e}$，以 $\boldsymbol{e}$ 作为优化问题的解向量 $\boldsymbol{p}$ 不满足约束条件 $\boldsymbol{e}^{\mathrm{T}}\boldsymbol{p}=0$，于是最优解应该在第二小特征值对应的特征向量 $\boldsymbol{p}_1$ 处。根据 $\boldsymbol{p}_1$ 的分量的正负性实现节点的划分。将特征向量分量值为正的节点划分到子图 G_1，特征向量分量值为负的节点划分到子图 G_2，从而实现网络的分割。

5.4 社区发现

在许多图网络结构数据中，网络密度是很低的，节点之间存在边的连接并不是随机的。比如在银行交易网络中，亲戚朋友的银行账户之间相互转账交易是常发生的，陌生人之间的转账交易则是很偶然的。图数据分析的一个重要任务是发现网络结构中节点的聚集特性，即探索发现网络中存在的不同社区。

所谓社区，是图网络中的一个子图。社区内部的节点与节点之间的连接很紧密，而与其他社区的节点之间的连接比较稀疏。社区发现(Community Detection)是根据网络中节点之间的关系将节点划分到某一个社区之中，在本质上是一个节点聚类的问题。社区发现算法主要包括 Girvan-Newman 算法、谱方法和 Louvain 算法等。

5.4.1 模块度

模块度(Modularity)是用来衡量一个社区划分结果性能的定量评价指标，由 Newman 和 Girvan 于 2004 年首先提出来的。社区划分的结果，应该使得社区内部节点之间连接紧密，而社区之间的节点连接稀疏。模块度正是基于这一思想而定义的，它是指网络中连接社区结构内部节点的边所占的比例减去另外一个与原网络结构度数分布一致的随机网络中连接社区结构内部节点的边所占比例的期望值。其严格的数学定义如下。

定义 5.1(模块度) 设图 G 包含 n 个节点和 m 条边，其邻接矩阵为 $\mathbf{A}$，k_i 为节点 v_i 的度，给定图 G 的社区结构 C，社区结构的模块度可通过下式计算：

$$Q=\frac{1}{2m}\sum_{i,j}\left(a_{ij}-\frac{k_ik_j}{2m}\right)\delta(C_i,C_j) \tag{5-13}$$

其中，C_i 和 C_j 分别表示节点 v_i 和 v_j 所在的社区，且有

$$\delta(C_i,C_j)=\begin{cases}1, & C_i=C_j\\ 0, & C_i\neq C_j\end{cases}$$

模块度度量了社区结构情况，值越大表明这种划分的社区结构越好，可用于评价不同社区发现算法的优劣。式(5-14)只计算节点 v_i 和 v_j 属于同一个社区的情况，如果两个节点不在同一个社区则忽略不计。因此，模块度可以改写为

$$\begin{aligned}Q&=\frac{1}{2m}\sum_{i,j}\left(a_{ij}-\frac{k_ik_j}{2m}\right)\delta(C_i,C_j)\\&=\frac{1}{2m}\sum_{c\in C}\sum_{v_i\in c}\sum_{v_j\in c}\left(a_{ij}-\frac{k_ik_j}{2m}\right)\end{aligned} \tag{5-14}$$

其中，$c\in C$ 是图 G 的一个社区。从式(5-15)更容易理解模块度的计算思路。如果两个节点 v_i 和 v_j 之间有一条边，而且这两个节点在同一个社区内部，那么它们偏向于对模块度有积极的贡献；反过来，如果这两个节点间没有边，而且这两个节点在同一个社区内部，无论 $\frac{k_ik_j}{2m}$ 大小如何，它们对模块度都会有负的贡献。

例 5.7 如图 5-9 所示，图中有 6 个节点，其中

$m=7,\quad k_1=2,\quad k_2=2,\quad k_3=3,$

$k_4=3,\quad k_5=2,\quad k_6=2$

社区结构为 $C=\{\{1,2,3\},\{4,5,6\}\}$，计算该社区结构的模块度。

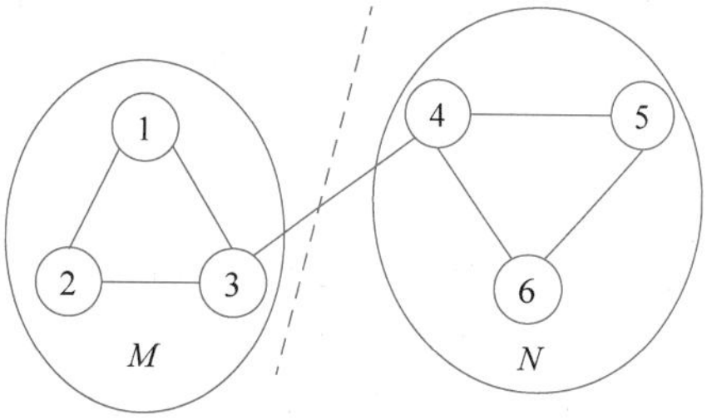

图 5-9 图网络结构示意图

根据模块度的定义，图 5-9 中社区结构的模块度为

$$\begin{aligned}Q_1&=\frac{1}{2m}\sum_{i,j}\left(a_{ij}-\frac{k_ik_j}{14}\right)\delta(C_i,C_j)\\&=\frac{1}{14}\left[\left(0-\frac{k_1k_1}{14}\right)+2\left(1-\frac{k_1k_2}{14}\right)+2\left(1-\frac{k_1k_3}{14}\right)+\right.\\&\quad\left(0-\frac{k_2k_2}{14}\right)+2\left(1-\frac{k_2k_3}{14}\right)+\left(0-\frac{k_3k_3}{14}\right)+\\&\quad\left(0-\frac{k_4k_4}{14}\right)+2\left(1-\frac{k_4k_5}{14}\right)+2\left(1-\frac{k_4k_6}{14}\right)+\\&\quad\left.\left(0-\frac{k_5k_5}{14}\right)+2\left(0-\frac{k_5k_6}{14}\right)+\left(0-\frac{k_6k_6}{14}\right)\right]\\&=\frac{5}{14}\end{aligned}$$

为了了解不同社区结构对模块度的影响，请看下面的例 5.8。

例 5.8 考虑例 5.7 的图网络，使用不同的社区结构划分该网络。令其社区结构为 $C=\{\{1,2\},\{3,4,5,6\}\}$，即节点 1 和节点 2 属于一个社区，节点 3、4、5、6 属于另一个社区，如图 5-10 所示。计算该社区结构的模块度。

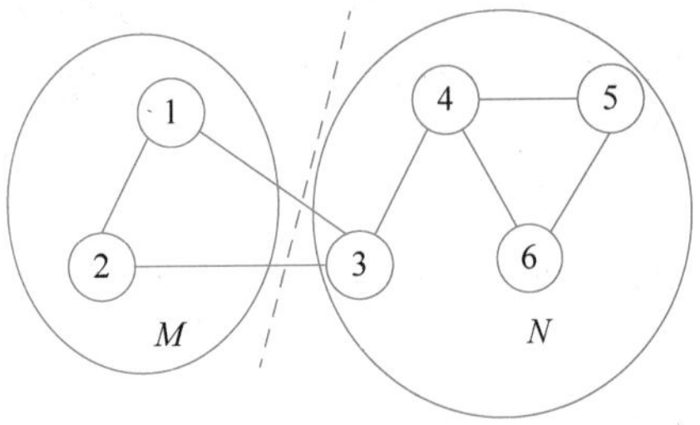

图 5-10 图网络结构示意图

根据模块度的定义，图 5-10 中社区结构的模块度为

$$Q_2=\frac{1}{2m}\sum_{c\in C}\sum_{i\in c}\sum_{j\in c}\left(a_{ij}-\frac{k_i k_j}{2m}\right)=\frac{6}{49}$$

通过分析例 5.7 和例 5.8，$Q_2<Q_1$，调整节点 3 所属社区会导致模块度降低，从而说明社区结构 $\{\{1,2,3\},\{4,5,6\}\}$ 比社区结构 $\{\{1,2\},\{3,4,5,6\}\}$ 效果更好。

5.4.2 GN 算法

传统的社区发现算法主要基于层次聚类的思想。首先将所有的节点当作一个社区，每次使用算法将一个社区划分为两个社区，不断地迭代，实现自顶向下的方式发现图网络中的不同社区。

GN(Girvan-Newman)算法是由 Girvan 和 Newman 于 2002 年提出的社区发现领域的一个重要算法，具有开拓性的意义。它的基本想法是，在一个网络之中，通过社区内部的边的最短路径相对较少，而通过社区之间的边的最短路径的数目则相对较多。如果能够将连通不同社区的边删除，那么就可以很自然地将图网络划分成不同的社区。为此需要衡量边在网络中的重要性。

给定一个图网络 $G(V,E)$，$(v_i,v_j)\in E$ 的边介数(Edge Betweenness)是指网络中所有最短路径中经过该边的路径的数目占最短路径总数的比例。边介数越大，边在网络中的枢纽性越强。基于图网络的边介数，GN 算法的步骤如下：

(1) 计算图网络 G 中每一条边的边介数；

(2) 删除具有最高边介数的边；

(3) 重新计算剩余所有边的边介数；

(4) 重复步骤(2)和步骤(3)，直到形成既定的社区数量时停止。

从而产生一种类似层次聚类的效果，形成一棵自上而下的树。GN 算法在每次删除边之后都会重复计算剩余节点的边介数，从而具有较高的计算复杂度，难以在大规模图网络学习中应用。同时 GN 算法的终止条件缺乏一个明确的衡量目标，分裂过程可以持续进行下去直到每个节点都组成一个独立的社区。

例 5.9 考虑例 5.1 中空手道俱乐部的社交网络。

(1) 使用 GN 算法将该网络进行划分，当选择划分成 2 个社区结构时，划分结果如图 5-11 所示。可以很直观地观察到该俱乐部中存在分别以 0 号员工和 33 号员工为核心的 2 个小团体。

(2) 模块度是衡量社区发现结果的重要评价指标。当划分的社区数量和社区结构不同时，划分结果具有不同的模块度，如图 5-12 所示。从中可见，将社区划分成 4 个子社区时，具有最大的模块度。

(3) 根据最大化模块度的要求，可以将该网络划分成 4 个社区，如图 5-13 所示。

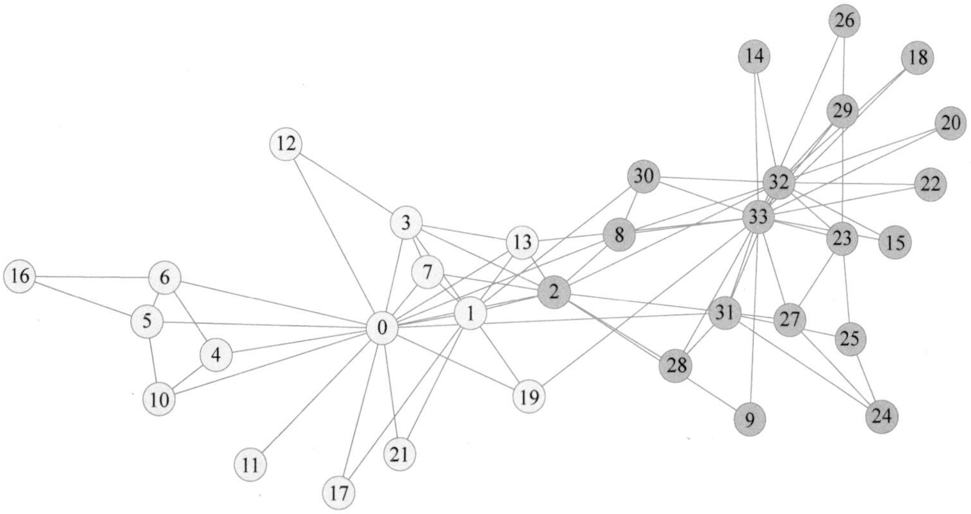

图 5-11 2个社区的社区发现可视化

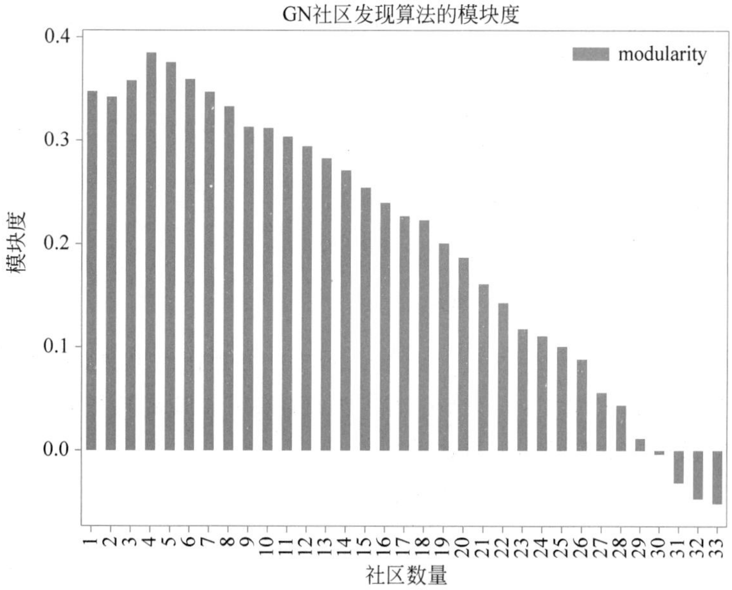

图 5-12 划分成不同社区数量的模块度

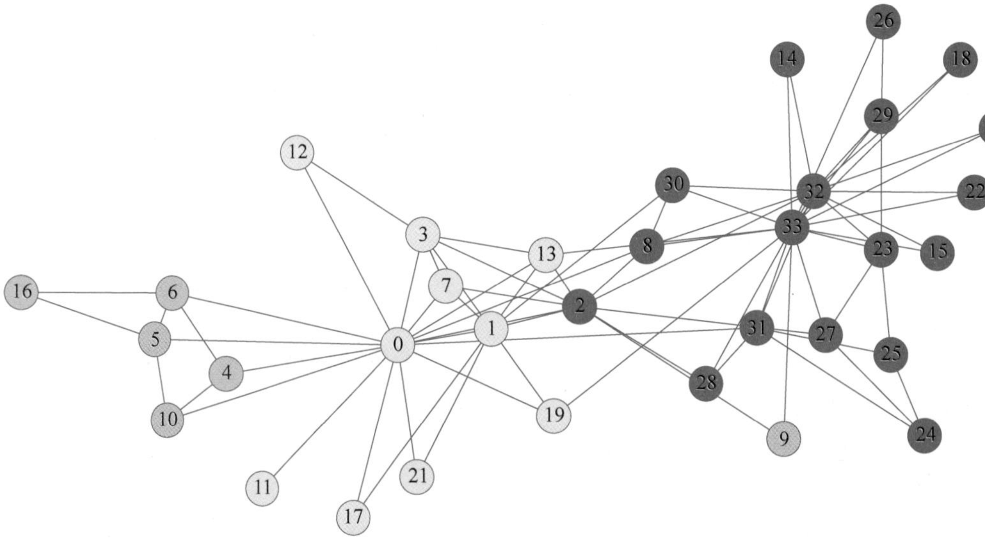

图 5-13　模块度最大化的 GN 算法的社区发现结果可视化

5.4.3　谱方法

在 5.3.2 节中,介绍了基于拉普拉斯矩阵的图分割算法,实现了将一个大规模的图划分成两个子图(社区)的目的。如果将这个过程继续进行下去,每次选择一个社区进行划分,直到满足要求为止。由于模块度能够较好地衡量社区划分的性能,因此也可以考虑使用模块度矩阵替换拉普拉斯矩阵,称为社区发现的谱方法。

把一个图 $G(V,E)$ 划分成 2 个社区 G_1 和 G_2 时,根据式(5-10)定义的变量 p_i,以及模块度的定义,得到

$$
\begin{aligned}
Q &= \frac{1}{4m}\sum_{i,j}\left(a_{ij} - \frac{k_i k_j}{2m}\right)(p_i p_j + 1) \\
&= \frac{1}{4m}\sum_{i,j}\left(a_{ij} - \frac{k_i k_j}{2m}\right)p_i p_j \\
&= \frac{1}{4m}\boldsymbol{p}^{\mathrm{T}}\boldsymbol{B}\boldsymbol{p}
\end{aligned}
\tag{5-15}
$$

其中,$\boldsymbol{B}=(b_{ij})$ 称为模块度矩阵,$b_{ij}=a_{ij}-k_i k_j/2m$。注意到在模块度矩阵 $\boldsymbol{B}$ 中,它的每一行和每一列之和都为 0,所以向量 $\boldsymbol{e}=(1,1,\cdots,1)^{\mathrm{T}}$ 为特征值 0 对应的特征向量。因此可以通过最大化一次划分的模块度来找到当前最优的划分,即

$$
\begin{aligned}
\max\quad & \boldsymbol{p}^{\mathrm{T}}\boldsymbol{B}\boldsymbol{p} \\
\text{s.t.}\quad & \boldsymbol{e}^{\mathrm{T}}\boldsymbol{p} = 0 \\
& \boldsymbol{p}^{\mathrm{T}}\boldsymbol{p} = 1
\end{aligned}
\tag{5-16}
$$

结合矩阵计算的知识,可以得到优化问题式(5-17)的最优值为模块度矩阵 $\boldsymbol{B}$ 的最大特征值,解向量 $\boldsymbol{p}$ 为其对应的单位特征向量。由此得到图网络中每一个节点的划分规则:

(1) 如果解向量 $\boldsymbol{p}$ 的第 i 个元素 $p_i>0$,那么节点 v_i 划分为社区 G_1;

(2) 如果解向量 $\boldsymbol{p}$ 的第 i 个元素 $p_i<0$,那么节点 v_i 划分为社区 G_2。

图可能有多个社区,为了进一步实现更细致的社区结构,简单的做法是将每个划分出来的子社区再一分为二。但是这种做法并不合理,这是因为当划分一个子社区时,有些边可能会被

删除，最终整个图的社区结构的模块度会发生变化。每次最大化模块度，最终会导致一个错误的结果。

取而代之的是，每次划分一个子社区时，仅希望最大化模块度的增量 ΔQ。假设一个子社区 $g=G_i, i=1,2$ 的大小为 n_g，希望将社区 g 一分为二，那么其模块度的增量 ΔQ 可以计算如下：

$$\begin{aligned}\Delta Q &= \frac{1}{2m}\left[\frac{1}{2}\sum_{i,j\in g} b_{ij}(p_i p_j + 1) - \sum_{i,j\in g} b_{ij}\right]\\ &= \frac{1}{4m}\left(\sum_{i,j\in g} b_{ij} p_i p_j - \sum_{i,j\in g} b_{ij}\right)\\ &= \frac{1}{4m}\sum_{i,j\in g}\left(b_{ij} - \delta_{ij}\sum_{k\in g} b_{ik}\right) p_i p_j\\ &= \frac{1}{4m}\sum_{i,j\in g}\left(b_{ij} - \delta_{ij}\sum_{k\in g} b_{ik}\right) p_i p_j\\ &= \frac{1}{4m}\boldsymbol{p}^{\mathrm{T}}\boldsymbol{B}^{(g)}\boldsymbol{p}\end{aligned} \tag{5-17}$$

其中，$\frac{1}{2}\sum_{i,j\in g} b_{ij}(p_i p_j + 1)$ 和 $\sum_{i,j\in g} b_{ij}$ 分别表示子社区划分后和划分前模块度的大小，当 $i=j$ 时 $\delta_{ij}=1$，否则其值为 0。因此，只有当每次社区划分导致模块度增量 $\Delta Q>0$ 时才进一步划分这个子社区，否则这个子社区就不会再进一步划分。因此，每次划分都会保证整个社区结构的模块度是在不断增加的。

基于模块度优化的社区发现算法思想是将社区发现问题转化为优化问题，其优化目标是最大化整个社区结构的模块度。由于社区可以是图中任意节点的组合，实践上很难通过枚举法找到模块度最大的社区划分或社区结构，因此，通常使用近似算法来获得模块度最大的社区结构。

5.5 GraphScope 简介

GraphScope 是阿里巴巴智能实验室研发并开源的一站式大规模图计算平台，致力于解决实际生产场景中所涉及的图计算问题。它具有高效的跨引擎内存管理，在业界首次支持 Gremlin 分布式编译优化，同时支持算法的自动并行化和自动增量化处理动态图更新，提供了企业级场景的极致性能。目前，GraphScope 已在包括风控、电商推荐、知识图谱和网络安全在内的多个互联网领域得到成功应用。接下来，本节将介绍 GraphScope 的系统架构、重要特性和应用场景等。

1. 系统架构

GraphScope 开发的宗旨在于处理和分析海量的图结构数据。要实现以上目标，需要多种计算组件进行交互，包括集群管理软件、分布式执行引擎以及开发工具和算法库等。由于整个系统庞大且功能复杂，在此主要对其中的算法层、引擎层和存储层进行介绍。图 5-14 给出了 GraphScope 的系统架构。

（1）算法层。GraphScope 构建了丰富的图分析算法，包括聚类算法、图挖掘算法和图模式匹配算法等；此外还提供了丰富的图学习算法，包括基于图神经网络的算法与基于节点嵌入的算法。用户可以很方便地利用 GraphScope 提供的 Python 接口来调用相应的算法处理

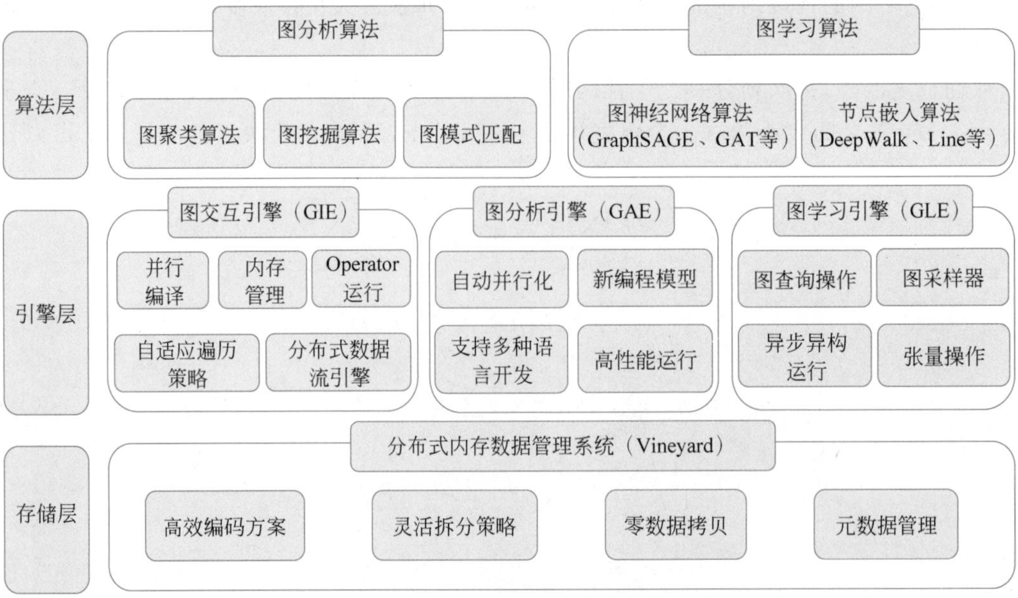

图 5-14 GraphScope 的系统架构

图分析任务。

(2) 引擎层。GraphScope 运行时由图交互引擎、图分析引擎和图学习引擎组成，分别负责提供存储和管理图数据的能力、执行各种图算法的自动并行化能力以及执行复杂图查询的能力。

(3) 存储层。实际应用中，图数据的规模通常较大，将数据加载到不同处理阶段(不同引擎之间)并保存输出需要花费非常大的代价。为解决以上问题，GraphScope 提出了分布式内存数据管理系统 Vineyard，用以支持管理数据的分区和跨引擎的数据处理任务，并为上层应用提供零拷贝的数据读取。

2. 重要特性

(1) 高性能。高性能引擎支持对 Gremlin 查询的并行化以及图分析算法的自动并行化机制。数据管理系统 Vineyard 提供了高效的图存储和数据交换，实现了跨系统的数据共享。

(2) 一站式处理。提供了一个一站式环境，用于在集群中执行各种并行图操作。

(3) 云原生。支持在多个云原生环境中进行部署和扩展，便于集成云上的各种服务，使其能够充分发挥云计算的优势。

(4) 易使用。提供了丰富和灵活的统一编程模型，覆盖了多种典型的图计算任务，方便用户快速构建自己的应用。

3. 应用场景

GraphScope 可以应用于多种场景，包括但不限于：

(1) 社交网络分析。通过图算法来分析社交网络中的用户关系和社区结构。

(2) 推荐系统。基于图的推荐算法可以帮助发现用户的兴趣和推荐相关内容。

(3) 欺诈检测。分析交易图可以帮助识别潜在的欺诈行为。

(4) 知识图谱构建和查询：利用 GraphScope 来构建复杂的知识图谱，并通过图查询来检索信息。

由于 GraphScope 是开源项目，它的发展受到社区贡献的推动，也意味着它在持续更新和改进中。感兴趣的用户和开发者可以从其官方 GitHub 仓库获取源代码，参与项目的开发和使用。

5.6 案例：基于谱聚类的图像分割

图聚类是无监督学习中的一个基本问题，在计算机科学及相关领域中有着广泛的应用。作为谱方法中的一种，谱聚类是解决图聚类问题中最易于实现的一类方法，允许对图数据和非图数据进行聚类分析，在计算机视觉、文本挖掘和语音识别等领域得到了较为广泛的应用。图像分割是指将图像划分成若干个具有独特性质的区域并提取出重要目标信息的过程。本节将通过一个案例介绍谱聚类算法在图像分割中的具体应用。

谱聚类是从图论中发展而来的，它以谱图划分作为理论基础，通过将聚类问题转化为图划分问题，实现任意形状数据的聚类。与传统的 K-means 聚类算法相比，谱聚类算法对数据分布的适应性更强，聚类性能也更优越且计算量小。其基本思想是将图像的像素点看作图的节点，用连接节点的边上权值表示样本之间的相似度，基于图像像素点之间的相似性，通过对像素点组成的图进行切分，使切图后不同子图间的边权重之和尽可能小，而子图内的边权重之和尽可能大，从而实现聚类的目的。

基于以上思想，谱聚类算法的基本步骤描述如表 5-2 所示。

表 5-2 基于谱聚类的图像分割

输入：	待分割图像，分割数 k
输出：	分割后的图像结果
(1)	对输入图像中的像素点，根据数据点之间的相似度构建相似矩阵 $\boldsymbol{W}$
(2)	根据相似模型计算相似矩阵 $\boldsymbol{W}$ 的度矩阵 $\boldsymbol{D}$，并构建标准化的拉普拉斯矩阵 $\boldsymbol{L}_s = \boldsymbol{D}^{-1/2}\boldsymbol{L}\boldsymbol{D}^{-1/2}$，其中 $\boldsymbol{L}=\boldsymbol{D}-\boldsymbol{W}$ 表示拉普拉斯矩阵
(3)	对矩阵 $\boldsymbol{L}_s$ 进行特征分解，获得其前 k 个较小的特征值与特征向量 $\boldsymbol{u}_1,\boldsymbol{u}_2,\cdots,\boldsymbol{u}_k$
(4)	将特征向量 $\boldsymbol{u}_i$ 组成的矩阵 $\boldsymbol{U}$ 按行进行归一化处理，得到归一化向量集 $\boldsymbol{U}_s$，其中归一化向量为图像像素集在特征空间上的一个映射
(5)	对特征向量集 $\boldsymbol{U}_s$ 使用 K-means 算法进行聚类分析，得到最终聚类结果

谱聚类算法的关键代码描述如下：

```
# 求解归一化的拉普拉斯矩阵并对特征向量集进行聚类分析
import scipy
import sgtl.graph
import scipy.sparse.linalg
from sklearn.cluster import Kmeans

def Clustering_eigenvectors (DatasetGraph, num_clusters, num_eigenvectors):
  # 计算归一化拉普拉斯矩阵
  laplacian_matrix = sgtl.graph.Graph.normalised_laplacian_matrix(DatasetGraph)
  _, eigvecs = scipy.sparse.linalg.eigsh(laplacian_matrix, num_eigenvectors, which='SM')

  # 对特征向量集执行 K-means 算法
  labels = KMeans(n_clusters=num_clusters).fit_predict(eigvecs[:, :num_eigenvectors])

  # 对不同的类别进行划分
  clusters = [[] for _ in range(num_clusters)]
  for idx, label in enumerate(labels):
    clusters[label].append(idx)

  return clusters
```

本案例测试图像来自 Berkeley 彩色图像数据库 BSDS500，该公开数据集支持下载。该数据集常用于图像分割和物体边缘检测分析。采用谱聚类算法进行图像分割分析，图 5-15 展示了基于谱聚类算法生成的图像分割结果。通过原始图和分割后的图可以看出，谱聚类算法可以将图像中的天鹅、蝴蝶以及山等重要目标信息识别出来，且对于一些细节信息也能取得较好的分割效果，如蝴蝶的触角等。

图 5-15　基于谱聚类算法生成的图像分割结果

5.7　本章小结

图计算作为人工智能中的一项重要技术，已成为支撑新兴数据驱动市场的重要引擎，在社交网络、知识图谱和计算机视觉等不同领域有着广泛的应用。本章首先介绍图网络结构数据的表示方法及其描述性统计特征，然后介绍了基于图网络的计算方法，包括图遍历和图分割算法。图遍历算法主要介绍了广度优先搜索算法和深度优先搜索算法。在不同的场景中，基于拉普拉斯矩阵的最小割是实现图分割的一种重要方法，在图像分割等领域中具有重要的应用。社区发现是图计算的一个重要的方向，可用于实现图网络中节点的聚类，本章通过一个例子介绍了 GN 算法等社区发现算法。最后，简要介绍了开源的图计算平台 GraphScope，并通过图像分割案例讲解了谱聚类算法的应用。

习题

1. 选择题

(1) 图网络结构中的节点表示什么？(　　)

A. 数据对象　B. 数据属性　C. 数据关系　D. 数据属性值

(2) 图网络结构中，节点之间的关系是通过什么来表示的？(　　)

A. 节点属性　B. 边属性　C. 边的方向　D. 边的权重

(3) 图网络结构中，节点的度是指什么？(　　)

A. 节点的属性数量　B. 节点的属性值数量

C. 节点与其他节点的连接数量　D. 节点与边的连接数量

（4）以下哪种中心性指标强调节点在网络中的“桥梁”作用？（　　）

A. 紧密中心度　　B. 介数中心度　　C. 度中心度　　D. 特征向量中心度

（5）在有向图中，一个节点的介数中心度是指（　　）。

A. 经过的最短路径数量　　B. 经过的所有路径数量

C. 经过的最短路径的比例　　D. 经过的所有路径的比例

（6）Dijkstra 算法适用于哪种类型的图？（　　）

A. 有向图　　B. 无向图　　C. 有向加权图　　D. 以上所有

（7）以下哪个选项是深度优先搜索的特点？（　　）

A. 层层遍历，每一层的所有节点都被访问完后再访问下一层

B. 先访问近邻节点，再访问远邻节点

C. 按照从顶点到叶子的顺序访问节点

D. 从起始节点开始，沿着路径一直向前探索，直到到达一个未被访问邻居的节点，然后再回溯到上一个节点继续探索

（8）在图的最小割问题中，以下哪项描述是正确的？（　　）

A. 最小割是图中顶点集的一个分割，使得分割后的两个子图之间的边权重之和最小

B. 最小割是将图中的边分割为两部分，使得两部分之间的边权重之和最大

C. 最小割是图中顶点集的一个分割，使得分割后的子图边权重之和最大

D. 最小割是图中顶点集的一个分割，使得分割后的子图顶点数最少

（9）在社区发现中，哪个概念描述了节点与其社区内其他节点的连接紧密度？（　　）

A. 模块度　　B. 网络连通性　　C. 节点的度　　D. 紧密中心度

（10）以下哪种算法是基于模块度的社区发现算法？（　　）

A. 随机游走　　B. 谱聚类　　C. 隐含图　　GN 算法

2. 简答及计算题

（1）图网络结构中的节点表示什么？节点之间的关系是通过什么来表示的？

（2）对于一个包含 5 个节点的有向图，使用 Dijkstra 算法计算从节点 1 到节点 5 的最短路径长度，并给出最短路径。给定的加权矩阵如下：

$$\begin{bmatrix} 0 & 3 & \infty & 7 & \infty \\ 8 & 0 & 2 & \infty & \infty \\ 5 & \infty & 0 & 1 & \infty \\ 2 & \infty & \infty & 0 & 3 \\ \infty & \infty & \infty & 6 & 0 \end{bmatrix}$$

（3）给定一个有 10 个节点和 25 条边的无向图，节点 A 的度为 5。计算节点 A 的度中心度。

（4）给定一个无向图，节点代表社交网络中的用户，边代表用户之间的好友关系。使用模块度计算公式来计算社区划分的模块度。假设我们有以下好友关系数据：

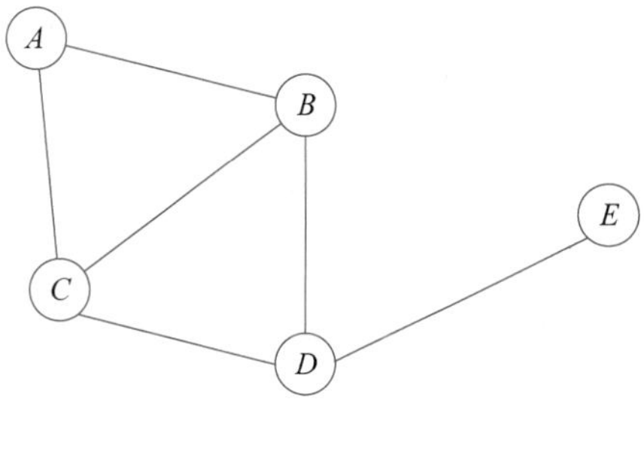

假设我们已经通过社区发现算法得到了以下社区划分：

社区 1：A，B，C

社区 2：D，E

使用上述模块度计算公式，计算该社区划分的模块度 Q。

(5) 在社交媒体分析中，图网络社区发现是一种常用的技术，用于识别社交网络中的紧密相连的节点群体。这些社区可以帮助我们理解用户之间的互动模式，发现潜在的兴趣群体或者影响力传播网络。假设我们有以下好友关系数据：

节点 A：B，C，D

节点 B：A，C，E

节点 C：A，B，D，E

节点 D：A，C，E，F

节点 E：B，C，D，F

节点 F：D，E

回答以下问题：

① 构建网络的邻接矩阵。

② 使用社区发现算法(如 Girvan-Newman 算法或模块度优化算法)来识别网络中的社区结构，并给出算法的主要步骤。

③ 描述算法的输出结果，包括社区的数量和每个社区的成员。

(6) 假设一个无向加权图的权重矩阵如下：

$$\boldsymbol{W}=\begin{bmatrix}0 & 1 & 2\\ 1 & 0 & 3\\ 2 & 3 & 0\end{bmatrix}$$

计算其归一化拉普拉斯矩阵。

3. 思考题

(1) 银行用户之间通过相互交易从而产生一定的关系。把每一个银行账户看作一个节点，如果账户 A 向账户 B 汇款，那么就可以引出一条从节点 A 向节点 B 的边。如果账户 B 也向账户 A 汇款，那么也可以引出一条从节点 B 向节点 A 的边。如何将大规模的交易数据通过图网络的形式表现出来，并从中发现异常的交易模式和交易账户？

(2) GraphScope 是一款开源的大规模图计算平台，能够用于解决实际生产场景中所涉及的图计算问题。试在 GraphScope 平台上搭建自己的社交网络分析环境，并对题 3.1 涉及的金融反欺诈问题进行分析。

第 6 章

随机优化算法

在数据科学与工程领域，基于数据驱动建立的模型通常表现为连续型优化问题的形式。梯度下降等一阶优化算法是最重要的模型求解方法。但是随着数据规模的增加，经典优化算法理论面临着新的挑战，由此促成了随机优化算法的广泛应用。本章主要介绍随机梯度下降算法及其加速方法。

6.1 问题导入

考虑如下优化问题：

$$\arg\min_{\boldsymbol{w}\in\mathbf{R}^d} f(\boldsymbol{w}) \tag{6-1}$$

其中

$$f(\boldsymbol{w})=\frac{1}{n}\sum_{i=1}^{n}L(\boldsymbol{w};\boldsymbol{z}_i) \tag{6-2}$$

$\boldsymbol{w}$ 为优化参数，$\boldsymbol{z}_1,\boldsymbol{z}_2,\cdots,\boldsymbol{z}_n$ 是来自随机向量 $\boldsymbol{Z}$ 的 n 个观测值，$L(\boldsymbol{w};\boldsymbol{z}_i)$关于参数 $\boldsymbol{w}$ 连续可微。在数据科学与工程领域中，大量问题都可以表示为式(6-1)的形式，例如基于机器学习方法的图像分类和疾病诊断等。随着数据规模 n 增大，式(6-1)的目标函数变得越发复杂，计算目标函数梯度也越发困难，致使梯度下降算法难以适用。为了解决以上问题，可以在梯度下降算法的基础上引入随机性以减少算法中目标函数及其梯度的计算代价。本章将介绍随机梯度下降算法、Nesterov 梯度加速算法和方差缩减算法等随机优化算法。其中随机梯度下降算法是最典型最基础的随机优化算法，可以有效地降低每次迭代的计算量，但其收敛速度较慢。Nesterov 方法和方差缩减技术可以用来加速随机梯度下降算法的收敛速度。

6.2 梯度下降算法

梯度下降算法是求解优化问题式(6-1)的一种方法，它是以目标函数的负梯度方向作为目标函数的下降方向，对优化参数进行迭代改进的方法。给定参数 $\boldsymbol{w}$ 的初始值为 $\boldsymbol{w}_0$，梯度下降算法根据如下规则更新参数：

$$\boldsymbol{w}_{t+1}=\boldsymbol{w}_t-\eta_t\nabla f(\boldsymbol{w}_t) \tag{6-3}$$

其中 $\boldsymbol{w}_t$ 是第 t 次迭代得到的参数值，$\nabla f(\boldsymbol{w}_t)$是目标函数 $f(\boldsymbol{w})$在 $\boldsymbol{w}=\boldsymbol{w}_t$ 处的梯度。η_t 称为步长，可以通过线搜索方法确定，即选择 η_t 满足

$$\eta_t = \arg\min_{\eta>0} f(\boldsymbol{w}_t - \eta \nabla f(\boldsymbol{w}_t)) \tag{6-4}$$

或者将 η_t 取为一个较小的正数。当达到最大许可的迭代次数 T 或其他终止条件时，迭代过程终止。输出最终的迭代结果 $\boldsymbol{w}_T$ 作为优化问题式(6-1)的最优参数的估计。梯度下降算法流程如表 6-1 所示。

表 6-1 梯度下降算法

输入：	初始值 $\boldsymbol{w}_0$，最大许可迭代次数 T
输出：	参数优化问题式(6-1)参数估计值 $\boldsymbol{w}_T$
	For $t=0,1,2,\cdots,T-1$ do
	计算函数 $f(\boldsymbol{w})$在 $\boldsymbol{w}=\boldsymbol{w}_t$ 处的梯度$\nabla f(\boldsymbol{w}_t)$
	根据线搜索方法式(6-4)确定步长 η_t
	更新参数：$\boldsymbol{w}_{t+1}=\boldsymbol{w}_t-\eta_t \nabla f(\boldsymbol{w}_t)$
	End For

例 6.1 考虑优化问题

$$\arg\min_{\boldsymbol{w}\in\mathbf{R}^2} f(\boldsymbol{w})$$

其中

$$f(\boldsymbol{w}) = \frac{1}{3}((\langle \boldsymbol{w},\boldsymbol{x}_1\rangle - y_1)^2 + (\langle \boldsymbol{w},\boldsymbol{x}_2\rangle - y_2)^2 + (\langle \boldsymbol{w},\boldsymbol{x}_3\rangle - y_3)^2)$$

$$\boldsymbol{x}_1=(1,1)^{\mathrm{T}},\quad y_1=1,\quad \boldsymbol{x}_2=(2,1)^{\mathrm{T}},\quad y_2=2,\quad \boldsymbol{x}_3=(2,2)^{\mathrm{T}},\quad y_3=3$$

给定初始值 $\boldsymbol{w}_0=(0,0)^{\mathrm{T}}$ 和步长 $\eta_t=0.02, t=0,1,2,\cdots,T-1$，在初始值 $\boldsymbol{w}_0$ 处，目标函数值为 $f(\boldsymbol{w}_0)=4.67$。梯度下降算法求解该优化问题的结果如下：

第一次迭代：计算在 $\boldsymbol{w}_0$ 处的梯度得$\nabla f(\boldsymbol{w}_0)=(-7.33,-6)^{\mathrm{T}}$，更新参数值

$$\boldsymbol{w}_1=\boldsymbol{w}_0-\eta_0 \nabla f(\boldsymbol{w}_0)=(0.1467,0.12)^{\mathrm{T}}$$

迭代之后的目标函数值下降为 $f(\boldsymbol{w}_1)=3.047$。

第二次迭代：计算在 $\boldsymbol{w}_1$ 处的梯度得$\nabla f(\boldsymbol{w}_1)=(-5.893,-4.836)^{\mathrm{T}}$，更新参数值

$$\boldsymbol{w}_2=\boldsymbol{w}_1-\eta_1 \nabla f(\boldsymbol{w}_1)=(0.2645,0.2167)^{\mathrm{T}}$$

迭代之后的目标函数值下降为 $f(\boldsymbol{w}_2)=1.9979$。

将这个迭代过程继续进行下去，记录每一次迭代之后的目标函数值 $f(\boldsymbol{w}_t)$。图 6-1 给出了目标函数随迭代次数增大的变化情况，结果表明梯度下降算法可以得到上述问题的近似最优解。

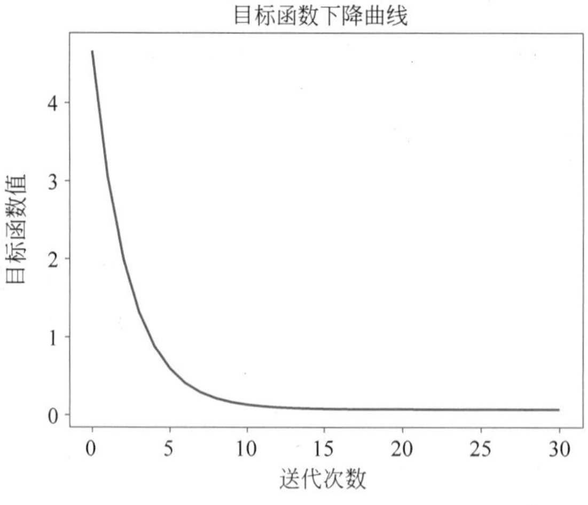

图 6-1 梯度下降算法的目标函数值下降曲线

假设 $f(\boldsymbol{w})$满足如下三个条件：

(1) $f(\boldsymbol{w})$是连续可微的凸函数，即对于任意的 $\boldsymbol{w},\boldsymbol{w}'\in\mathbb{R}^d$，有

$$f(\boldsymbol{w}')\geqslant f(\boldsymbol{w})+\langle\nabla f(\boldsymbol{w}),\boldsymbol{w}'-\boldsymbol{w}\rangle \tag{6-5}$$

(2) $f(\boldsymbol{w})$是 μ-光滑的，即对于 $\mu>0$，有

$$f(\boldsymbol{w}')\leqslant f(\boldsymbol{w})+\langle\nabla f(\boldsymbol{w}),\boldsymbol{w}'-\boldsymbol{w}\rangle+\frac{\mu}{2}\|\boldsymbol{w}'-\boldsymbol{w}\|^2 \tag{6-6}$$

(3) 其最小值 $f^*=f(\boldsymbol{w}^*)=\inf\limits_{\boldsymbol{w}} f(\boldsymbol{w})$存在且可达，则利用梯度下降算法可以得到优化问题式(6-1)的近似最优解。

事实上，若梯度下降算法的步长 η_t 取较小的正数 η，$\{\boldsymbol{w}_t\}$是根据梯度下降算法的迭代规则式(6-3) 生成点列，由于 $f(\boldsymbol{w})$是 μ-光滑的，有

$$\begin{aligned} f(\boldsymbol{w}_{t+1}) &\leqslant f(\boldsymbol{w}_t)+\langle\nabla f(\boldsymbol{w}_t),\boldsymbol{w}_{t+1}-\boldsymbol{w}_t\rangle+\frac{\mu}{2}\|\boldsymbol{w}_{t+1}-\boldsymbol{w}_t\|^2 \\ &\leqslant f(\boldsymbol{w}_t)-\eta\|\nabla f(\boldsymbol{w}_t)\|^2+\frac{\mu}{2}\eta^2\|\nabla f(\boldsymbol{w}_t)\|^2 \\ &\leqslant f(\boldsymbol{w}_t)-\eta\left(1-\frac{1}{2}\mu\eta\right)\|\nabla f(\boldsymbol{w}_t)\|^2 \end{aligned} \tag{6-7}$$

如果选择 $0<\eta<\dfrac{2}{\mu}$使得 $\eta\left(1-\dfrac{1}{2}\mu\eta\right)>0$，那么每次迭代之后，目标函数值都会下降。取 $\eta=\arg\max\left\{\eta\left(1-\dfrac{1}{2}\mu\eta\right)\right\}=\dfrac{1}{\mu}$，则

$$f(\boldsymbol{w}_{t+1})\leqslant f(\boldsymbol{w}_t)-\frac{1}{2\mu}\|\nabla f(\boldsymbol{w}_t)\|^2 \tag{6-8}$$

由于目标函数的凸性，由式(6-5)，令 $\boldsymbol{w}'=\boldsymbol{w}^*$，$\boldsymbol{w}=\boldsymbol{w}_t$，有

$$f(\boldsymbol{w}^*)\geqslant f(\boldsymbol{w}_t)+\langle\nabla f(\boldsymbol{w}_t),\boldsymbol{w}^*-\boldsymbol{w}_t\rangle \tag{6-9}$$

即

$$f(\boldsymbol{w}_t)\leqslant f^*+\langle\nabla f(\boldsymbol{w}_t),\boldsymbol{w}_t-\boldsymbol{w}^*\rangle \tag{6-10}$$

将式(6-10)代入式(6-8)中，进一步有

$$\begin{aligned} f(\boldsymbol{w}_{t+1}) &\leqslant (f^*+\langle\nabla f(\boldsymbol{w}_t),\boldsymbol{w}_t-\boldsymbol{w}^*\rangle)-\frac{1}{2\mu}\|\nabla f(\boldsymbol{w}_t)\|^2 \\ &=f^*-\frac{\mu}{2}\left(\left\|\frac{1}{\mu}\nabla f(\boldsymbol{w}_t)\right\|^2-2\left\langle\frac{1}{\mu}\nabla f(\boldsymbol{w}_t),\boldsymbol{w}_t-\boldsymbol{w}^*\right\rangle\right) \\ &=f^*-\frac{\mu}{2}\left(\left\|\frac{1}{\mu}\nabla f(\boldsymbol{w}_t)\right\|^2-2\left\langle\frac{1}{\mu}\nabla f(\boldsymbol{w}_t),\boldsymbol{w}_t-\boldsymbol{w}^*\right\rangle+\|\boldsymbol{w}_t-\boldsymbol{w}^*\|^2-\|\boldsymbol{w}_t-\boldsymbol{w}^*\|^2\right) \\ &=f^*+\frac{\mu}{2}\left(\|\boldsymbol{w}_t-\boldsymbol{w}^*\|^2-\left\|\boldsymbol{w}_t-\boldsymbol{w}^*-\frac{1}{\mu}\nabla f(\boldsymbol{w}_t)\right\|^2\right) \\ &=f^*+\frac{\mu}{2}(\|\boldsymbol{w}_t-\boldsymbol{w}^*\|^2-\|\boldsymbol{w}_{t+1}-\boldsymbol{w}^*\|^2) \end{aligned}$$

将上述不等式对 t 进行求和，有

$$\begin{aligned} \sum_{t=0}^{T-1}(f(\boldsymbol{w}_{t+1})-f^*) &\leqslant \frac{\mu}{2}\sum_{t=0}^{T-1}(\|\boldsymbol{w}_t-\boldsymbol{w}^*\|^2-\|\boldsymbol{w}_{t+1}-\boldsymbol{w}^*\|^2) \\ &=\frac{\mu}{2}(\|\boldsymbol{w}_0-\boldsymbol{w}^*\|^2-\|\boldsymbol{w}_t-\boldsymbol{w}^*\|^2) \\ &\leqslant \frac{\mu}{2}\|\boldsymbol{w}_0-\boldsymbol{w}^*\|^2 \end{aligned} \tag{6-11}$$

根据式(6-8)可知 $f(\boldsymbol{w}_t)$是非增的,从而有

$$f(\boldsymbol{w}_t)-f^* \leqslant \frac{1}{T}\sum_{t=0}^{T-1}(f(\boldsymbol{w}_{t+1})-f^*) \leqslant \frac{\mu}{2T}\|\boldsymbol{w}_0-\boldsymbol{w}^*\|^2 \tag{6-12}$$

这就表明对于满足上述条件的凸函数 $f(\boldsymbol{w})$,由梯度下降算法得到的点列$\{\boldsymbol{w}_t\}$的函数值序列收敛到最小值 f^*,且 $f(\boldsymbol{w}_t)$误差小于$\frac{\mu}{2T}\|\boldsymbol{w}_0-\boldsymbol{w}^*\|^2$。

在梯度下降算法中选择合适的步长是非常重要的。对于非光滑的凸函数,可以使用线搜索方法得到每次迭代的步长。

6.3 随机梯度下降算法

对于优化问题式(6-1),其目标函数的梯度具有如下形式:

$$\nabla f(\boldsymbol{w})=\frac{1}{n}\sum_{i=1}^{n}\nabla L(\boldsymbol{w};\boldsymbol{z}_i) \tag{6-13}$$

称为全梯度。当函数 L 比较复杂且 n 比较大时,式(6-13)的计算具有较高的复杂度。导致梯度下降算法因具有较大的计算代价而难以应用。为了减少梯度计算的代价,可以使用目标函数的近似梯度来替代梯度式(6-13)实现对参数的更新。

从 $\boldsymbol{z}_1,\boldsymbol{z}_2,\cdots,\boldsymbol{z}_n$ 中随机选择一个观测值,记为 $\boldsymbol{z}'$,对于任意的参数 $\boldsymbol{w}$,可以用函数 $L(\boldsymbol{w};\boldsymbol{z}')$的梯度$\nabla L(\boldsymbol{w};\boldsymbol{z}')$近似替代优化问题式(6-1)目标函数的梯度式(6-13),称之为随机梯度。给定参数 $\boldsymbol{w}$ 的初始值为 $\boldsymbol{w}_0$,随机梯度下降算法如下:

$$\boldsymbol{w}_{t+1}=\boldsymbol{w}_t-\eta_t\nabla L(\boldsymbol{w};\boldsymbol{z}') \tag{6-14}$$

其中,η_t 是步长。随机梯度下降算法的流程如表 6-2 所述。

表 6-2 随机梯度下降算法

输入:	观测值$\{\boldsymbol{z}_1,\boldsymbol{z}_2,\cdots,\boldsymbol{z}_n\}$,最大许可迭代次数 T,步长 η_t,初始值 $\boldsymbol{w}_0$
输出:	参数优化问题式(6-1)参数估计值 $\boldsymbol{w}_T$
1	For $t=0,1,2,\cdots,T-1$ do
2	随机选择一个观测,记为 $\boldsymbol{z}'\in\{\boldsymbol{z}_1,\boldsymbol{z}_2,\cdots,\boldsymbol{z}_n\}$
3	计算随机梯度: $\boldsymbol{g}_t=\nabla L(\boldsymbol{w}_t;\boldsymbol{z}')$
4	更新参数: $\boldsymbol{w}_{t+1}=\boldsymbol{w}_t-\eta_t\boldsymbol{g}_t$
5	End For

例 6.2 考虑优化问题

$$\arg\min_{\boldsymbol{w}\in\mathbf{R}^2}\frac{1}{3}\sum_{i=1}^{3}L(\boldsymbol{w};\boldsymbol{z}_i)$$

其中,$\boldsymbol{z}_i=(\boldsymbol{x}_i,\boldsymbol{y}_i)$,

$$L(\boldsymbol{w};\boldsymbol{z}_i)=(\langle\boldsymbol{w},\boldsymbol{x}_i\rangle-y_i)^2,\quad i=1,2,3,$$

$$\boldsymbol{x}_1=(1,1),\quad y_1=1,\quad \boldsymbol{x}_2=(2,1),\quad y_2=2,\quad \boldsymbol{x}_3=(2,2),\quad y_3=3$$

梯度下降算法在每次迭代过程中都需要同时计算 $L(\boldsymbol{w};\boldsymbol{z}_1)$,$L(\boldsymbol{w};\boldsymbol{z}_2)$,$L(\boldsymbol{w};\boldsymbol{z}_3)$关于参数 $\boldsymbol{w}$ 的梯度。下面使用随机梯度算法来求解上述优化问题。

假设初始值 $\boldsymbol{w}_0=(0,0)$,选择步长为 $\eta=0.02$。在初始值 $\boldsymbol{w}_0$ 处,可以计算得到优化问题的目标函数值为$\frac{1}{3}\sum_{i=1}^{3}L(\boldsymbol{w}_0;\boldsymbol{z}_i)=4.67$。随机梯度下降算法迭代结果如下。

第一次迭代:若从观测值 $\boldsymbol{z}_1,\boldsymbol{z}_2,\boldsymbol{z}_3$ 中随机选择观测值为 $\boldsymbol{z}_1=(\boldsymbol{x}_1,y_1)$。计算在 $\boldsymbol{w}_0$ 处的

随机梯度值为 $\boldsymbol{g}_1=2(\langle\boldsymbol{w}_0,\boldsymbol{x}_1\rangle-y_1)\boldsymbol{x}_1=(-2,-2)$，由迭代公式有

$$\boldsymbol{w}_1=\boldsymbol{w}_0-\eta\boldsymbol{g}_1=(0.04,0.04)$$

在 $\boldsymbol{w}_1$ 处的目标函数值为$\frac{1}{3}\sum_{i=1}^{3}L(\boldsymbol{w}_1;\boldsymbol{z}_i)=4.1488$。

第二次迭代：若从观测值 $\boldsymbol{z}_1,\boldsymbol{z}_2,\boldsymbol{z}_3$ 中随机选择观测值为 $\boldsymbol{z}_2=(\boldsymbol{x}_2,y_2)$。计算在 $\boldsymbol{w}_1$ 处的随机梯度 $\boldsymbol{g}_2=2(\langle\boldsymbol{w}_1,\boldsymbol{x}_2\rangle-y_2)\boldsymbol{x}_2=(-7.52,-3.76)$，从而有

$$\boldsymbol{w}_2=\boldsymbol{w}_1-\eta\boldsymbol{g}_2=(0.1904,0.1152)$$

在 $\boldsymbol{w}_2$ 处的目标函数值为$\frac{1}{3}\sum_{i=1}^{3}L(\boldsymbol{w}_2;\boldsymbol{z}_i)=2.8169$。继续上述迭代过程，图 6-2 给出了目标函数值随迭代次数增大的变化情况。结果表明，随机梯度下降算法也能保证上述问题的目标函数值逐渐下降直到收敛。

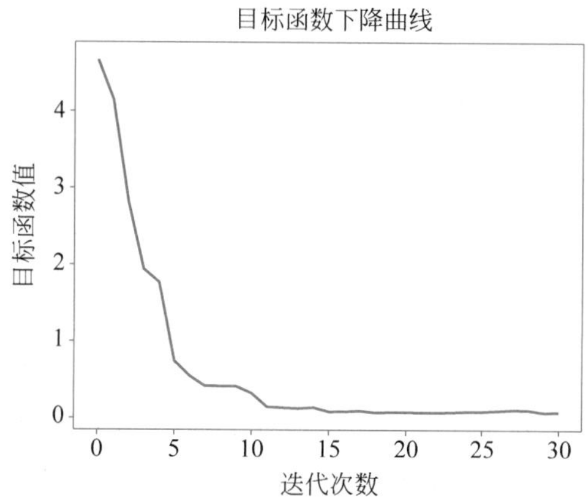

图 6-2 随机梯度下降算法的目标函数下降曲线

在随机梯度下降算法中，步长的选择是很重要的。它决定了算法是否收敛以及收敛速度的快慢。通常的做法是首先使用一个较大的步长，随着迭代过程的进行，步长不断减小。前期较大的步长是为了加快算法的收敛速度，尽快向最优值靠近，后期较小的步长是为了保证算法的收敛，虽然随机梯度不会和梯度一样向 0 逼近，但是可以选择趋于 0 的步长，使得每次迭代产生较小变化。在凸优化问题中，当步长满足 Robbins-Monro 条件，即

$$\sum_{t=1}^{\infty}\eta_t=\infty,\quad \sum_{t=1}^{\infty}\eta_t^2<\infty \tag{6-15}$$

则随机梯度下降算法将会以概率 1 收敛到全局最优解。其中$\sum_{t=1}^{\infty}\eta_t=\infty$ 条件要求步长足够大，能够从训练数据集中学习，$\sum_{t=1}^{\infty}\eta_t^2<\infty$ 条件要求步长不能太大，足够小到保证算法的收敛。在实践中常用的步长衰减方法包括：

（1）反比衰减是比较常用的衰减方式，其更新规则为

$$\eta_t=\frac{\eta_0}{1+\kappa t} \tag{6-16}$$

其中 $\kappa>0$ 是一个实数。

（2）分段常数衰减，是指每隔一定的迭代次数，步长衰减一次，包括固定步长衰减和多步长衰减方法。固定步长衰减是步长每隔 m 步(或者 epoch)减小一次步长，多步长衰减方法是

采用不同的频率更新步长。

(3) 指数衰减是指步长按照指数的形式进行衰减，其更新规则为

$$\eta_t = \eta_0 \mathrm{e}^{-\kappa t} \tag{6-17}$$

其中，$\kappa>0$ 是一个实数。

在步长衰减方法中，每步迭代过程中步长的选择仅仅与迭代轮次 t 相关，而没有考虑到随机梯度的影响，这样容易导致步长下降得过快或过慢，不利于算法的收敛。一种改进的方法是结合随机梯度来自适应地调节步长，称为自适应随机梯度优化，其过程如表 6-3 所示。可见，梯度步长 η_t 与累积的梯度范数的平方是密切相关的。

表 6-3 自适应随机梯度优化算法

输入：	观测值 $\{\boldsymbol{z}_1,\boldsymbol{z}_2,\cdots,\boldsymbol{z}_n\}$，最大许可迭代次数 T，$Q_0=0$，$D>0$
输出：	参数优化问题式(6-1)参数估计值 $\boldsymbol{w}_t$
1	For $t=0,1,2,\cdots,T-1$ do
2	选择随机观测值，记为 $\boldsymbol{z}'\in\{\boldsymbol{z}_1,\boldsymbol{z}_2,\cdots,\boldsymbol{z}_n\}$
3	计算随机梯度：$\boldsymbol{g}_t=\boldsymbol{g}(\boldsymbol{w}_t;\boldsymbol{z}_t)$
4	更新参数：$Q_{t+1}=Q_t+\\|\boldsymbol{g}_t\\|^2$
5	设定自适应步长：$\eta_t=\dfrac{D}{\sqrt{2Q_t}}$
6	更新参数：$\boldsymbol{w}_{t+1}=\boldsymbol{w}_t-\eta_t\boldsymbol{g}_t$
7	End For

同样，在随机梯度下降算法中，目标函数梯度的合理近似可以既保持随机梯度下降算法的优点，又可适当提高算法的收敛速度。小批量梯度下降法(Mini-batch Gradient Descent)结合了梯度下降和随机梯度下降算法的优点。一方面，基于 m 个观测值计算随机梯度，可以降低计算和存储复杂度，满足大数据时代大规模机器学习问题的需要。另一方面，每次计算时利用 m 个观测值信息而不是单一观测值，能获得相对更精确的随机梯度估计，有效地加快算法的收敛速度。

小批量梯度下降算法如表 6-4 所示。在每一轮迭代过程中，首先从 n 个观测值 $\{\boldsymbol{z}_1,\boldsymbol{z}_2,\cdots,\boldsymbol{z}_n\}$ 中随机选择 m 个观测 $\boldsymbol{z}_{s_1},\boldsymbol{z}_{s_2},\cdots,\boldsymbol{z}_{s_m}$ 计算随机梯度，为

$$\frac{1}{m}\sum_{j=1}^{m}\nabla L(\boldsymbol{w};\boldsymbol{z}_{s_j}) \tag{6-18}$$

平均有利于降低随机梯度的方差，与使用单一观测的随机梯度相比，小批量梯度下降算法可以使用更大的步长，从而加快收敛速度。

表 6-4 小批量梯度优化算法

输入：	观测值 $\{\boldsymbol{z}_1,\boldsymbol{z}_2,\cdots,\boldsymbol{z}_n\}$，小批量样本容量 m，最大许可迭代次数 T，步长 η_t
输出：	参数优化问题式(6-1)参数估计值 $\boldsymbol{w}_t$
1	For $t=0,1,2,\cdots,T-1$ do
2	产生容量为 m 的小批量样本：在 $\{\boldsymbol{z}_1,\boldsymbol{z}_2,\cdots,\boldsymbol{z}_n\}$ 中随机选择 m 个观测，记为 $\boldsymbol{z}_{s_1},\boldsymbol{z}_{s_2},\cdots,\boldsymbol{z}_{s_m}$
3	基于小批量样本计算平均梯度 $\boldsymbol{g}_t=\dfrac{1}{m}\sum_{j=1}^{m}\nabla L(\boldsymbol{w}_t;\boldsymbol{z}_{s_j})$
4	更新参数：$\boldsymbol{w}_{t+1}=\boldsymbol{w}_t-\eta_t\boldsymbol{g}_t$
5	End For

每一次选择的批量样本的数量 m 对小批量梯度下降算法具有重要的影响。m 值太小，达

不到加速收敛的效果，而 m 太大，又失去了降低存储和计算复杂度的目标。因此，在算法的实际运行中，需要针对具体问题选择合适的 m。

6.4　梯度加速方法

随机梯度下降算法的优点和缺点都很明显。它的每一次迭代步骤简单，计算效率高，存储和计算的复杂度低，可以有效地求解大规模的机器学习问题。另一方面，由于使用随机梯度，为了保证算法的收敛性而需要较小的步长，制约了算法的收敛速度。和梯度优化算法的线性收敛速度相比，随机梯度下降算法只能得到次线性收敛速度。为获得更快的收敛速度，本节介绍动量法和 Nesterov 梯度加速方法实现随机梯度下降算法的加速。

6.4.1　动量法

在随机梯度下降算法中，由于步长 η_t 趋于 0 使得参数变化量 $\eta_t \boldsymbol{g}_t$ 很小，使得参数迭代过程减慢，有时甚至陷入局部最优。动量法是由 Polyak 于 1964 年提出的一种用来加速梯度下降的技术，其基本思想是利用历史梯度 $\boldsymbol{g}_{t-1}, \boldsymbol{g}_{t-2}$ 等调整参数的迭代方向，跳出局部最优，加速算法的收敛速度。动量法更新参数的迭代步骤如下：

$$\begin{aligned} \boldsymbol{g}_t &= \nabla L(\boldsymbol{w}_t, \boldsymbol{z}_t), \\ \boldsymbol{v}_t &= \gamma \boldsymbol{v}_{t-1} - \eta_t \boldsymbol{g}_t, \\ \boldsymbol{w}_{t+1} &= \boldsymbol{w}_t + \boldsymbol{v}_t \end{aligned} \tag{6-19}$$

其中，$\boldsymbol{g}_t$ 是目标函数 $f(\boldsymbol{w})$ 在当前参数值 $\boldsymbol{w}=\boldsymbol{w}_t$ 的随机梯度，$\boldsymbol{v}_t$ 表示动量，γ 是动量参数，$0<\gamma<1$。动量法的参数更新如图 6-3 所示。

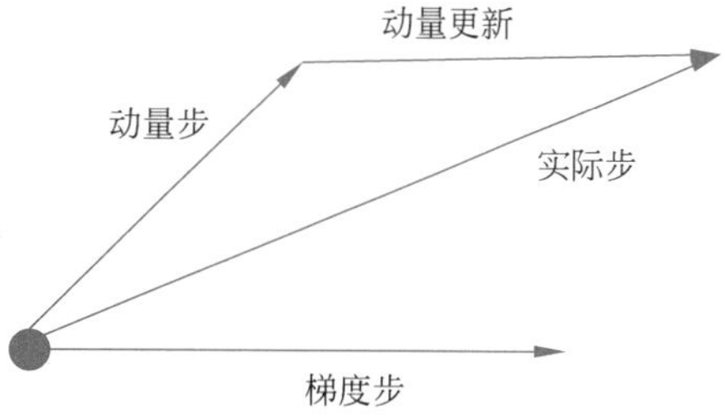

图 6-3　动量法参数更新示意图

动量积攒了目标函数的历史梯度，可以描述为

$$\begin{aligned} \boldsymbol{v}_t &= \gamma \boldsymbol{v}_{t-1} - \eta_t \boldsymbol{g}_t \\ &= \gamma(\gamma \boldsymbol{v}_{t-2} - \eta_{t-1} \boldsymbol{g}_{t-1}) - \eta_t \boldsymbol{g}_t \\ &= \gamma^2 \boldsymbol{v}_{t-2} - \gamma \eta_{t-1} \boldsymbol{g}_{t-1} - \eta_t \boldsymbol{g}_t \\ &\vdots \\ &= \gamma^t \boldsymbol{v}_0 - (\gamma^{t-1} \eta_1 \boldsymbol{g}_1 + \cdots + \gamma \eta_{t-1} \boldsymbol{g}_{t-1} + \eta_t \boldsymbol{g}_t) \end{aligned} \tag{6-20}$$

使得每次迭代的方向不完全取决于当前的梯度 $\boldsymbol{g}_t$，同样受到历史梯度的影响。如果前一时刻的梯度与当前的梯度方向几乎相反，就会抵消前一时刻参数的更新结果，导致参数呈现出一定的徘徊。若当前时刻的梯度与历史时刻梯度方向相同，这种趋势在当前时刻则会加强；若不同，则当前时刻的梯度方向减弱。如果每次迭代的随机梯度 $\boldsymbol{g}_t = \boldsymbol{g}$ 和步长 $\eta_t = \eta$ 都不变，动量法会使得参数在该方向上加速移动。

$$\begin{aligned} \boldsymbol{v}_0 &= 0, \\ \boldsymbol{v}_1 &= \gamma \boldsymbol{v}_0 - \eta \boldsymbol{g} = -\eta \boldsymbol{g}, \\ \boldsymbol{v}_2 &= \gamma \boldsymbol{v}_1 - \eta \boldsymbol{g} = -\gamma \eta \boldsymbol{g} - \eta \boldsymbol{g} = -(1+\gamma)\eta \boldsymbol{g}, \\ \boldsymbol{v}_3 &= \gamma \boldsymbol{v}_2 + \eta \boldsymbol{g} = -\gamma(1+\gamma)\eta \boldsymbol{g} - \eta \boldsymbol{g} = -(1+\gamma+\gamma^2)\eta \boldsymbol{g}, \\ &\vdots \\ \boldsymbol{v}_t &= \gamma \boldsymbol{v}_{t-1} - \eta \boldsymbol{g} = -(1+\gamma+\gamma^2+\gamma^{t-1})\eta \boldsymbol{g} = -\frac{(1-\gamma^t)}{1-\gamma}\eta \boldsymbol{g} \end{aligned} \tag{6-21}$$

动量方向与梯度方向相同，但当迭代次数 t 趋于∞时，动量法的步长是随机梯度下降算法步长的$\frac{1}{1-\gamma}$倍。当 γ 分别设为 0.5、0.9、0.99 时，动量法的步长分别是随机梯度下降算法步长的 2、10、100 倍，从而实现算法加速的目的。当然在实际迭代过程中不会出现每次随机梯度都相同的极端情形。

动量法式(6-19)的参数更新过程也可以写成

$$\begin{aligned} \boldsymbol{w}_{t+1} &= \boldsymbol{w}_t + \boldsymbol{v}_t \\ &= \boldsymbol{w}_t - \eta_t \boldsymbol{g}_t + \gamma \boldsymbol{v}_{t-1} \\ &= \boldsymbol{w}_t^{\text{grad}} + \gamma(\boldsymbol{w}_t - \boldsymbol{w}_{t-1}) \end{aligned} \tag{6-22}$$

其中，$\boldsymbol{w}_t^{\text{grad}}$ 表示根据随机梯度下降法则得到的参数更新值。因此，动量方法也可以认为是在梯度下降过程加入惯性 $\boldsymbol{w}_t - \boldsymbol{w}_{t-1}$。

6.4.2 Nesterov 梯度加速

Nesterov 于 1983 年提出了一种新的梯度加速方法，称为 Nesterov's Accelerated Gradient（简称为 NAG）。NAG 方法是对动量法的一种改进，可以用来加速随机梯度下降算法，其迭代过程如下：

$$\begin{aligned} \boldsymbol{v}_{t+1} &= \boldsymbol{w}_t + \mu_t(\boldsymbol{w}_t - \boldsymbol{w}_{t-1}) \\ \boldsymbol{w}_{t+1} &= \boldsymbol{w}_t - \eta_t \nabla L(\boldsymbol{v}_{t+1}, \boldsymbol{z}_t) \end{aligned} \tag{6-23}$$

其中参数 $\mu_t = \frac{t-1}{t+2}$，步长 η_t 是一个固定值或者由线搜索方法确定。与动量法不同的是，Nesterov 加速梯度法是在当前值 $\boldsymbol{w}_t$ 的基础上引入动量 $\boldsymbol{w}_t - \boldsymbol{w}_{t-1}$ 得到 $\boldsymbol{v}_{t+1}$，然后基于 $\boldsymbol{v}_{t+1}$ 计算随机梯度，并更新参数值，如图 6-4 所示。

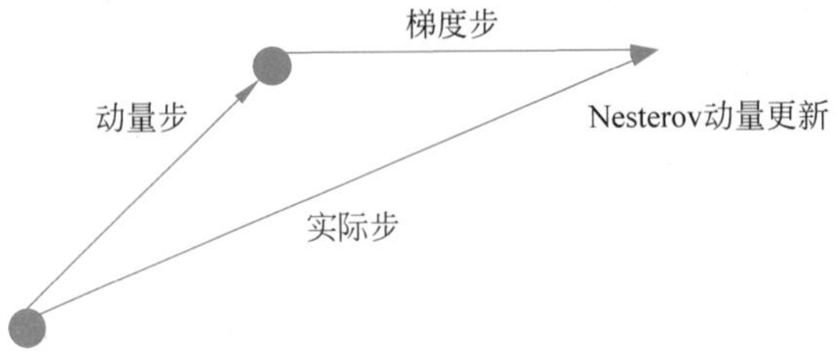

图 6-4 NAG 方法

为了加快梯度下降算法的收敛速度，需要选择更大的步长。步长的增加会导致梯度下降过程中产生一定的波动，而动量的引入能够有效地减轻这一趋势，从而加快算法的收敛速度。

6.4.3 自适学习率加速方法

步长（也称学习率）的选取对随机梯度下降等优化算法的收敛具有很大的影响，在算法运行过程中自动地调节步长是加速算法收敛的一种重要方式。接下来介绍几种重要的自适应学习率优化算法，包括 AdaGrad、RMSProp 和 Adam 等。

1. AdaGrad

AdaGrad（Adptive Gradient Methods）是一种改进的随机梯度下降算法。对于光滑凸优化问题，问题的最优解 $\boldsymbol{w}^*$ 处梯度为零。在随机梯度下降算法中，梯度的不同分量收敛到 0 的速度是不同的，但却使用一个相同的步长 η_t 来控制迭代过程，而没有对每一个分量单独考虑。

AdaGrad 针对这一缺陷，充分利用迭代过程中梯度各个分量的累积梯度来自适应地调节步长。若梯度的某个分量较大时，可以推断出在该方向上函数变化比较剧烈，要用小步长；若梯度的某个分量较小时，在该方向上函数变化比较平缓，要用大步长。AdaGrad 算法的迭代规则为

$$\boldsymbol{w}_{t+1}=\boldsymbol{w}_t-\left(\frac{\eta}{\varepsilon+\sqrt{\boldsymbol{G}_t}}\right)\odot\boldsymbol{g}_t \tag{6-24}$$

其中 $\varepsilon>0$，$\odot$表示对应分量的乘积，η 表示初始步长，$\boldsymbol{g}_t$ 表示第 t 轮迭代的随机梯度，

$$\boldsymbol{G}_t=\sum_{\tau=1}^{t}\boldsymbol{g}_\tau\odot\boldsymbol{g}_\tau \tag{6-25}$$

$\boldsymbol{G}_t$ 的第 j 个分量 $G_{t,j}$ 是迭代过程中，梯度第 j 个分量的累积平方和。将等式(6-24)展开，有

$$w_{t+1,j}=w_{t,j}-\frac{\eta}{\varepsilon+\sqrt{G_{t,j}}}g_{t,j} \tag{6-26}$$

$\varepsilon>0$ 是为了避免 $G_{t,j}$ 为 0 的情况。从中可见，不同分量的迭代步长与随机梯度的累积量有关，已经得到充分更新的分量的步长会降低，而学习不充分的分量的步长会相应地提高，从而有效地加快算法的收敛速度。

2. RMSProp

RMSProp(Root Mean Square Propagation)是对 AdaGrad 方法的一个改进，AdaGrad 会累加之前所有的梯度分量平方，如公式(6-26)。这就使得 $\boldsymbol{G}_t$ 的分量是单调递增，从而步长是单调递减的，因此在训练后期步长会非常小，计算的开销也较大。RMSProp 提出只需累积离当前迭代点比较近的梯度平方，并通过引入衰减因子 $\beta(0<\beta<1)$ 以提高较近的迭代过程的梯度信息的重要性。其迭代规则为

$$\boldsymbol{w}_{t+1}=\boldsymbol{w}_t-\left(\frac{\eta}{\varepsilon+\sqrt{\boldsymbol{M}_t}}\right)\odot\boldsymbol{g}_t \tag{6-27}$$

其中

$$\boldsymbol{M}_t=\beta\boldsymbol{M}_{t-1}+(1-\beta)\boldsymbol{g}_t\odot\boldsymbol{g}_t \tag{6-28}$$

将式(6-27)与式(6-24)相比，可见与 AdaGrad 方法相比，RMSProp 方法只是调整了累积梯度平方的计算方式，通过衰减因子遗忘早期的梯度平方。

3. Adam

Adam(Adaptive Moment Estimation)优化算法是在 RMSProp 方法的基础上的改进。根据动量法，沿着动量方向而非梯度方向更新参数，也能够获得更快的收敛速度。为此，Adam 除了累积历史梯度平方信息，也要计算累积的梯度信息。假设在第 t 次迭代中，对于参数 $\boldsymbol{w}_t$，其梯度为 $\boldsymbol{g}_t$。Adam 的迭代过程如下：

(1) 计算梯度的一阶矩估计(平均值)$\boldsymbol{v}_t$：

$$\boldsymbol{v}_t=\gamma\cdot\boldsymbol{v}_{t-1}+(1-\gamma)\boldsymbol{g}_t \tag{6-29}$$

其中，γ 是一阶矩估计的指数衰减率。$\boldsymbol{v}_t$ 是梯度的移动平均值，它的作用类似于动量。

(2) 计算梯度的二阶矩估计(未中心化的方差)$\boldsymbol{M}_t$：

$$\boldsymbol{M}_t=\beta\boldsymbol{M}_{t-1}+(1-\beta)\boldsymbol{g}_t\odot\boldsymbol{g}_t \tag{6-30}$$

其中，β 是二阶矩估计的指数衰减率，$\boldsymbol{M}_t$ 是梯度平方的指数移动平均值。

(3) 对$\boldsymbol{v}_t$ 和$\boldsymbol{M}_t$ 进行偏差修正。由于$\boldsymbol{v}_t$ 和$\boldsymbol{M}_t$ 在初始阶段接近于 0，特别是在 γ 和β 接近于 1 时，这会导致它们在初始阶段偏差较大。因此，需要对它们进行偏差修正：

$$\hat{\boldsymbol{v}}_t = \frac{\boldsymbol{v}_t}{1-\gamma^t}$$

$$\hat{\boldsymbol{M}}_t = \frac{\boldsymbol{M}_t}{1-\beta^t} \tag{6-31}$$

（4）更新参数 $\boldsymbol{w}_t$：

$$\boldsymbol{w}_{t+1} = \boldsymbol{w}_t - \left(\frac{\eta}{\varepsilon + \sqrt{\hat{\boldsymbol{M}}_t}}\right) \odot \hat{\boldsymbol{v}}_t \tag{6-32}$$

其中，η 是初始步长，ε 是一个很小的正数，用于防止除以零的情况。这个更新公式结合了梯度的一阶矩估计 $\hat{\boldsymbol{v}}_t$ 和二阶矩估计 $\hat{\boldsymbol{M}}_t$，为参数的每个分量设计了自适应的步长。

Adam 结合了动量法和自适应学习率方法实现随机梯度下降算法的加速。一经提出，Adam 算法就被广泛应用于深度学习模型的训练之中。许多实验结果证实 Adam 优化算法具有很高的效率，能够更快、更好地训练出模型最优参数。

6.5 方差缩减

随机梯度下降算法具有较慢的收敛速度的根本原因在于：为了更高的计算效率使用了目标函数的随机梯度来更新参数，为保证算法的收敛只能使用较小的步长，导致了收敛速度的降低。选择更好的随机梯度有利于提高算法的收敛速度。

6.5.1 方差缩减技术

假定使用一个随机变量 X 来估计一个未知的参数 θ，估计量 X 满足无偏性，即有

$$E[X] = \theta \tag{6-33}$$

可以使用控制变量法(Control Variates)来构造参数 θ 的具有更小方差的 无偏估计量。假设存在一个新的随机变量 Y 与随机变量 X 具有很强的相关性。定义一个新的参数估计量为

$$\theta_\alpha = X + \alpha(Y - E[Y]) \tag{6-34}$$

计算 θ_α 的期望有

$$E[\theta_\alpha] = E[X] = \theta \tag{6-35}$$

同时可以计算 θ_α 的方差为

$$\operatorname{var}(\theta_\alpha) = \operatorname{var}(X) + \alpha^2 \operatorname{var}(Y) + 2\alpha \operatorname{Cov}(X, Y) \tag{6-36}$$

为使 $\operatorname{var}(\theta_\alpha)$ 最小，可以选择

$$\alpha = -\frac{\operatorname{Cov}(X, Y)}{\operatorname{var}(Y)} \tag{6-37}$$

将其代入上式，得到

$$\begin{aligned}\operatorname{var}(\theta_\alpha) &= \operatorname{var}(X) - \frac{\operatorname{Cov}(X, Y)^2}{\operatorname{var}(Y)} \\ &< \operatorname{var}(X)\end{aligned} \tag{6-38}$$

这样，新构造的无偏参数估计 θ_α 就具有了更小的方差，可以作为参数 θ 的更好的估计量，实现了方差缩减的目标。基于控制变量法的方差缩减技术还可以推广到参数 θ 是一个向量的场景中。

令随机向量 $\boldsymbol{g}$ 是 p 维参数向量 $\boldsymbol{\theta}$ 的一个无偏估计，满足

$$E(\boldsymbol{g})=\boldsymbol{\theta} \tag{6-39}$$

随机向量 $\boldsymbol{g}$ 的协方差矩阵定义为

$$\mathrm{var}(\boldsymbol{g})=E[(\boldsymbol{g}-\boldsymbol{\theta})^{\mathrm{T}}(\boldsymbol{g}-\boldsymbol{\theta})] \tag{6-40}$$

其中 $\mathrm{var}(\boldsymbol{g})$的对角线上的元素代表随机向量 $\boldsymbol{g}$ 的每一个分量的方差，值越小，表明随机向量 $\boldsymbol{g}$ 对参数向量$\boldsymbol{\theta}$ 的近似效果越好。

类似于式(6-34)，可以通过变量控制法获得参数向量$\boldsymbol{\theta}$ 的具有更小方差的无偏估计量。假设存在一个与 $\boldsymbol{g}$ 相关的随机向量 $\boldsymbol{h}$，定义：

$$\tilde{\boldsymbol{g}}=\boldsymbol{g}-\boldsymbol{A}(\boldsymbol{h}-E(\boldsymbol{h})) \tag{6-41}$$

其中 $\boldsymbol{A}$ 是一个 $p\times p$ 的矩阵。显然有

$$\begin{aligned}E(\tilde{\boldsymbol{g}})&=E[\boldsymbol{g}-\boldsymbol{A}(\boldsymbol{h}-E(\boldsymbol{h}))]\\&=E[\boldsymbol{g}]\end{aligned} \tag{6-42}$$

$\tilde{\boldsymbol{g}}$ 也是$\boldsymbol{\theta}$ 的无偏估计。选择合适的矩阵 $\boldsymbol{A}$ 能够使得 $\tilde{\boldsymbol{g}}$ 的分量具有更小的方差。

如果随机向量 $\boldsymbol{g}$ 表示随机梯度下降算法中每一轮迭代过程中的随机梯度，应用上述方差缩减的思想就得到了梯度$\nabla f(\boldsymbol{w}_t)$的一种更好的估计，有利于加速随机梯度下降算法的收敛。接下来介绍三种基于方差缩减技术的 SAG、SAGA、SVRG 等方差缩减算法。

6.5.2 方差缩减算法

通过降低随机梯度的方差是加快随机优化问题收敛速度的最主要的方法。接下来介绍三种主要的减小方差的方法，包括 SAG、SAGA 和 SVRG。

1. SAG

在随机梯度下降算法中，每一步迭代仅仅使用了当前参数估计的随机梯度，而将历史梯度的计算结果都抛弃掉了。随着迭代次数的增加，参数估计值也趋近于收敛，第 t 轮的随机梯度其实也是第 $t+1$ 轮的梯度的估计值。随机平均梯度法(SAG)就是基于这一想法提出来的。给定参数的初始值 $\boldsymbol{w}_0$，计算基于每个样本的随机梯度 $\boldsymbol{g}_i^{(0)}=\nabla L(\boldsymbol{w}_0;\boldsymbol{z}_i)$，并存储下来，得到

$$[\boldsymbol{g}_1^{(0)},\boldsymbol{g}_2^{(0)},\cdots,\boldsymbol{g}_n^{(0)}] \tag{6-43}$$

在进行第 t 轮迭代时，如果被选中的样本的序号记为 i_t，与该样本对应的随机梯度将会被更新为当前的随机梯度值，也就是

$$\boldsymbol{g}_i^{(t)}=\begin{cases}\nabla L(\boldsymbol{w}_t;\boldsymbol{z}_i), & i=i_t\\ \boldsymbol{g}_i^{(t-1)}, & i\neq i_t\end{cases} \tag{6-44}$$

SAG 的参数更新规则为

$$\boldsymbol{w}_{t+1}=\boldsymbol{w}_t-\frac{\eta_t}{n}\sum_{i=1}^{n}\boldsymbol{g}_i^{(t)} \tag{6-45}$$

根据 $\boldsymbol{g}_i^{(t)}$ 的更新规则可知，在每一次迭代中，只有第 i_t 个样本对应的随机梯度发生了变化。因此，SAG 的参数更新规则也可以写成

$$\begin{aligned}\boldsymbol{w}_{t+1}&=\boldsymbol{w}_t-\frac{\eta_t}{n}\sum_{i=1}^{n}\boldsymbol{g}_i^{(t)}\\&=\boldsymbol{w}_t-\frac{\eta_t}{n}\left(\nabla L(\boldsymbol{w}_t;\boldsymbol{z}_{i_t})-\boldsymbol{g}_{i_t}^{(t-1)}+\sum_{i=1}^{n}\boldsymbol{g}_i^{(t-1)}\right)\\&=\boldsymbol{w}_t-\eta_t\boldsymbol{g}'_t\end{aligned} \tag{6-46}$$

其中，

$$\boldsymbol{g}_t'=\frac{1}{n}\left(\nabla L(\boldsymbol{w}_t;\boldsymbol{z}_{i_t})-\boldsymbol{g}_{i_t}^{(t-1)}+\sum_{i=1}^{n}\boldsymbol{g}_i^{(t-1)}\right) \tag{6-47}$$

表示第 t 轮迭代过程中使用的随机梯度。虽然在每一次迭代过程中 $\boldsymbol{g}_t'$的期望并不等于真实的梯度，但是随着迭代次数的进行，算法逐渐趋于收敛，它们之间的偏差会越来越小。

2. SAGA

SAGA 算法是在 SAG 算法基础上得到的，其迭代规则为

$$\boldsymbol{w}_{t+1}=\boldsymbol{w}_t-\eta_t\left(\nabla L(\boldsymbol{w}_t;\boldsymbol{z}_{i_t})-\boldsymbol{g}_{i_t}^{(t-1)}+\frac{1}{n}\sum_{i=1}^{n}\boldsymbol{g}_i^{(t-1)}\right) \tag{6-48}$$

令

$$\boldsymbol{g}_t'=\nabla L(\boldsymbol{w}_t;\boldsymbol{z}_{i_t})-\boldsymbol{g}_{i_t}^{(t-1)}+\frac{1}{n}\sum_{i=1}^{n}\boldsymbol{g}_i^{(t-1)} \tag{6-49}$$

$\boldsymbol{g}_t'$表示第 t 轮迭代过程中的随机梯度。容易证明

$$\begin{aligned}E(\boldsymbol{g}_t')&=E\left(\nabla L(\boldsymbol{w}_t;\boldsymbol{z}_{i_t})-\boldsymbol{g}_{i_t}^{(t-1)}+\frac{1}{n}\sum_{i=1}^{n}\boldsymbol{g}_i^{(t-1)}\right)\\&=E(\nabla L(\boldsymbol{w}_t;\boldsymbol{z}_{i_t}))\\&=\nabla f(\boldsymbol{w}_t)\end{aligned} \tag{6-50}$$

从而能够克服 SAG 算法中随机梯度不是无偏估计的缺陷。不加证明地指出，SAG 和 SAGA 算法都具有 Q-线性的收敛速度。

3. SVRG

SVRG(Stochastic Variance Reduced Gradient)方法是一种用于优化大规模机器学习问题的随机梯度下降算法的变种。与传统的随机梯度下降(SGD)、SAG、SAGA 等算法相比，SVRG 在减少方差方面有着显著的优势，从而提高了算法的收敛速度和稳定性。

在 SVRG 中，算法会定期计算整个训练数据集的完整梯度，这通常被称为全梯度。全梯度的计算相对昂贵，因为它涉及所有样本的梯度计算，但它在减少后续迭代中的随机性方面非常有效。每隔 m 次迭代，SVRG 会重新计算一次全梯度，并基于这个全梯度来更新后续迭代中的随机梯度。

SVRG 算法的关键在于，它利用了全梯度来修正随机梯度的偏差，从而显著减少了随机梯度带来的方差。SVRG 算法通过内外循环来更新参数，其实现步骤如表 6-5 所示。通过外循环，得到参数 $\boldsymbol{w}_t$，并计算样本的全梯度$\nabla f(\boldsymbol{w}_t)$。在内循环过程中，随机选择样本 $\boldsymbol{z}_{s_t^{(k)}}$，使用方差缩减技巧构造随机梯度$\boldsymbol{v}_t^{(k)}$。最后利用随机梯度下降方法更新参数。

$$\begin{aligned}&\nabla f(\boldsymbol{w}_t)=\frac{1}{n}\sum_{i=1}^{n}\nabla L(\boldsymbol{w}_t;\boldsymbol{z}_i)\\&\boldsymbol{v}_t^{(k)}=\nabla L(\boldsymbol{w}_t^{(k)};\boldsymbol{z}_{s_t^{(k)}})-(\nabla L(\boldsymbol{w}_t;\boldsymbol{z}_{s_t^{(k)}})-\nabla L(\boldsymbol{w}_t))\\&\boldsymbol{w}_t^{(k+1)}=\boldsymbol{w}_t^{(k)}-\eta_t\boldsymbol{v}_t^{(k)}\\&\boldsymbol{w}_{t+1}=\frac{1}{m}\sum_{k=0}^{m-1}\boldsymbol{w}_t^{(k)}\end{aligned} \tag{6-51}$$

这种方差缩减有助于算法更快地收敛到最优解，尤其是在处理非凸优化问题时，SVRG 能够更有效地逃离局部最优解，找到更好的全局最优解。

表 6-5 SVRG 算法

输入：观测值 $\{z_1, z_2, \cdots, z_n\}$，最大许可迭代次数 T，步长 η_t，初始值 w_0

输出：参数优化问题式(6-1)参数估计值 w_t

For $t=0,1,2,\cdots,T-1$ do

  赋值 $w_t^{(0)}=w_t$

  计算全梯度 $\nabla f(w_t)$

  For $k=0,1,2,\cdots,m-1$ do

    随机选择一个样本 $z_{s_t^{(k)}}$，$s_t^{(k)}\in 1,2,\cdots,n$

    计算迭代方向 $v_t^{(k)}$

    更新参数向量 $w_t^{(k+1)}=w_t^{(k)}-\eta_t v_t^{(k)}$

  End For

  计算 $w_{t+1}=\dfrac{1}{m}\sum_{k=0}^{m-1} w_t^{(k)}$

End For

此外，SVRG 还结合了 SGD 的优点，即每次迭代只需要处理一小部分样本，这使得它在处理大规模数据集时非常高效。通过交替使用全梯度和随机梯度，SVRG 能够在保持较低计算复杂度的同时，显著提高算法的收敛性能。这使得 SVRG 在处理大规模机器学习问题时具有广泛的应用前景。

6.6 案例：逻辑回归模型优化算法

根据临床医师癌症杂志在线发表的《2023 年度癌症报告》的数据显示，女性十大患病率最高的肿瘤依次是乳腺癌、肺癌、结直肠癌、宫颈癌、皮肤黑色素瘤、非霍金奇淋巴瘤、甲状腺肿瘤、胰腺癌、肾癌和白血病。其中乳腺癌最多，约占比 31%。

根据病灶特征数据，建立肿瘤为恶性还是良性的预测模型，是实现乳腺癌智能诊断的重要方法。本案例考虑基于美国威斯康星州乳腺癌数据集(Breast Cancer Wisconsin Data Set)来建立逻辑回归模型。该数据集包含了从 569 名乳腺癌患者收集的肿瘤特征的测量值，以及相应的良性(Benign)或恶性(Malignant)标签。其中标签为良性的有 357 条数据，标签为恶性的有 212 条数据。每个样本包含 30 个特征，来自病灶影像的测量数据，包括尺寸、纹理、形状、腺体密度以及其半径、面积的最大值等。如图 6-5 中展示了数据集中不同特征的取值分布情况。

经过数据预处理，第 i 个样本可以表示为一个数据对 (x_i, y_i)，其中 $x_i\in\mathbb{R}^{30}$，$y_i\in\{0,1\}$。$y_i=1$ 表示恶性肿瘤，为 $y_i=0$ 表示良性肿瘤。运用逻辑回归模型来建立肿瘤是良性还是恶性的评估模型，该模型通过最小化所有训练样本的平均交叉熵损失来学习预测函数，即

$$\min_{w,b} L(w,b) := \frac{1}{n}\sum_{i=1}^{n}\varphi(y_i, p(w,b;\ x_i)) \tag{6-52}$$

其中 $\varphi(\cdot,\cdot)$ 表示交叉熵损失函数，为

$$\varphi(y_i, p_i) = -(y_i\log(p_i)+(1-y_i)\log(1-p_i))$$

其中 y_i 表示第 i 个样本的标签

$$p_i = p(w,b;\ x_i) = \frac{1}{1+e^{-(\langle w, x_i\rangle + b)}}$$

表示样本 x_i 的标签为 1 的概率 $P(Y=1|x_i)$。如果 $p_i>0.5$，则将该样本预测为恶性，否则预测为良性。

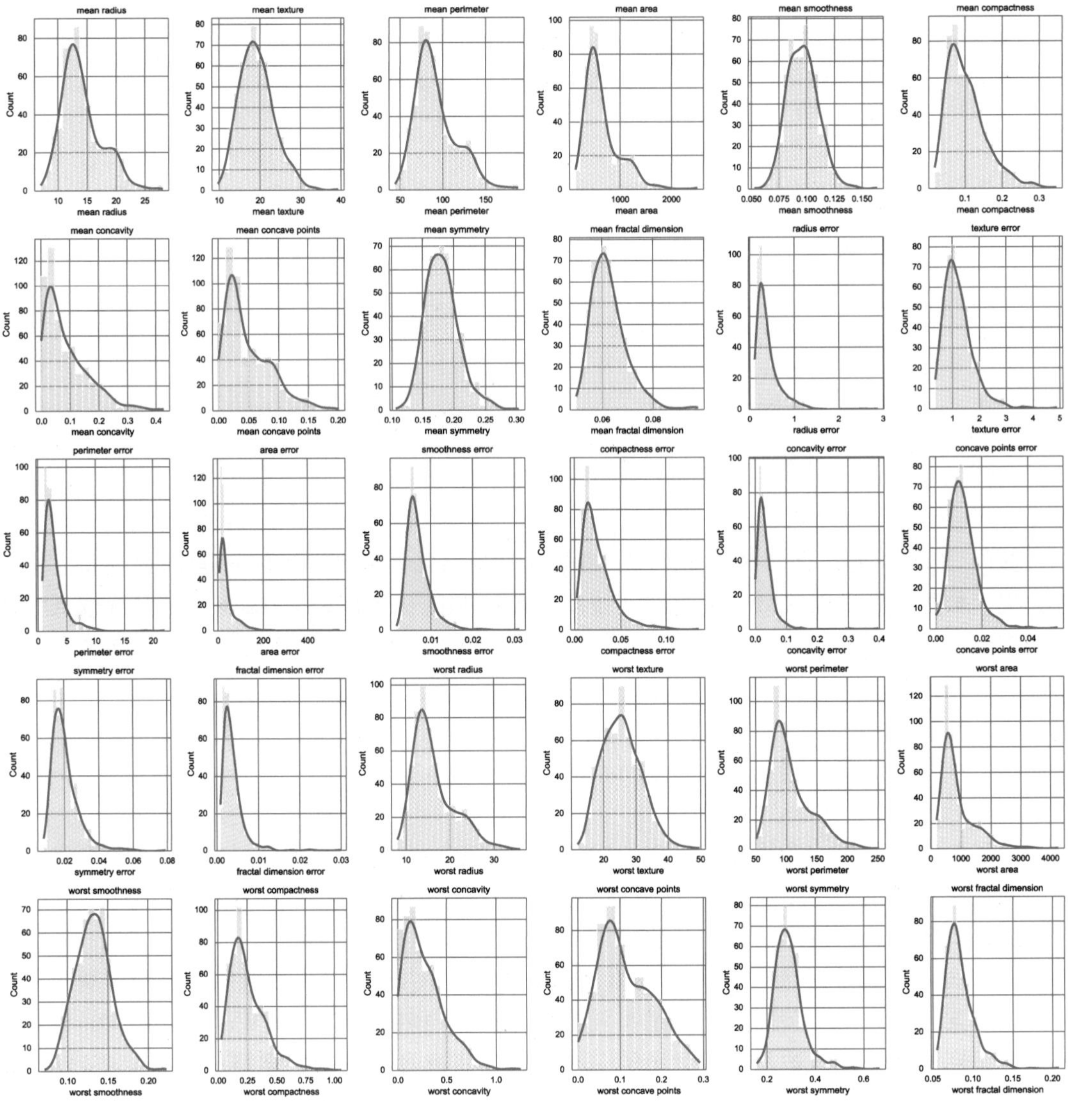

图 6-5　乳腺癌数据集特征的分布

在本案例中，我们只讨论使用不同的梯度优化算法实现对逻辑回归模型优化求解，不对模型的性能进行评估。为此，首先计算交叉熵损失函数 $\varphi(y_i, p_i)$ 关于参数向量 $\boldsymbol{w}$ 和参数 b 的梯度，有

$$\frac{\partial \varphi(y_i, p_i)}{\partial \boldsymbol{w}} = (p_i - y_i)\boldsymbol{x}_i,$$

$$\frac{\partial \varphi(y_i, p_i)}{\partial b} = (p_i - y_i)$$

进而得到总损失函数 $L(\boldsymbol{w}, b)$ 的梯度

$$\frac{\partial L(\boldsymbol{w}, b)}{\partial \boldsymbol{w}} = \frac{1}{n}\sum_{i=1}^{n}(p_i - y_i)\boldsymbol{x}_i,$$

$$\frac{\partial L(\boldsymbol{w}, b)}{\partial b} = \frac{1}{n}\sum_{i=1}^{n}(p_i - y_i)$$

(1) **基于全梯度的优化求解算法**。梯度步长的选择对于梯度优化算法的性能具有十分显

著的影响。如图 6-6 所示，给出了梯度步长 η 分别为 10^{-6}，10^{-5}，10^{-4}，10^{-3} 时，迭代 500 次得到的逻辑回归模型的目标函数值随着迭代次数的变化曲线。从中可见，当梯度步长取值较大时，目标函数值不会单调下降，会呈现出一定的振荡趋势。当梯度步长取值较小时，目标函数值呈现出单调下降的趋势，但是算法的收敛速度较慢。因此，合理地选择梯度步长是梯度优化算法调参的重要内容。

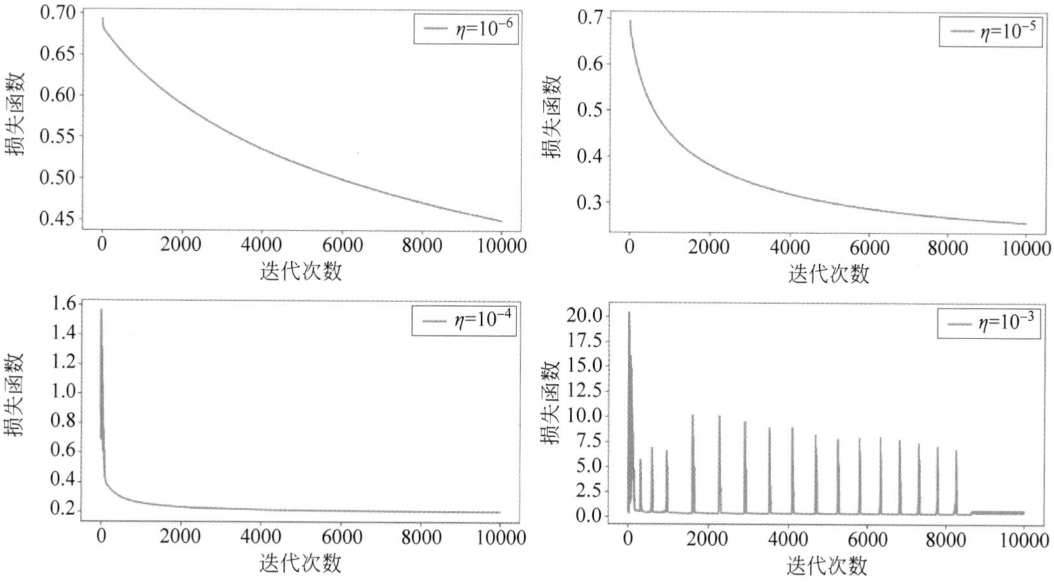

图 6-6　全梯度下降算法中不同梯度步长的目标函数值变化曲线（迭代 500 次）

```
##导入相关库
import numpy as np
from collections import Counter
from sklearn import datasets
import matplotlib.pyplot as plt
import math
import random
##导入数据
dataset = datasets.load_breast_cancer()
traindataset = dataset.data
labeldataset = dataset.target
##全梯度优化算法
n,m = traindataset.shape
weight = np.zeros(m)
b = 0
alpha = 0.1 * math.pow(10, -6)
loss_history = []
gradient_norm_history = []
for t in range(10000):
  predicts = np.dot(traindataset,weight) + b
  probility = 1/(1 + np.exp( - predicts))
  loss = np.sum( - (labeldataset * np.log(np.clip(probility, 1e - 15, 1 - 1e - 15)) + (1 -
labeldataset) * np.log(np.clip(1 - probility, 1e - 15, 1 - 1e - 15))))/n ####计算交叉熵
  loss_history.append(loss)
  gradient_loss_w = np.dot(traindataset.T,probility - labeldataset)/n
  gradient_loss_b = np.sum(probility - labeldataset)/n
```

```
gradient_norm_history.append(np.linalg.norm(gradient_loss_w))
weight = weight - alpha * gradient_loss_w
b = b - alpha * gradient_loss_b
```

如果我们进一步增加迭代次数,可以看到不同梯度步长下的最终收敛情况。当 η 取值为 10^{-6}、10^{-5} 时,虽然目标函数会单调下降,但是其收敛的速度相对较慢。当 η 取值为 10^{-4} 时具有最快的收敛速度。而当 η 取值较大,会呈现出一定的振荡,如图 6-7 所示。

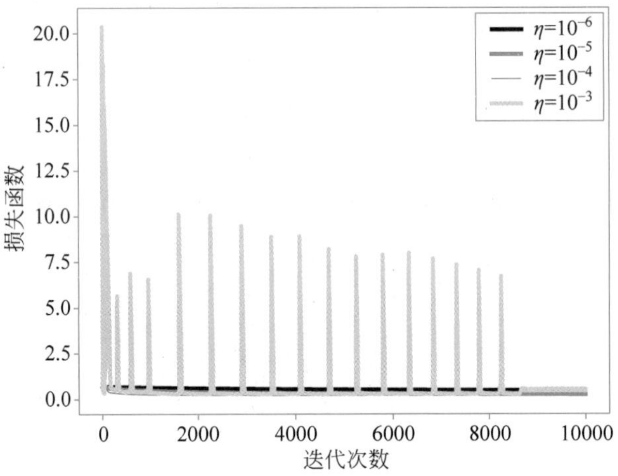

图 6-7　全梯度下降算法中不同梯度步长的目标函数值变化曲线(迭代 10 000 次)

(2) **基于随机梯度的优化求解算法**。在随机梯度优化算法中,随机梯度而非精确梯度的应用,这里分别使用单调下降的步长(比如$\frac{\eta}{1+kt}$)和固定步长 $\eta=5\times10^{-5}$,我们比较了使用衰减步长和常数步长两种策略下的随机梯度优化算法,如图 6-8 所示。其中图 6-8(a)是采用衰减步长下的损失曲线,图 6-8(b)是采用常数步长下的损失曲线,从中可见,采用衰减步长能显著地减少振荡,加快算法的收敛速度。

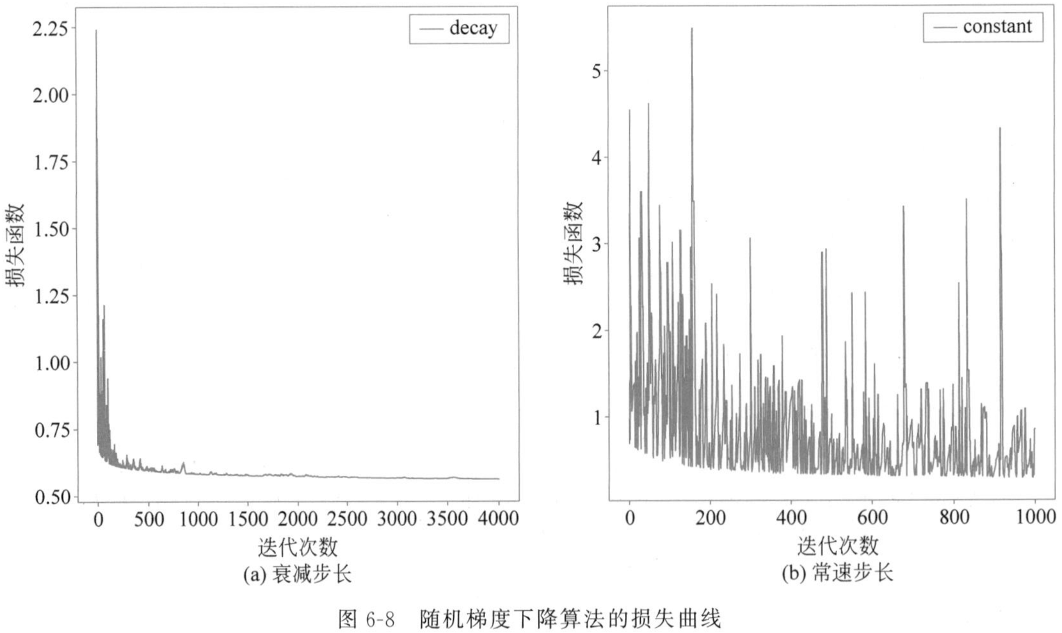

图 6-8　随机梯度下降算法的损失曲线

```
##########随机梯度优化算法
n,m = traindataset.shape
weight = np.zeros(m)
b = 0
alpha = 5 * math.pow(10, -6)
loss_history = []
gradient_norm_history = []
for t in range(1000):
  predicts = np.dot(traindataset,weight) + b
  probility = 1/(1 + np.exp(-predicts))
  loss = np.sum(-(labeldataset * np.log(np.clip(probility, 1e-15, 1 - 1e-15))
                + (1 - labeldataset) * np.log(np.clip(1 - probility, 1e-15, 1 - 1e-
15))))/n #####计算交叉熵
  loss_history.append(loss)
  alphat = alpha
  #########使用随机梯度进行参数更新
  i = random.sample(range(n), 1)
  gradient_loss_w = np.dot(traindataset[i].T,probility[i] - labeldataset[i])
  gradient_loss_b = np.sum(probility[i] - labeldataset[i])
  gradient_norm_history.append(np.linalg.norm(gradient_loss_w))
  weight = weight - alphat * gradient_loss_w
  b = b - alphat * gradient_loss_b
```

随机梯度与精确梯度是不一致的。向量之间的夹角在一定程度上可以体现向量之间的相似性。为此在全梯度下降算法分别迭代 50、100、200、500 次时，计算每个样本的随机梯度与精确梯度向量的夹角，并画出其直方图，如图 6-9 所示。从中可直观地看到，随机梯度与精确梯度存在一定的差异，甚至没有一个随机梯度与精确梯度是同向的。当迭代次数比较小时，算法还没有收敛，此时随机梯度与精确梯度的夹角分布是离散的，部分为锐角，部分为钝角。当迭代次数增加到一定程度时，算法趋近于收敛，此时夹角的分布呈现出一定的连续性。

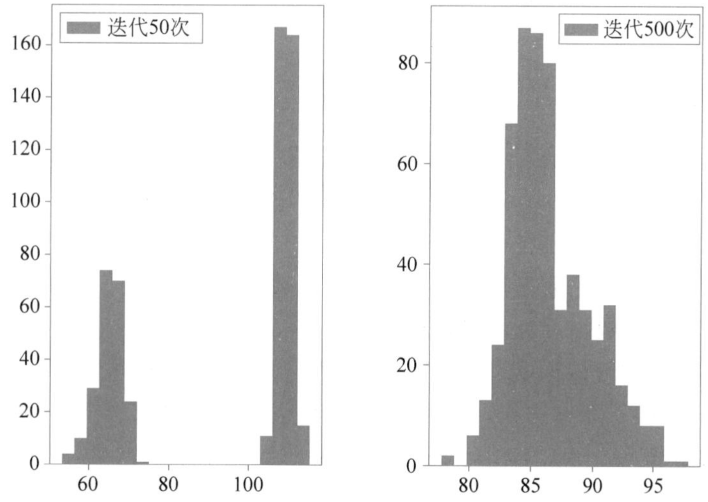

(a) 迭代50次　　(b) 迭代500次

图 6-9　迭代不同次数梯度与随机梯度夹角分布

(3) **基于小批量的梯度优化求解算法**。小批量梯度优化算法在保持随机优化算法的优点的同时还能加快算法的收敛速度。样本批量的大小(Batch Size)对算法运行会产生一定的影响，如图 6-10 所示。当批量大小比较小的时候(如 Batch=1,5)，损失函数呈现出激烈的振荡，这是由于随机梯度还是与精确梯度之间存在较大的差异。但是随着批量大小逐渐增加时，振荡趋势逐渐缓解，损失函数加速收敛。

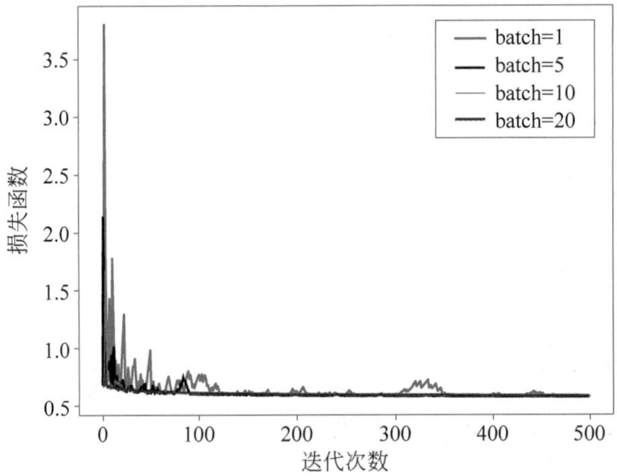

图 6-10　小批量梯度下降算法中不同批量大小的损失曲线

6.7　本章小结

数据科学领域的许多问题其实都是随机优化的形式。由于目标函数中包含了一个随机变量，使得随机优化问题的目标函数及其梯度计算更加复杂。本章主要介绍随机梯度下降算法及其加速方法。随机梯度下降算法使用随机梯度作为精确梯度的近似，并沿着随机梯度方向更新参数。它是求解光滑随机优化问题最重要的基础算法。为了保证随机梯度下降算法的收敛速度，必须使用衰减学习率，这又降低了算法的收敛速度。批量梯度下降算法、Nesterov 加速优化算法和方差缩减算法都是建立在梯度优化算法基础上的加速优化算法。

习题

1. 选择题

(1) 在随机梯度下降算法中，每次迭代更新模型参数时使用的是(　　)。

A. 基于全部数据计算的目标函数梯度

B. 基于随机选择的数据样本计算的目标函数梯度

C. 基于小批量数据计算的目标函数梯度

D. 模型参数的解析梯度

(2) 如果随机梯度下降算法在训练过程中出现震荡，可以采取以下哪种措施？(　　)

A. 增大步长　　B. 减小步长　　C. 增加迭代次数　　D. 减少迭代次数

(3) 随机梯度下降算法相比于批量梯度下降算法有什么优势？(　　)

A. 计算效率更高　　B. 收敛到更低的误差

C. 需要更少的内存　　D. 所有上述优势

(4) 在随机梯度下降算法中，哪种技术可以用来加速收敛？(　　)

A. 动量法　　B. 牛顿法　　C. 共轭梯度法　　D. L-BFGS

(5) 方差缩减技术的主要目的是什么？(　　)

A. 减少数据的偏倚　　B. 提高模型的预测能力

C. 减少估计的方差　　D. 增加数据的复杂性

(6) 控制变量法的基本思想是什么？(　　)

A. 通过增加更多的变量来减少方差

B. 通过消除变量间的相关性来减少方差

C. 利用一个相关变量的已知期望来减少另一个变量的方差

D. 通过随机化实验设计来减少方差

(7) 为了提高梯度优化算法的收敛性，如何选择合适的步长？(　　)

A. 使用固定的步长　　B. 使用自适应学习步长

C. 通过交叉验证选择　　D. 所有上述选项

(8) 在 Nesterov 梯度加速方法中，动量如何与梯度下降算法结合？(　　)

A. 动量更新在梯度计算之前　　B. 动量更新在梯度计算之后

C. 动量更新在梯度下降更新之前　　D. 动量更新在梯度下降更新之后

(9) 给定一个函数 $F(x,y)=u(x,y)+v(x,y)$，u_x、u_y、v_x、v_y 分别表示函数 $u(x,y)$、$v(x,y)$关于参数 x、y 的偏导数。那么向量函数 $F(x,y)$其关于向量(x,y)的梯度∇F 是(　　)。

A. (u_x,u_y)　　B. (v_x,v_y)

C. (u_x+v_y,u_y-v_x)　　D. (u_x+v_x,u_y+v_y)

(10) 利用一阶最优性条件，得到优化问题

$$\min_x f(\boldsymbol{x})=\frac{1}{3}x_1^3+\frac{1}{3}x_2^3-x_2^2-x_1$$

的参数 $\boldsymbol{x}=(x_1,x_2)$的估计值为(　　)。

A. (0,0)　　B. (1,2)　　C. (1,0)　　D. (−1,1)

2. 简答及计算题

(1) 给定一个凸优化问题，其目标函数为

$$f(\boldsymbol{x})=\frac{1}{2}\boldsymbol{x}^{\mathrm{T}}\boldsymbol{Q}\boldsymbol{x}-\boldsymbol{b}^{\mathrm{T}}\boldsymbol{x}$$

其中 $\boldsymbol{x}$ 是决策变量，Q 是一个对称正定矩阵，b 是一个常数向量。

① 写出目标函数 $f(\boldsymbol{x})$的梯度表达式。

② 假设初始点 $\boldsymbol{x}_0$，使用梯度下降算法更新后得到 $\boldsymbol{x}_1$，写出 $\boldsymbol{x}_1$ 的表达式，其中步长为 α。

③ 写出 $f(\boldsymbol{x}_1)$的表达式。

(2) 假设一个线性回归问题的输入特征 $\boldsymbol{X}$ 是二维向量，有一个包含 10 个样本的数据集，其中每个样本都包含两个特征 X_1 和 X_2，以及一个目标标签 y。特征 $\boldsymbol{X}$ 和标签 $\boldsymbol{Y}$ 的具体值如下：

$$\boldsymbol{X}=\begin{bmatrix}1&2\\3&4\\5&6\\7&8\\9&10\\11&12\\13&14\\15&16\\17&18\\19&20\end{bmatrix},\quad \boldsymbol{Y}=\begin{bmatrix}21\\24\\27\\30\\33\\36\\39\\42\\45\\48\end{bmatrix}$$

目标函数为均方误差(MSE)损失函数：

$$L(\boldsymbol{w},b)=\frac{1}{2}\sum_{i=1}^{n}(y_i-(\boldsymbol{w}^{\mathrm{T}}\boldsymbol{x}_i+b))^2$$

其中 $\boldsymbol{w}$ 和 b 是模型的参数，x_i 是矩阵 $\boldsymbol{X}$ 中第 i 行，表示第 i 个样本的特征取值。y_i 是第 i 个样本的标签。

(1) 请比较使用不同步长下梯度下降算法的求解效果，并画出相应的损失函数下降曲线，并给出选择梯度步长的依据。

(2) 请比较使用不同步长策略下，随机梯度下降算法的求解效果，并画出相应的损失函数下降曲线。

3. 思考题

(1) 探讨方差缩减算法在处理大规模数据集时的性能表现。请分析在大规模数据集上使用方差缩减算法时的优势，例如减少计算复杂度、提高收敛速度等。同时，讨论在大规模数据集上使用方差缩减算法时可能遇到的问题，例如数据稀疏性、计算资源限制等，并提出相应的解决方案。

(2) 在处理大规模数据集时，内存和计算资源成为限制因素。NAG 算法需要存储额外的动量项，这可能会增加内存需求。如何在不增加额外内存负担的情况下，实现 NAG 算法？是否可以通过修改算法来减少对内存的依赖？

(3) NAG 算法中的动量项与传统动量方法有何不同？NAG 算法是如何利用动量项来加速梯度下降过程的？

第 7 章

相似性度量

大数据分析算法的一个隐含的假设是,特征向量相似的样本也具有相似的标签。因而机器学习算法就能从大量的训练样本中学习得到具有泛化性的学习器。本章将介绍面向不同场景下的相似性度量方法。

7.1 问题导入

衡量数据之间的相似性或距离,对于实现数据分类和聚类等任务具有十分重要的意义。例如在金融时间序列分析等任务中,可以根据序列的相似性实现股票的推荐和投资策略组合。在实际的场景中,数据具有多种不同的形式,不同类型的数据需要使用不同的相似性度量方法。例如对于欧氏空间中的数据,可以使用余弦相似度、欧氏距离等定义它们之间的距离;对于来自流形空间中的数据,可以使用测地线距离定义它们之间的距离;动态时间规整可以用来衡量两个具有不同长度的时间序列的距离;KL 散度等可用于定义两个不同的概率密度函数之间的距离。本章将主要介绍相关系数、欧氏距离、测地线距离、动态时间规整、KL 散度等相似性度量方法。

7.2 相关系数

相关系数用来衡量两个变量之间的相关程度,包括皮尔逊相关系数、Jaccard 相似系数等。

7.2.1 皮尔逊相关系数

皮尔逊相关系数衡量数值型变量之间的线性关系。设 $x_1, x_2, \cdots, x_n$ 是来自数值型随机变量 X 的 n 个样本,$y_1, y_2, \cdots, y_n$ 是来自数值型随机变量 Y 的 n 个样本。随机变量 X 的样本均值和方差分别为

$$\bar{x} = \frac{1}{n}\sum_{i=1}^{n} x_i, \quad s_X^2 = \frac{1}{n-1}\sum_{i=1}^{n}(x_i - \bar{x})^2 \tag{7-1}$$

随机变量 Y 的样本均值和方差分别为

$$\bar{y} = \frac{1}{n}\sum_{i=1}^{n} y_i, \quad s_Y^2 = \frac{1}{n-1}\sum_{i=1}^{n}(y_i - \bar{y})^2 \tag{7-2}$$

随机变量 X 和 Y 的样本协方差为

$$s_{XY}=\frac{1}{n-1}\sum_{i=1}^{n}(x_i-\bar{x})(y_i-\bar{y})$$
$$=\frac{1}{n-1}\sum_{i=1}^{n}(x_iy_i-\bar{x}\bar{y}) \tag{7-3}$$

随机变量 X 和 Y 样本的皮尔逊相关系数 r_{XY} 定义为

$$r_{XY}=\frac{s_{XY}}{s_Xs_Y} \tag{7-4}$$

显然有 $-1\leqslant r_{XY}\leqslant 1$。皮尔逊相关系数通常也称为线性相关系数，或简称相关系数。

(1) 当 $r_{XY}>0$，称 X,Y 存在线性正相关，它们会同步增加或者降低。相关系数值越大，正相关性越强。通常认为 $r_{XY}>0.7$ 时，会表现出较强的正线性相关性。

(2) 当 $r_{XY}=0$，称 X,Y 线性不相关。X,Y 独立显然有 $r_{XY}=0$，从而推出它们不相关，但是反过来一般不成立，即 $r_{XY}=0$ 不一定有 X,Y 独立。

(3) 当 $r_{XY}<0$，称 X,Y 存在负相关。当 X 增加时，Y 会相应地减小；反之亦然。相关系数的绝对值越大，负相关性越强。通常认为 $r_{XY}<-0.7$ 时，会表现出较强的负线性相关性。

皮尔逊相关系数适用于呈正态分布的连续变量 X,Y 样本之间的线性相关程度的衡量，对噪声值敏感。在衡量顺序性变量或等级变量的相关关系时，通常考虑使用基于观测数据的秩的相关系数实现，常见的有斯皮尔曼相关系数。

定义 7.1 设 $x_1,x_2,\cdots,x_n$ 是来自随机变量 X 的 n 个样本，将样本由小到大排列成 $x_{(1)}\leqslant x_{(2)}\leqslant\cdots\leqslant x_{(n)}$。若 $x_i=x_{(R_i)}$，则称 x_i 在数据集 $x_1,x_2,\cdots,x_n$ 中的秩为 R_i。

斯皮尔曼相关系数又称秩相关系数，是利用两个变量的秩来计算皮尔逊相关系数。$x_1,x_2,\cdots,x_n$ 是来自数值型随机变量 X 的 n 个样本，$y_1,y_2,\cdots,y_n$ 是来自数值型随机变量 Y 的 n 个样本。x_i 在数据集 $x_1,x_2,\cdots,x_n$ 中的秩记为 r_i，y_i 在数据集 $y_1,y_2,\cdots,y_n$ 中的秩记为 s_i，则随机变量 X 与随机变量 Y 的斯皮尔曼相关系数为

$$\rho_{XY}=\frac{\sum_{i=1}^{n}(r_i-\bar{r})(s_i-\bar{s})}{\sqrt{\sum_{i=1}^{n}(r_i-\bar{r})^2}\sqrt{\sum_{i=1}^{n}(s_i-\bar{s})^2}} \tag{7-5}$$

其中，$\bar{r}=\frac{1}{n}\sum_{i=1}^{n}r_i$，$\bar{s}=\frac{1}{n}\sum_{i=1}^{n}s_i$ 表示样本秩的平均值。显然 ρ_{XY} 的取值范围在$[-1,1]$之间。当 $\rho_{XY}>0$ 时，呈现正相关，一个变量会随另一个变量单调递增；当 $\rho_{XY}<0$ 时，呈现负相关，一个变量会随另一个变量单调递减。因此斯皮尔曼相关系数也可以作为变量之间单调联系强弱的度量。

7.2.2 余弦相似度

余弦相似度通过比较两个样本所对应向量的"方向"的一致性来判断样本之间的相似程度。给定两个 n 维向量 $\boldsymbol{x}=(x_1,x_2,\cdots,x_n)$ 和 $\boldsymbol{y}=(y_1,y_2,\cdots,y_n)$，它们之间的余弦相似度为

$$\cos\theta=\frac{\boldsymbol{x}\cdot\boldsymbol{y}}{\|\boldsymbol{x}\|\|\boldsymbol{y}\|} \tag{7-6}$$

其中，θ 为向量 $\boldsymbol{x}$ 与 $\boldsymbol{y}$ 之间的夹角，$\boldsymbol{x}\cdot\boldsymbol{y}=\sum_{k=1}^{n}x_ky_k$ 为 $\boldsymbol{x}$ 和 $\boldsymbol{y}$ 的内积，$\|\boldsymbol{x}\|=\sqrt{\sum_{k=1}^{n}x_k^2}=\sqrt{\boldsymbol{x}\cdot\boldsymbol{x}}$ 是向量 $\boldsymbol{x}$ 的模。当 $0<\cos\theta<1$ 时，两个向量的夹角在 $0°\sim90°$之间，呈现出较强的相似性。而

当 $\cos\theta=1$ 时，夹角为 $0°$，两个向量完全同向，相似度最高。

余弦相似度提供了一种不会被每个数据点所代表的具体细节困扰的、理解数据之间关系的方法。

例 7.1 余弦相似度可以应用于自然语言处理(NLP)、搜索算法和推荐系统等领域中，提供了一种强大的方法来理解文档、数据集或图像之间的语义相似性。在文本分析中，通过 IF-TDF 等特征工程方法，文本被转换成向量。向量的每个维度代表文档中的一个词，其值表示该词的频率或重要性。余弦相似度有效地捕捉了这些向量的方向，而不是它们的模长，使其成为衡量文本相似性的可靠指标。在推荐系统、文档聚类和信息检索等应用中广泛使用，在这些应用中，理解文本之间的相似性或差异性至关重要。

例 7.2 表 7-1 中展示了三位顾客对不同类型菜品的评分，每人根据自身的喜爱程度对菜品给出评分。

表 7-1 不同顾客对三种类型菜品的评分

菜　品	鲁　菜	川　菜	粤　菜
顾客 1	1	4	5
顾客 2	2	3	3
顾客 3	5	4	5

余弦相似度可以用来衡量顾客对不同类型菜品喜爱程度的相似性。用评分向量表示每位顾客对不同类型菜品的评分，则顾客 1 的评分向量为(1,4,5)，顾客 2 的评分向量为(2,3,3)，顾客 3 的评分向量为(5,4,5)。根据余弦相似度式 (7-6) ，计算不同顾客评分向量之间的余弦相似度(保留 4 位小数)

$$\cos\theta_{1,2}=0.8909$$

$$\cos\theta_{1,3}=0.8737$$

$$\cos\theta_{2,3}=0.9949$$

其中，$\theta_{1,2}$ 为顾客 1 和顾客 2 评分向量之间的夹角，$\theta_{1,3}$ 为顾客 1 和顾客 3 评分向量之间的夹角，$\theta_{2,3}$ 为顾客 2 和顾客 3 评分向量之间的夹角。计算结果表明顾客 2 和顾客 3 口味更相似。图 7-1 展示了三维空间中不同顾客评分向量之间的关系。

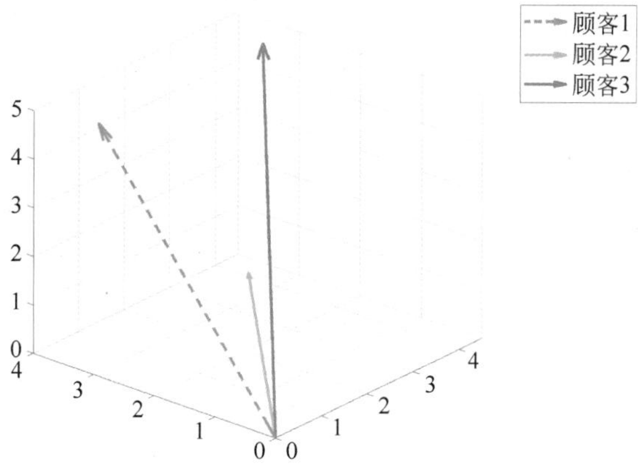

图 7-1 不同顾客的评分向量

7.2.3 Jaccard 相似系数

Jaccard 相似系数，又称 Jaccard 系数，是指两个集合 A 和 B 交集的元素个数与 A 和 B 并

集的元素个数的比例，可以用 $J(A,B)$ 表示。即

$$J(A,B)=\frac{|A\cap B|}{|A\cup B|} \tag{7-7}$$

其中，$|A|$ 表示集合 A 中元素的个数。Jaccard 系数的取值范围在 0 到 1 之间，值越接近 1 表示两个集合越相似，值越接近 0 表示两个集合越不相似。

例 7.3 通过一次问卷，了解到甲喜欢的水果为 $A=\{$西瓜，脐橙，火龙果，猕猴桃$\}$，乙喜欢的水果为 $B=\{$西瓜，苹果，水蜜桃，猕猴桃，脐橙$\}$。那么甲和乙喜欢的水果的相似度就可以用 Jaccard 系数进行度量，得到

$$J(A,B)=\frac{|A\cap B|}{|A\cup B|}=\frac{3}{6}=0.5$$

假设向量 $\boldsymbol{x},\boldsymbol{y}\in\{0,1\}^n$，即每一特征分量 x_i,y_i 的取值为 0 或 1。那么向量 $\boldsymbol{x},\boldsymbol{y}$ 的 Jaccard 系数为

$$J(\boldsymbol{x},\boldsymbol{y})=\frac{\sum_{i=1}^{n}\delta(x_i,y_i)}{n} \tag{7-8}$$

其中 $\delta(x_i,y_i)$ 为示性函数，当 $x_i=y_i$ 时取值为 1，否则取值为 0。

例 7.4 目标检测(Object Detection)是计算机视觉领域的核心问题之一，它的基本任务是找出图像中所有感兴趣的目标(物体)，确定它们的类别和位置。这一任务在许多领域都有着广泛的应用，如智能监控、自动驾驶、人脸识别等。通常会使用方形锚框(Anchor Box)作为预测的起始点，这些锚框用于预测可能的目标物体所在区域。

在目标检测中，预测框(Bounding Box)与真实框(Ground Truth)的交并比(Intersection Over Union，IOU)是一个关键指标，用于评价检测效果的好坏。IOU 计算的是预测框与真实框之间的交集面积与并集面积的比值，即预测框与真实框之间的 Jaccard 相似系数。如图 7-2 所示，红色框表示真实框，绿色框表示预测框。

图 7-2 预测框(绿)与真实框(红)对比检测图

假设 A 和 B 分别代表预测框和真实框，那么 IOU 的计算公式如下：

$$\mathrm{IOU}(A,B)=(A\cap B)/(A\cup B)$$

其中，$A\cap B$ 表示预测框和真实框的交集面积，$A\cup B$ 表示它们的并集面积。IOU 值越接近 1，说明预测框与真实框的重叠度越高，即模型的检测效果越好。在实际应用中，通常会设定一个 IOU 阈值(如 0.5)，当预测框与真实框的 IOU 值超过这个阈值时，就认为该预测框是正确的。

7.3 距离度量

距离度量是数学和统计学中的一个重要概念，用于量化两个样本之间的差异性。在不同领域，如几何学、机器学习、模式识别和数据分析等，距离度量都有广泛的应用。本节分别介绍欧氏空间、流形空间等不同场景下的距离度量。

7.3.1 欧氏空间的距离度量

在数据科学与工程领域，通过特征提取步骤构造特征向量来描述一个样本，从而不同的样本可以抽象为欧氏空间中不同的点。

1. 欧氏距离

欧氏距离可解释为连接欧氏空间中两个点的线段的长度。给定向量 $\boldsymbol{x}=(x_1,x_2,\cdots,x_n)$，$\boldsymbol{y}=(y_1,y_2,\cdots,y_n)$，则它们之间的欧氏距离为

$$d(\boldsymbol{x},\boldsymbol{y})=\sqrt{\sum_{i=1}^{n}(x_i-y_i)^2} \tag{7-9}$$

欧氏距离不满足尺度不变性的，这意味着所计算的距离可能会根据特征的单位发生改变。因此，在使用欧氏距离度量之前，通常需要对数据进行归一化处理。

2. 曼哈顿距离

给定向量 $\boldsymbol{x}=(x_1,x_2,\cdots,x_n)$，$\boldsymbol{y}=(y_1,y_2,\cdots,y_n)$，则它们之间的曼哈顿距离为

$$d(\boldsymbol{x},\boldsymbol{y})=\sum_{i=1}^{n}|x_i-y_i| \tag{7-10}$$

曼哈顿距离通常称为出租车距离或城市街区距离，用来计算数值型向量之间的距离。想象一下在棋盘网格上的物体，如果它只沿坐标轴方向移动，则物体从起点 $\boldsymbol{x}$ 到终点 $\boldsymbol{y}$ 移动的距离就是 $\boldsymbol{x}$ 与 $\boldsymbol{y}$ 之间的曼哈顿距离。

3. 切比雪夫距离

切比雪夫距离定义为两个向量在任意坐标维度上的最大差值。换句话说，它就是沿着一个轴的最大距离。切比雪夫距离通常被称为棋盘距离，给定向量 $\boldsymbol{x}=(x_1,x_2,\cdots,x_n)$，$\boldsymbol{y}=(y_1,y_2,\cdots,y_n)$，则它们之间的切比雪夫距离为

$$d(\boldsymbol{x},\boldsymbol{y})=\max_{1\leqslant i\leqslant n}\{|x_i-y_i|\} \tag{7-11}$$

4. 马氏距离

马氏距离修正了欧氏距离中各个维度尺度不一致且相关的问题。给定样本集合 $X=\{\boldsymbol{x}_1,\boldsymbol{x}_2,\cdots,\boldsymbol{x}_m\}$，其中 $\boldsymbol{x}_i=(x_i^{(1)},x_i^{(2)},\cdots,x_i^{(n)})$，$1\leqslant i\leqslant m$，为 n 维向量。

设 $\boldsymbol{\Sigma}$ 为 X 不同维度之间的样本协方差构成的矩阵，即 $\boldsymbol{\Sigma}$ 第 k 行第 l 列元素为样本 $x_1^{(k)}$，$x_2^{(k)}$，$\cdots$，$x_m^{(k)}$ 和 $x_1^{(l)}$，$x_2^{(l)}$，$\cdots$，$x_m^{(l)}$ 之间的样本协方差。进一步设 $\boldsymbol{\Sigma}$ 可逆，则对 n 维向量 $\boldsymbol{y}$ 和 $\boldsymbol{z}$，$\boldsymbol{y}$ 到 X 之间的马氏距离为

$$d(\boldsymbol{y},X)=\sqrt{(\boldsymbol{y}-\boldsymbol{\mu})^{\mathrm{T}}\boldsymbol{\Sigma}^{-1}(\boldsymbol{y}-\boldsymbol{\mu})} \tag{7-12}$$

其中 $\boldsymbol{\mu}$ 为 X 的样本均值。如图 7-3 所示，给定一个 2 维数据集合，计算了点 A、B 到该数据集合的距离，点 A 落在数据集之外，从而到该数据集具有更大的距离。$\boldsymbol{y}$ 和 $\boldsymbol{z}$ 关于 X 的马氏距离可定义为

$$d(\boldsymbol{y},\boldsymbol{z})=\sqrt{(\boldsymbol{y}-\boldsymbol{z})^{\mathrm{T}}\boldsymbol{\Sigma}^{-1}(\boldsymbol{y}-\boldsymbol{z})} \tag{7-13}$$

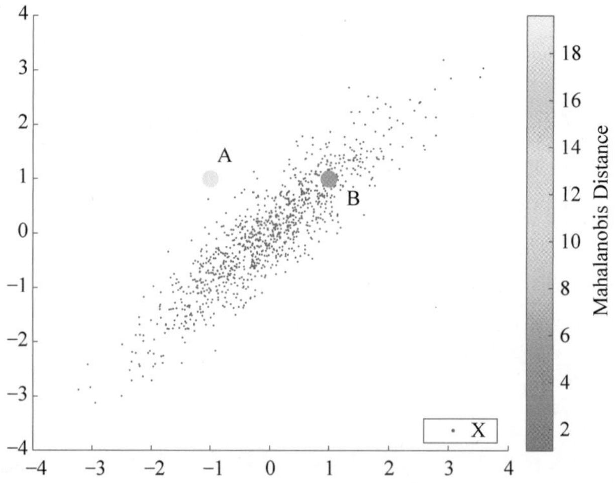

图 7-3 点到样本集合的马氏距离

5. 闵可夫斯基距离

两个 n 维向量 $\boldsymbol{x}=(x_1,x_2,\cdots,x_n)$，$\boldsymbol{y}=(y_1,y_2,\cdots,y_n)$之间的闵可夫斯基距离为

$$d(\boldsymbol{x},\boldsymbol{y})=\left(\sum_{i=1}^{n}|x_i-y_i|^p\right)^{\frac{1}{p}} \tag{7-14}$$

其中，$p\geqslant 1$。当 $p=1$ 时，闵可夫斯基距离为曼哈顿距离；当 $p=2$ 时，闵可夫斯基距离为欧氏距离。如图 7-4 中展示了欧氏空间中两点用不同的距离度量所得距离的差异，图中实线的长度反映了两点之间距离的大小。

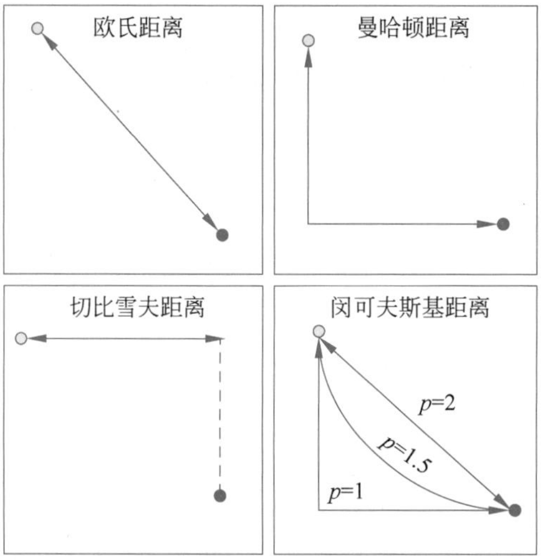

图 7-4 欧氏空间中两点距离的不同度量

7.3.2 流形空间的距离度量

流形是在局部与欧氏空间同胚的空间，换言之，它在局部具有欧氏空间的性质，可以用欧氏空间中的距离来进行距离计算。很多时候，高维空间中的数据点可以被看作分布在低维度的流形上，例如在图 7-5 中，三维空间中的一些点分布在一个二维流形上。测地线距离是定义在流形上的一种重要距离度量方法。

以图 7-5 中的情况为例，当认为三维空间中的点分布在低维流形上时，分布在流形局部的两个点之间的距离可以直接采用欧氏空间中的距离来计算，因为流形在局部和欧氏空间同胚，可以被认作是欧氏空间。但是当两个点相距较远时，就需要沿着流形计算它们之间的距离。测地线距离就是这种类型的距离之一。

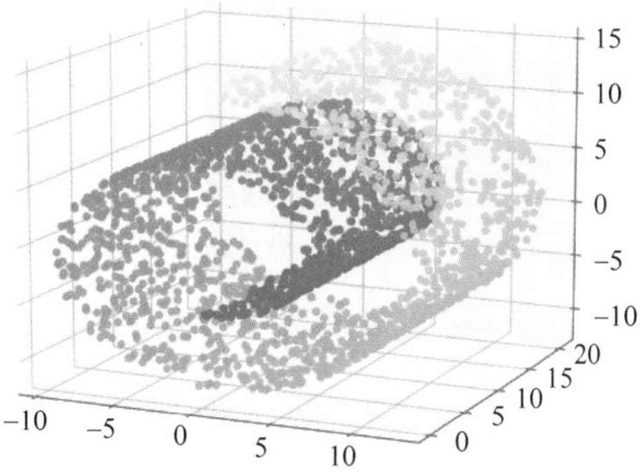

图 7-5　三维空间中的流形

在计算两个点之间的测地线距离时，可以利用流形在局部上与欧氏空间同胚的性质，基于欧氏空间距离度量找出每个点的近邻点，并建立其近邻连接图，图中近邻点之间存在连接，而非近邻点之间不存在连接。计算两点之间测地线距离的问题就转变为计算近邻连接图上两点之间的最短路径的长度问题。表 7-2 给出在给定样本集$\{\boldsymbol{x}_1,\boldsymbol{x}_2,\cdots,\boldsymbol{x}_m\}$计算流形空间上测地线距离的步骤。

表 7-2　计算流形空间上的测地线距离

输入：	给定流形空间上的样本集$\{\boldsymbol{x}_1,\boldsymbol{x}_2,\cdots,\boldsymbol{x}_m\}$，欧氏空间中的距离度量 $d(\cdot,\cdot)$
输出：	样本的测地线距离矩阵
1	for $i=1,2,\cdots,m$ do
2	确定 $\boldsymbol{x}_i$ 的 k 邻近
3	设置 $\boldsymbol{x}_i$ 与其 k 邻近点之间的距离为根据 $d(\cdot,\cdot)$确定的距离，与其他点之间的距离为无穷大
4	end for
5	构造近邻连接图 $G(V,E)$顶点 v_i 与 v_j 之间有连边当且仅当 $\boldsymbol{x}_i$ 与 $\boldsymbol{x}_j$ 之间 k 邻近，顶点 v_i 与 v_j 之间的距离为 $\boldsymbol{x}_i$ 与 $\boldsymbol{x}_j$ 之间的距离
6	调用最短路径算法，计算任意两个样本 $\boldsymbol{x}_i$ 与 $\boldsymbol{x}_j$ 之间的测地距离

表 7-2 第 6 行在近邻连接图上确定两点间的最短路径长度可采用 Dijkstra 算法或其他最短路径算法。

7.3.3　时间序列的距离度量

动态时间规整（Dynamic Time Wrapping，DTW）是一种计算时间序列之间距离的方法，它在计算序列距离的过程中可以忽略时间序列在时间轴方向的形变造成的影响。动态时间规整在语音识别、步态相似性识别等方面有着广泛的应用。

考虑两个时间序列 $\boldsymbol{x}=(\boldsymbol{x}_1,\boldsymbol{x}_2,\cdots,\boldsymbol{x}_n)$和 $\boldsymbol{y}=(y_1,y_2,\cdots,y_m)$的距离计算问题。$n=m$ 时，时间序列 $\boldsymbol{x}$ 和 $\boldsymbol{y}$ 之间的距离可以借助 n 维欧氏空间中的距离来度量，例如可以用欧氏距离

$$d(\boldsymbol{x},\boldsymbol{y})=\sqrt{\sum_{i=1}^{n}(x_i-y_i)^2}$$

但是在一些特殊场景中，时间序列的长度可能会不相同，同时，时间序列也有可能在时间轴上被拉伸或者压缩。例如，由于发音习惯不同，不同人对同一单词中不同音节的发音持续时间可能不相同，这使得表示不同人对同一单词发音的音频信号对应的时间序列，在具有不同长度的同时会在时间轴上被拉伸或者压缩。在语音识别过程中，需要将这些具有不同长度或被拉伸或者压缩过的时间序列，根据彼此之间的相似性识别为同一类。

图 7-6 中展示了三条时间序列，图 7-6(a)和(c)具有相同的长度，且与图 7-6(b)的长度不同。显然，图 7-6(a)、(b)、(c)中任意一条时间序列在时间轴进行局部拉伸或者压缩后，会和其余两条时间序列相似。

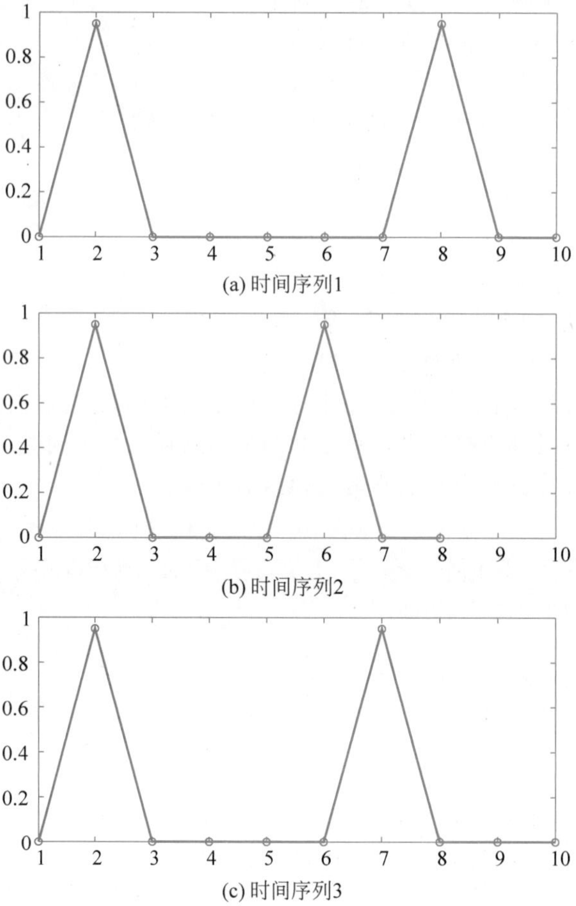

(a) 时间序列1

(b) 时间序列2

(c) 时间序列3

图 7-6　沿时间轴拉伸或压缩后相似的时间序列

计算时间序列之间的欧氏距离是基于同一时刻的值之间的差别计算距离，即“一对一”的匹配方式(见图 7-7(a))。为方便叙述，将一条时间序列中的一个点到另一条时间序列中的一个点的匹配关系称作一条“路径”。例如，在图 7-7(a)中，每条虚线就代表了两点之间的一条路径，所有虚线则代表了两条时间序列之间的路径。

用欧氏空间中的距离度量时间序列之间的距离要借助时间序列之间的路径，但路径根据时间戳确定。这使得基于欧氏空间中的距离无法很好地衡量具有不同长度或被拉伸或者压缩过的时间序列之间的相似性。一方面，欧氏空间中距离计算过程的路径确定方式无法直接应用于长度不相同的两条时间序；另一方面，用欧氏空间的距离度量时间序列之间的距离所借助的路径，是基于时间序列的时间戳而不是时间序列的值确定的，这使得时间序列长度相同但是在时间轴上被拉伸或者压缩的情况下，仍然无法有效反映两条时间序列之间的相似性。

不同于计算欧氏空间中距离的路径确定方法，动态时间规整距离计算过程中的路径在一定限制下，允许“一对多”或者“多对一”(见图 7-7(b))。这使得动态时间规整算法能计算不等长时间序列之间相似性的同时，又能消除在时间轴上拉伸或压缩后对距离计算造成的影响。

设 $\boldsymbol{x}=(x_1,x_2,\cdots,x_m)$ 和 $\boldsymbol{y}=(y_1,y_2,\cdots,y_n)$ 是两条数值型时间序列，动态时间规整算法的目的是寻找 $\boldsymbol{x}$ 与 $\boldsymbol{y}$ 之间的匹配路径 $W=w_1,w_2,\cdots,w_k$，并根据匹配路径计算两条时间序列之间的距离，其中 $\min(m,n)\leqslant k\leqslant m+n-1$，$w_s=(i,j)$，$1\leqslant i\leqslant m$，$1\leqslant j\leqslant n$，$1\leqslant s\leqslant k$，表示匹配 x_i 和 y_j 的路径，W 需要满足下列 3 个条件：

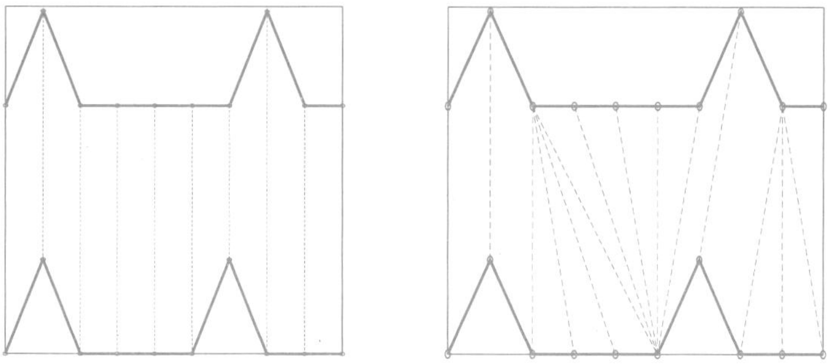

(a) “一对一”匹配　　(b) “一对多”“多对一”匹配

图 7-7 计算时间序列之间距离时不同的匹配方式

(1) 边界条件：$w_1=(1,1), w_k=(m,n)$。

(2) 单调条件：若 $w_{s-1}=(i',j'), w_s=(i,j)$，则 $i'\leqslant i, j'\leqslant j$。

(3) 连续条件：若 $w_{s-1}=(i',j'), w_s=(i,j)$，则 $i\leqslant i'+1, j\leqslant j'+1$。

最优匹配路径 W 可以通过求解最优化问题

$$\min\sum_{s=1}^{k}d(w_s) \tag{7-15}$$

实现。对应的递归方程为：

$$\boldsymbol{\Gamma}(i,j)=\min\{\boldsymbol{\Gamma}(i-1,j-1),\boldsymbol{\Gamma}(i-1,j),\boldsymbol{\Gamma}(i,j-1)\}+d(w_s) \tag{7-16}$$

其中，$d(\boldsymbol{w}_s)$是 x_i 与 y_j 之间的距离，称$\boldsymbol{\Gamma}(i,j)$是 x_i 与 y_j 之间的累计距离。借助递归方程，计算出的$\boldsymbol{\Gamma}(m,n)$即为时间序列 $\boldsymbol{x}$ 和 $\boldsymbol{y}$ 之间的动态时间规整距离，同时，也能获得对应的匹配路径。如表 7-3 给出了求解两条时间序列 $\boldsymbol{x}$ 和 $\boldsymbol{y}$ 之间动态规整距离的计算步骤。

表 7-3 时间序列间动态时间规整距离计算

输入：	时间序列 $\boldsymbol{x}=(x_1,x_2,\cdots,x_m)$和 $\boldsymbol{y}=(y_1,y_2,\cdots,y_n)$
输出：	$\boldsymbol{x}$ 和 $\boldsymbol{y}$ 之间的动态时间规整距离$\boldsymbol{\Gamma}[m][n]$
1	初始化$(m+1)\times(n+1)$ 的累计距离矩阵$\boldsymbol{\Gamma}$，$\boldsymbol{\Gamma}[0][0]=0$
2	for $i=1,\cdots,m$ do
3	令$\boldsymbol{\Gamma}[i][0]$为无穷大
4	end for
5	for $j=1,\cdots,n$ do
6	令$\boldsymbol{\Gamma}[0][j]$为无穷大
7	end for
8	for $i=1,\cdots,m$ do
9	for $j=1,\cdots,n$ do
10	计算距离 $d(x_i,y_j)$
11	计算累积距离 　　　$\boldsymbol{\Gamma}[i][j]=\min(\boldsymbol{\Gamma}[i-1][j],\boldsymbol{\Gamma}[i][j-1],\boldsymbol{\Gamma}[i-1][j-1])+d(x_i,y_j)$
12	end for
13	end for
14	$\boldsymbol{x}$ 和 $\boldsymbol{y}$ 之间的动态时间规整距离为$\boldsymbol{\Gamma}[m][n]$

需要注意的是，表 7-3 只给出了动态时间规整距离的计算，并没有给出动态时间规整路径的确定过程。动态时间规整路径可以在计算出累计距离矩阵$\boldsymbol{\Gamma}$ 后直接得到。最后，需要强调的是，动态时间规整距离并不是数学意义下的距离度量，因为其不满足三角不等式性质。

7.4 概率散度

量化两个概率分布之间的差异是机器学习中的一个基本问题，在鲁棒优化、聚类分析、密度估计、生成对抗网络和图像识别等场景中都具有广泛应用。通常用概率散度(简称散度)来定义两个概率分布之间的距离。广泛使用的两种主要的概率散度是 f-散度(f-Divergences)和积分概率度量(Integral Probability Metrics,IPMs)。

7.4.1 f-散度

f-散度是一种基于似然比来度量两个概率分布之间差异的方法。对于两个概率分布 $p(x)$和 $q(x)$,可以考虑它们在某个观测上的似然值,如果两个分布是相同的,那么对于所有的观测,它们会分配相同的似然值。当两个分布不同时,它们在观测点 x 的似然比$\frac{p(x)}{q(x)}$与 1 存在偏差。f-散度就是通过定义一个函数 f 来衡量似然比与 1 的偏差的期望值。常用的 f-散度包括 Kullback-Leibler 散度(KL 散度)和詹森-香农散度(Jensen-Shannon Divergences)等。f-散度有一个统一的定义：

定义 7.2 给定满足 $f(1)=0$ 的凸函数 $f:\mathbb{R}_+\rightarrow\mathbb{R}$,$p(x)$,$q(x)$ 是定义在空间 X 上的概率密度函数,$p(x)$到 $q(x)$的 f-散度定义为

$$D_f(p\parallel q)=\boldsymbol{E}_q[f(p(x)/q(x))] \tag{7-17}$$

接下来介绍一些在文献中常见的重要的 f-散度,所有概率度量都是定义在同一空间 X 上的。

1. Kullback-Leibler 散度

KL 散度是数据科学领域内的一个重要概念。当选择凸函数 $f(t)=t\log(t)$时,就可以得到 f-散度如下的一种具体的形式,称为从 $p(x)$到 $q(x)$的 KL 散度。

$$\begin{aligned} D_{\mathrm{KL}}(p\parallel q)&=\boldsymbol{E}_q\left[\frac{p(x)}{q(x)}\log\left(\frac{p(x)}{q(x)}\right)\right]\\ &=\int\frac{p(x)}{q(x)}\log\left(\frac{p(x)}{q(x)}\right)q(x)\mathrm{d}x\\ &=\int\log\left(\frac{p(x)}{q(x)}\right)p(x)\mathrm{d}x\\ &=\boldsymbol{E}_p\left[\log\left(\frac{p(x)}{q(x)}\right)\right]\end{aligned} \tag{7-18}$$

对于离散型分布 $p(x)$、$q(x)$,从 $p(x)$到 $q(x)$的 KL 散度。

$$D_{\mathrm{KL}}(p\parallel q)=\sum_{i=1}^{n}\log\left(\frac{p(x_i)}{q(x_i)}\right)p(x_i) \tag{7-19}$$

KL 散度的基本性质如下。

(1) 非负性：$D_{\mathrm{KL}}(p\parallel q)\geqslant 0$,当且仅当 $p(x)=q(x)$时,等式成立。

(2) 仿射变换不变性：给定随机变量 x,定义随机变量 $y=ax+b$,其中 a、b 为任意常数,则

$$D_{\mathrm{KL}}(p(x)\parallel q(x))=D_{\mathrm{KL}}(p(y)\parallel q(y))$$

(3) 非对称性：$D_{\mathrm{KL}}(p(x)\parallel q(x))\neq D_{\mathrm{KL}}(q(x)\parallel p(x))$,因此,KL 散度不是数学意义上的距离。

(4) KL 散度的取值范围为$[0,+\infty]$。若存在 x 使得 $p(x)>0$ 且 $q(x)=0$,则 $D_{\mathrm{KL}}(p(x)\parallel$

$q(x))=+\infty$。

信息论为理解 KL 散度提供了一种不同的视角。从信息论的观点来看，一个已知量的不确定性为 0，因而其信息量为 0。随机变量的取值具有不确定性，因而承载了一定的信息量，信息量的大小是与随机变量的分布相关的。事件发生的概率越小，其信息量越大。

令 X 是一个随机变量，随机事件 $X=x$ 发生的概率为 $p(x)=P(X=x)$，那么随机事件 $X=x$ 的信息量为

$$I(x)=-\log p(x) \tag{7-20}$$

不失一般性，考虑离散型随机变量 X，在空间 $X=\{x_1,x_2,\cdots,x_n\}$ 上取值，其概率分布为

$$P(X=x_i)=p(x_i),\quad i=1,2,\cdots,n$$

每一种随机事件都携带一定的信息量，平均信息量被称为随机变量 X 的信息熵，即

$$H(p)=-\sum_{i=1}^{n}p(x_i)\log p(x_i) \tag{7-21}$$

可以把熵解释为“编码信息所需要的最小比特数”。

令 $p(x)$ 表示随机变量 X 的真实的概率分布，$q(x)$ 表示随机变量 X 的近似概率分布，则有

$$\begin{aligned} D_{\mathrm{KL}}(p\parallel q)&=\sum_{i=1}^{n}\log\left(\frac{p(x_i)}{q(x_i)}\right)p(x_i)\\ &=\sum_{i=1}^{n}\log(p(x_i))p(x_i)-\log(q(x_i))p(x_i)\\ &=\sum_{i=1}^{n}-\log(q(x_i))p(x_i)-\sum_{i=1}^{n}-\log(p(x_i))p(x_i)\\ &=H(p,q)-H(p) \end{aligned} \tag{7-22}$$

其中 $H(p,q)=\sum_{i=1}^{n}-\log(q(x_i))p(x_i)$ 表示概率分布 p、q 的交叉熵，即以近似概率分布 q 来表示随机变量 X 的平均信息量。因此 KL 散度就可以表示为使用概率分布 q 来近似其真实分布 p 所带来的信息量的丢失。

2. Jensen-Shannon 散度

Jensen-Shannon 散度（JS 散度）克服了 KL 散度非对称的不足，其定义方式如下

$$D_{\mathrm{JS}}(p\parallel q)=\frac{D_{\mathrm{KL}}(p\parallel r)+D_{\mathrm{KL}}(q\parallel r)}{2} \tag{7-23}$$

其中 $r(x)=\dfrac{p(x)+q(x)}{2}$。JS 散度的优势在于它考虑了分布的整体结构，因此它比其他散度度量更抗局部变化。

JS 散度具有如下性质：

(1) JS 散度满足非负性、对称性；

(2) 当 $p(x)$、$q(x)$ 完全不重叠时（$p(x)q(x)=0$），$D_{\mathrm{JS}}(p\parallel q)$ 是一个常数。这是 JS 散度的一个缺陷；

(3) JS 散度也是 f-散度的一种特例，其对应的凸函数 $f(t)=t\log t-(1+t)\log\left(\dfrac{1+t}{2}\right)$。

3. χ^2 散度

χ^2 散度（Chi-Square Distance）也可以根据 f-散度的定义得到，相应的 $f(t)=(t-1)^2$，

则有

$$D_{\chi^2}(p \parallel q)=E_q\left[\left(\frac{p(x)}{q(x)}-1\right)^2\right] \tag{7-24}$$

对于离散型分布 $p(x)$、$q(x)$，从 $p(x)$到 $q(x)$的 χ^2 散度为

$$D_{\chi^2}(p \parallel q)=\sum_{i=1}^{n}\left(\frac{p(x_i)}{q(x_i)}-1\right)^2 q(x_i)=\sum_{i=1}^{n}\frac{(p(x_i)-q(x_i))^2}{q(x_i)} \tag{7-25}$$

χ^2 散度具有如下性质：

(1) 非负性：$D_{\chi^2}(p \parallel q)\geqslant 0$，当且仅当 $p(x)=q(x)$时，χ^2 散度为 0。

(2) 对分布的偏离比较敏感。当两个分布在某些位置的概率相差较大时，χ^2 散度也会相应增大。

虽然 χ^2 散度能直观反应两个分布之间的差异程度，但是其计算过程相对来说比较简单，适用于离散分布的比较。对于稀疏的分布，χ^2 散度的计算结果可能会出现偏差。此外，χ^2 散度没有进行归一化处理，因此在不同尺度的分布之间进行比较时，可能会受到尺度的影响。

4. 总变差散度

当选择 $f(t)=|t-1|$时，可以得到总变差散度(Total Variation，TV)，有

$$\begin{aligned}D_{\mathrm{TV}}(p \parallel q)&=E_q\left[\left|\frac{p(x)}{q(x)}-1\right|\right]\\&=\int |p(x)-q(x)|\,\mathrm{d}x\end{aligned} \tag{7-26}$$

对于离散型分布 $p(x)$、$q(x)$，从 $p(x)$到 $q(x)$的总变差散度

$$D_{\mathrm{TV}}(p \parallel q)=\sum_{i=1}^{n}|p(x_i)-q(x_i)| \tag{7-27}$$

总变差散度在图像处理中的应用包括图像去噪、图像修补、图像分割和视频处理等。在这些应用中，TV 散度可以帮助保持图像边缘的连续性，同时平滑地处理图像中的噪声和不连续性。

7.4.2 积分概率度量

IPMs 则是通过另一种方式来定义概率分布之间的距离。如果两个概率密度函数 $p(x)$和 $q(x)$是相同的，那么对连续可积分的函数 $f(x)$，期望值 $E_{X\sim p(x)}[f(X)]=\int_{-\infty}^{+\infty}f(x)p(x)\mathrm{d}x$ 与期望值 $E_{X\sim q(x)}[f(X)]=\int_{-\infty}^{+\infty}f(x)q(x)\mathrm{d}x$ 应该相同。如果 $p(x)$和 $q(x)$不同，那么上述两个期望值也存在差异。IPMs 通过计算期望的差异来度量概率分布的距离。常用的积分概率度量包括 Wasserstein 距离、最大均值偏差(Maximum Mean Discrepancy，MMD)等。

令$\mathcal{F}$表示函数 $f:\mathcal{X}\rightarrow\mathbb{R}$ 的集合，积分概率度量定义为

$$\mathrm{IPM}_{\mathrm{F}}(p \parallel q)=\sup_{f\in\mathcal{F}}|E_p[f(X)]-E_q[f(X)]| \tag{7-28}$$

对于两个概率分布 $p(x)$和 $q(x)$，可以通过矩(Moment)来衡量其相似性，比如一阶矩(均值)或二阶矩(方差)。然而相同的低阶矩也可能属于不同的概率分布，比如高斯分布和拉普拉斯分布可能具有相同的均值和方差。积分概率度量寻找满足某种限制条件的函数集合$\mathcal{F}$中的连续函数，使得该函数能够提供足够多的关于矩的信息；然后寻找一个最优的 $f\in\mathcal{F}$使得 $p(x)$和 $q(x)$之间的差异最大，该最大差异即为两个分布之间的距离。

Wasserstein 距离，也称为 Earth Mover's Distance(EMD)或者推土机距离，是一种用于衡量两个概率分布之间的差异的距离度量方法。与其他距离度量方法不同，Wasserstein 距离考虑了两个分布之间的结构和空间关系，因此在一些领域如图像处理、机器学习和统计学中有着广泛的应用。

可以将两个概率分布视为两堆"土"。为简便起见，考虑两个离散型分布 $q_1(\boldsymbol{x}_i), i=1,2,\cdots,m$ 和 $q_2(\boldsymbol{y}_i), i=1,2,\cdots,n$。对于土堆 q_1，位于位置 $\boldsymbol{x}_i$ 的"土"的量为 $q_1(\boldsymbol{x}_i)$，对于土堆 q_2，位于位置 $\boldsymbol{y}_i$ 的"土"的量为 $q_2(\boldsymbol{y}_i)$。将位置 $\boldsymbol{x}_i$ 的"土"搬到位置 $\boldsymbol{y}_i$ 的成本为 $d(\boldsymbol{x}_i,\boldsymbol{y}_i)^2=\|\boldsymbol{x}_i-\boldsymbol{y}_i\|^2$。$\gamma(\boldsymbol{x},\boldsymbol{y})$是一种从土堆 q_1 的位置 $\boldsymbol{x}$ 到土堆 q_2 的位置 $\boldsymbol{y}$ 的搬运土的数量，因而要满足

$$\sum_{\boldsymbol{x}}\gamma(\boldsymbol{x},\boldsymbol{y})=q_2(\boldsymbol{y}) \tag{7-29}$$

$$\sum_{\boldsymbol{y}}\gamma(\boldsymbol{x},\boldsymbol{y})=q_1(\boldsymbol{x}) \tag{7-30}$$

式(7-29)表示从土堆 q_1 中不同位置搬到位置 $\boldsymbol{y}$ 的量为 $q_2(\boldsymbol{y})$，式(7-30)表明从土堆 q_1 中位置 $\boldsymbol{x}$ 处搬到土堆 q_2 的不同位置 $\boldsymbol{y}$ 的量为 $q_1(\boldsymbol{x})$。Wasserstein 距离视为将一堆"土"q_1 转移到另一堆"土"q_2 的最小成本。对于两个分布 q_1 和 q_2，它们的 Wasserstein 距离定义为

$$W(q_1,q_2)=\left(\min_{\gamma(\boldsymbol{x},\boldsymbol{y})\in\boldsymbol{\Gamma}(q_1,q_2)}E_{(\boldsymbol{x},\boldsymbol{y})\sim\gamma(\boldsymbol{x},\boldsymbol{y})}\left[\mathrm{d}(\boldsymbol{x},\boldsymbol{y})^2\right]\right)^{\frac{1}{2}} \tag{7-31}$$

其中，q_1 和 q_2 是 $\gamma(\boldsymbol{x},\boldsymbol{y})$的两个边际分布，$\boldsymbol{\Gamma}(q_1,q_2)$为 q_1 和 q_2 所有可能的联合分布集合。$E_{(\boldsymbol{x},\boldsymbol{y})\sim\gamma(\boldsymbol{x},\boldsymbol{y})}[d(\boldsymbol{x},\boldsymbol{y})^2]$可以理解为在联合分布 $\gamma(\boldsymbol{x},\boldsymbol{y})$下把形状为 q_1 的土堆搬运到形状为 q_2 的土堆所需要的期望成本。

7.5　案例：金融时间序列数据分析

时间序列是数据科学中一类特殊的数据，它是按时间顺序排列的数构成的序列，广泛存在于金融、医疗、气象、工业等领域。例如由股票每日收盘价构成的记录、患者的心电图记录、某地的日均气温构成的记录。时间序列数据挖掘是数据科学中一项重要的议题，其内容包括了时间序列的聚类、分类、异常检测预测等。

上市公司的股票价格序列是金融领域比较重要的一类时间序列。在股票市场中常常会出现股票之间涨跌同步的情况，这意味着这些个股之间存在着一定的关联性。这种关联性对于学界和监管部门理解市场机制而言非常重要，对于投资者更是能够为投资决策提供宝贵信息。通过对金融时间序列的聚类，可以有效地挖掘这种关联性。

本案例利用动态时间规整算法，计算 9 只股票每日收盘价构成的时间序列(如图 7-8 所示)数据集中任意两条时间序列之间的动态时间规整距离，并根据它们之间的动态时间规整距离，对它们进行层次聚类。本案例从国内财经类网站收集了 2023 年 4 月 3 日至 2024 年 4 月 1 日期间 Google、Intel、Microsoft、Nvidia 等 9 家公司每日股票收盘价数据(如图 7-9 所示)。

本案例的实现包含三个部分：时间序列的归一化、时间序列间 DTW 距离的计算和时间序列的层次聚类。

为了让时间序列中元素的相对大小不影响时间序列间的距离计算，首先对时间序列进行归一化处理。时间序列的归一化是指对时间序列元素的统一放缩，使得时间序列中元素的取值在[0,1]上。记时间序列数据集为 $X=\boldsymbol{x}_1,\boldsymbol{x}_2,\cdots,\boldsymbol{x}_9$，设 $\boldsymbol{x}$ 为 X 中任意一条时间序列。以

Google		Microsoft		Intel	
Date	Close/Last	Date	Close/Last	Date	Close/Last
01/02/2024	$138.17	01/02/2024	$370.87	01/02/2024	$47.80
01/03/2024	$138.92	01/03/2024	$370.60	01/03/2024	$47.05
01/04/2024	$136.39	01/04/2024	$367.94	01/04/2024	$46.87
01/05/2024	$135.73	01/05/2024	$367.75	01/05/2024	$46.89
01/08/2024	$138.84	01/08/2024	$374.69	01/08/2024	$48.45
01/09/2024	$140.95	01/09/2024	$375.79	01/09/2024	$48.05
01/10/2024	$142.28	01/10/2024	$382.77	01/10/2024	$47.47
01/11/2024	$142.08	01/11/2024	$384.63	01/11/2024	$47.64

图 7-8　部分股票收盘价记录

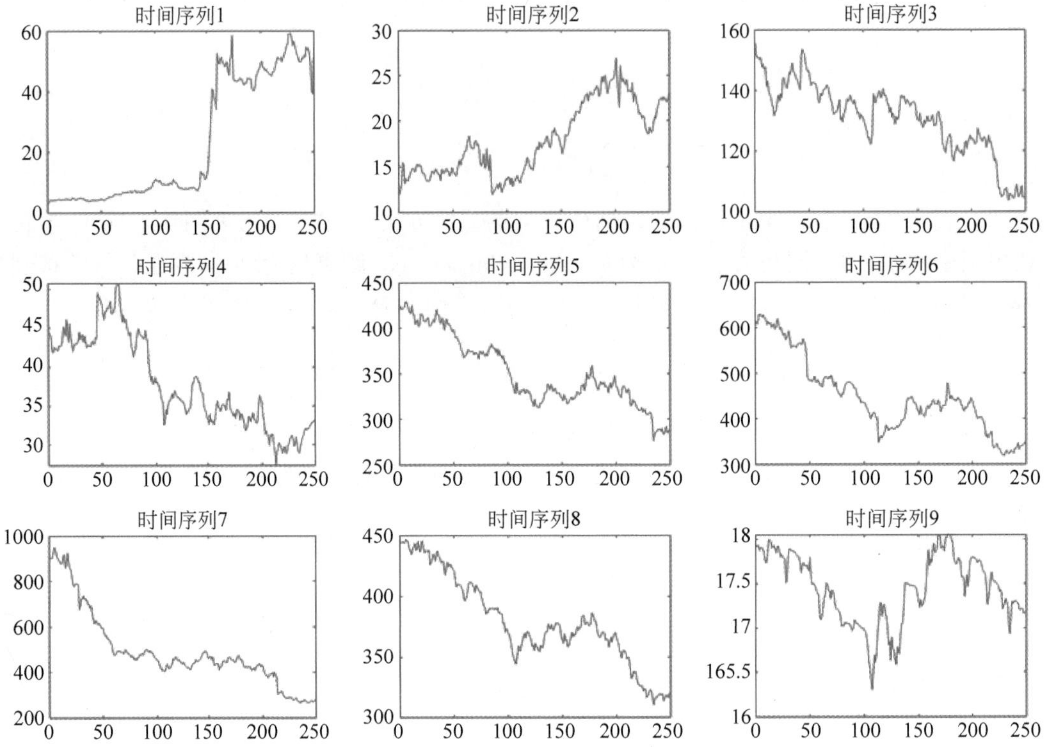

图 7-9　9 家公司股票每日收盘价记录

向量的形式表示时间序列，不妨设

$$\boldsymbol{x}=(x^{(1)},x^{(2)},\cdots,x^{(n)})$$

记 $m=\min\{x^{(1)},x^{(2)},\cdots,x^{(n)}\}$，$M=\max\{x^{(1)},x^{(2)},\cdots,x^{(n)}\}$。令

$$y^{(i)}=\frac{x^{(i)}-m}{M-m}$$

则时间序列

$$\boldsymbol{y}=(y^{(1)},y^{(2)},\cdots,y^{(n)})$$

为 $\boldsymbol{x}$ 归一化后的结果。按该种方法，将时间序列数据集 X 中的每条时间序列都进行归一化。为方便起见，仍然将归一化后的时间序列记作 $X=\boldsymbol{x}_1,\boldsymbol{x}_2,\cdots,\boldsymbol{x}_9$。图 7-10 给出了时间序列归一化后的结果。

对时间序列归一化之后，利用动态时间规整算法，计算它们两两间的距离，并将计算结果用矩阵 $\boldsymbol{D}$ 表示：

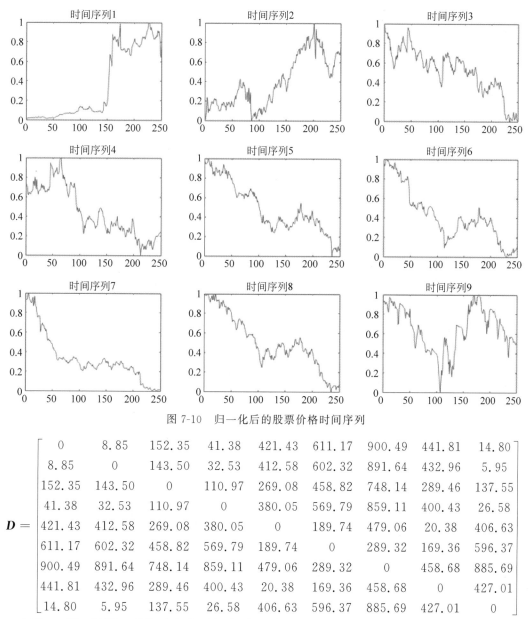

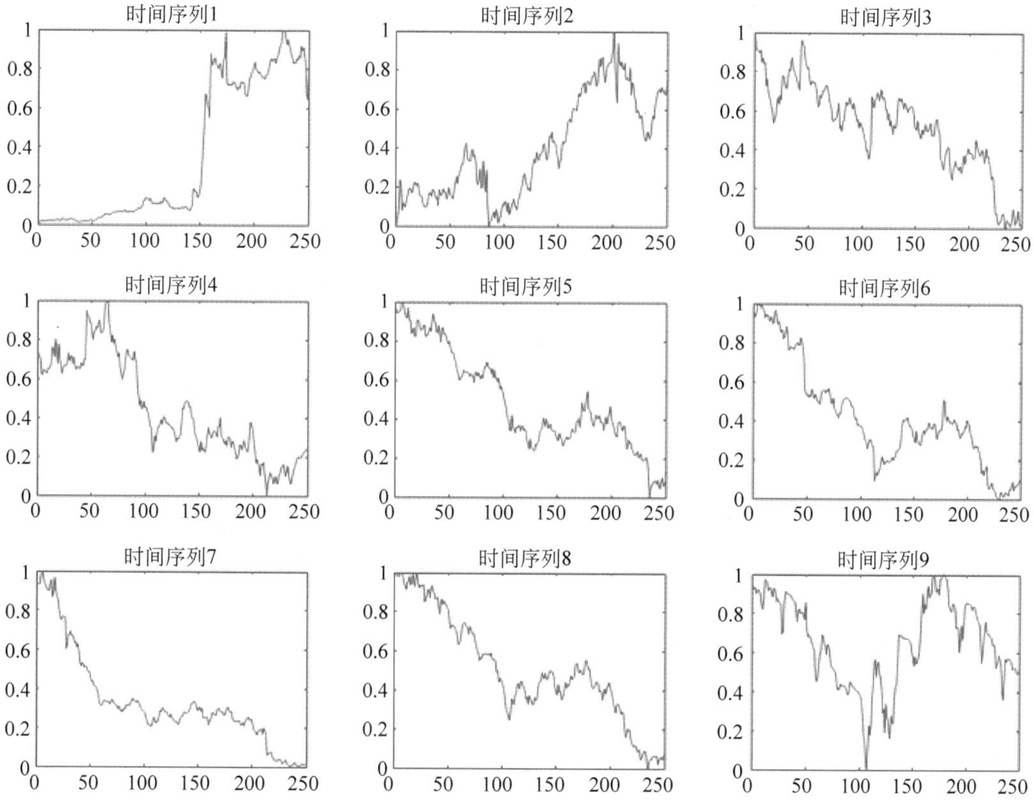

图 7-10 归一化后的股票价格时间序列

$$
\boldsymbol{D}=\begin{bmatrix}
0 & 8.85 & 152.35 & 41.38 & 421.43 & 611.17 & 900.49 & 441.81 & 14.80 \\
8.85 & 0 & 143.50 & 32.53 & 412.58 & 602.32 & 891.64 & 432.96 & 5.95 \\
152.35 & 143.50 & 0 & 110.97 & 269.08 & 458.82 & 748.14 & 289.46 & 137.55 \\
41.38 & 32.53 & 110.97 & 0 & 380.05 & 569.79 & 859.11 & 400.43 & 26.58 \\
421.43 & 412.58 & 269.08 & 380.05 & 0 & 189.74 & 479.06 & 20.38 & 406.63 \\
611.17 & 602.32 & 458.82 & 569.79 & 189.74 & 0 & 289.32 & 169.36 & 596.37 \\
900.49 & 891.64 & 748.14 & 859.11 & 479.06 & 289.32 & 0 & 458.68 & 885.69 \\
441.81 & 432.96 & 289.46 & 400.43 & 20.38 & 169.36 & 458.68 & 0 & 427.01 \\
14.80 & 5.95 & 137.55 & 26.58 & 406.63 & 596.37 & 885.69 & 427.01 & 0
\end{bmatrix}
$$

矩阵 $\boldsymbol{D}$ 第 i 行第 j 列的元素为时间序列 $\boldsymbol{x}_i$ 与 $\boldsymbol{x}_j$ 之间的 DTW 距离，即

$$D_{ij}=\mathrm{DTW}(\boldsymbol{x}_i,\boldsymbol{x}_j)$$

其中，DTW(·,·)表示 DTW 距离。由于 DTW 距离具有对称性，即 $\boldsymbol{x}_i$ 与 $\boldsymbol{x}_j$ 之间的 DTW 距离和 $\boldsymbol{x}_j$ 与 $\boldsymbol{x}_i$ 之间的 DTW 距离相等，因此矩阵 $\boldsymbol{D}$ 对称。为便于直观地展示时间序列之间的距离，绘制矩阵 $\boldsymbol{D}$ 对应的热力图，如图 7-11 所示。

进一步，可以根据距离矩阵并应用凝聚层次聚类算法对这 9 条时间序列进行层次聚类。聚类结果对应的树图如图 7-12 所示。根据树图可以得出，当选择聚类类别数为 2 时，时间序列数据集 X 被聚为：$C_1=\{\boldsymbol{x}_1,\boldsymbol{x}_2,\boldsymbol{x}_3,\boldsymbol{x}_4,\boldsymbol{x}_9\}$，$C_2=\{\boldsymbol{x}_5,\boldsymbol{x}_6,\boldsymbol{x}_7,\boldsymbol{x}_8\}$。这表明时间序列 $\boldsymbol{x}_1$，$\boldsymbol{x}_2$，$\boldsymbol{x}_3$，$\boldsymbol{x}_4$，$\boldsymbol{x}_9$ 对应的股票价格之间存在着一定的关联性，时间序列 $\boldsymbol{x}_5$，$\boldsymbol{x}_6$，$\boldsymbol{x}_7$，$\boldsymbol{x}_8$ 对应的股票价格之间存在着一定的关联性。

本案例借助动态时间规整算法，计算了不同上市公司股票时间序列之间的动态时间规整距离，并根据计算得到的距离对股票时间序列进行层次聚类，以此分析它们之间的关联性。

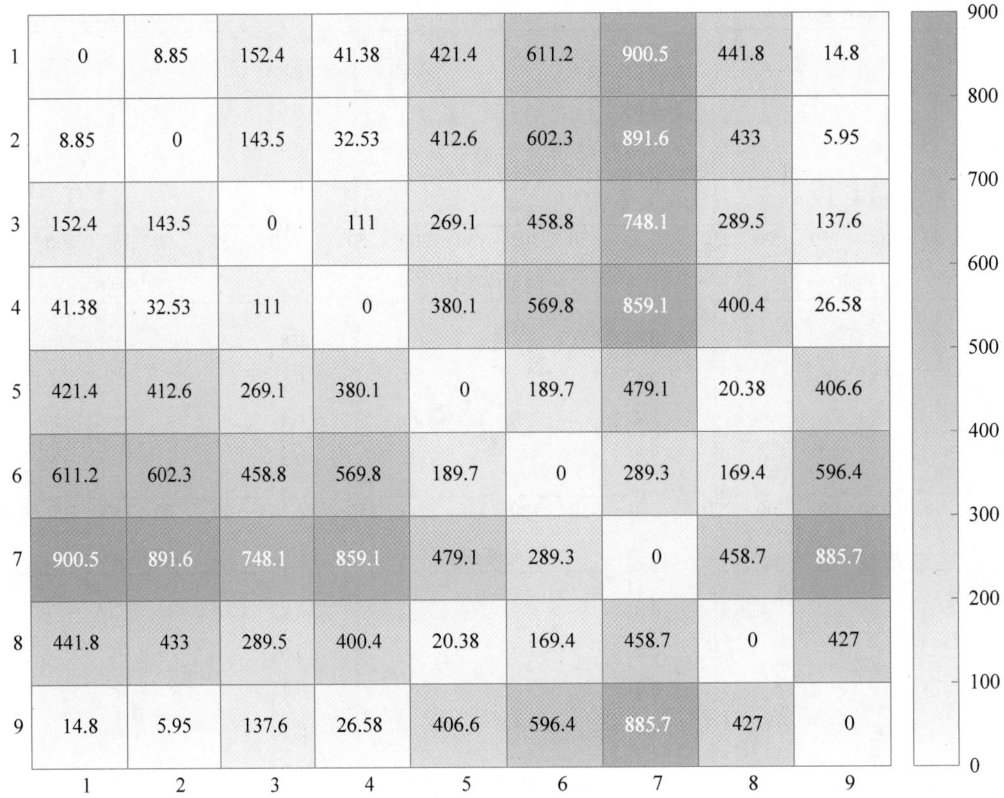

图 7-11　距离矩阵对应的热力图

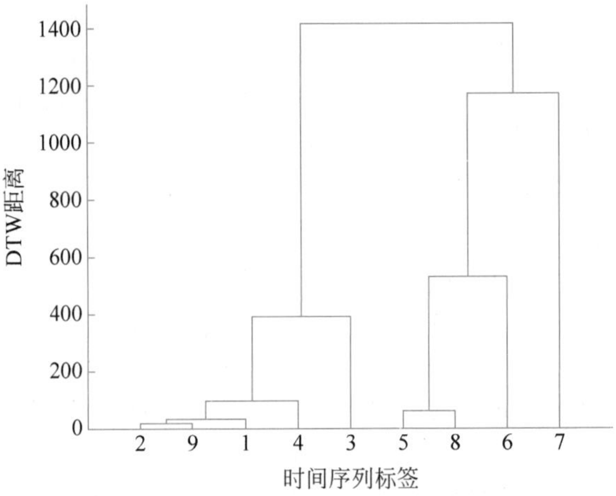

图 7-12　凝聚层次聚类结果对应的树图

7.6　本章小结

本章主要介绍了在数据科学中常用的几种相似性度量和距离度量。首先，对多种相似性系数进行了介绍；随后，对欧氏空间的距离度量、流形上的距离度量、时序数据之间的距离以及它们的应用进行了分析和介绍；最后讨论了概率分布之间的距离度量方法。通过金融时间序列分析案例，具体完成了基于动态时间规整算法的股票价格序列距离的计算，并实现了股票数据的聚类。

习题

1. 选择题

(1) 皮尔逊相关系数用于度量哪两个变量之间的线性关系？（　　）

A. 任意两个变量　B. 两个连续变量　C. 两个离散变量　D. 两个二分类变量

(2) 如果两个变量之间的皮尔逊相关系数为0.3，这通常被认为是什么关系？（　　）

A. 强正相关　B. 弱正相关　C. 强负相关　D. 弱负相关

(3) 当使用皮尔逊相关系数时，如果数据中存在异常值，可能会发生什么？（　　）

A. 相关系数会低估两个变量之间的线性关系

B. 相关系数会高估两个变量之间的线性关系

C. 相关系数会保持不变

D. 无法确定

(4) 余弦相似度在自然语言处理中有什么应用？（　　）

A. 文本相似度计算　B. 词义消歧

C. 命名实体识别　D. 以上都是

(5) 在文本数据中，如何计算两个向量之间的余弦相似度？（　　）

A. 使用词频向量　B. 使用 TF-IDF 向量

C. 使用词袋模型　D. 以上都是

(6) 给定两个向量 $\boldsymbol{x}=[0.5,0.6,0.9]$ 和 $\boldsymbol{y}=[0.2,0.8,0.4]$，它们的余弦相似度为（　　）。

A. 0.51　B. 0.86　C. 0.68　D. −0.3

(7) 在动态时间规整算法中，以下哪个步骤是首先进行的？（　　）

A. 计算时间序列之间的累积距离　B. 计算时间序列的局部相似度

C. 构建动态规划表　D. 确定最佳匹配路径

(8) 在动态时间规整算法中，以下哪个概念用于描述两个时间序列之间的相似度？（　　）

A. 累积距离　B. 最佳匹配路径

C. 动态规划表　D. 局部相似度

(9) 动态时间规整算法的时间复杂度主要取决于以下哪个因素？（　　）

A. 时间序列的长度　B. 算法实现的语言

C. 数据预处理的复杂度　D. 动态规划表的大小

(10) 以下哪个散度度量在机器学习中通常用于评估模型预测的概率分布与真实数据分布之间的差异？（　　）

A. KL 散度　B. JS 散度　C. Hellinger 散度　D. 以上都是

2. 简答及计算题

(1) 在推荐系统中，余弦相似度是一种用来衡量两个对象之间相似性的常用方法。余弦相似度计算的例子可以基于一个简单的电影推荐系统。在这个系统中，将使用用户的评分数据来计算用户之间的余弦相似度，并基于这些相似度来推荐电影。假设有一个电影评分数据集，如表7-4所示。

表 7-4 电影评分数据

用户	1	1	1	1	2	2	2	2	3	3	3
电影	1	2	3	4	2	3	4	5	2	3	4
评分	4	2	3	3	5	4	2	4	1	5	4

① 请分别计算用户 3 与用户 1 和 2 的余弦相似度；

② 请给出基于余弦相似度的电影推荐结果。

(2) 给出 2 个时间序列

$$A=\{0.65,0.45,0.32,0.11,0.72,0.85,0.41,0.78,0.20\}$$

和

$$B=\{0.35,0.25,0.30,0.10,0.70\}$$

请计算它们之间的 DTW 距离。

(3) 考虑一个目标检测的问题，给定一张 256×256 像素的图片，其中方形锚框标记的目标位置所在的 4 个顶点位置依次是(20,25)、(90,25)、(20,115)、(90,115)，使用目标检测算法得到了 2 个候选框，其中第 1 个候选框的 4 个位置依次为(30,30)、(100,30)、(30,120)、(100,120)，第 2 个候选框的 4 个位置依次为(15,40)、(85,40)、(15,130)，(85,130)。请分别计算 2 个候选锚框的 IOU 值。

(4) 假设在一个随机变量 X 上定义了 2 个不同的概率密度函数，分别为表 7-5 和表 7-6 所示。

表 7-5 概率密度函数 p

X	1	2	3	4	5
$p(x)$	0.2	0.1	0.15	0.25	0.3

表 7-6 概率密度函数 q

X	1	2	3	4	5
$q(x)$	0.2	0.25	0.05	0.3	0.2

请计算 KL 散度距离 $D_{\mathrm{KL}}(p \| q)$和 $D_{\mathrm{KL}}(q \| p)$。

(5) 假设有一个高维随机向量 $\boldsymbol{X}$ 服从均值为$\boldsymbol{\mu}$，协方差矩阵为$\boldsymbol{\Sigma}$ 的多元正态分布，对该随机向量进行多次重复抽样得到数据集$\mathcal{D}$。基于该数据集的参数估计，得到随机向量 $\boldsymbol{X}$ 的经验分布为服从均值为$\hat{\boldsymbol{\mu}}$协方差矩阵为$\hat{\boldsymbol{\Sigma}}$ 的多元正态分布。计算随机向量 $\boldsymbol{X}$ 的经验分布到真实分布的 KL 散度距离 $D_{\mathrm{KL}}(N(\hat{\boldsymbol{\mu}},\hat{\boldsymbol{\Sigma}}) \| N(\boldsymbol{\mu},\boldsymbol{\Sigma}))$。

3. 思考题

(1) 动态时间规整是一种计算时间序列相似度的方法，请思考一下，在什么样的场景中需要衡量时间序列的相似度，是否还存在其他的计算时间序列相似度的方法，并举例说明？

(2) 在推荐系统中，用户对物品的兴趣分布通常是通过用户行为数据来估计的，这可能包括用户的评分、点击、购买、浏览等行为。物品的流行度分布是用来表示物品受欢迎程度或吸引力的概率分布，它可以帮助推荐系统理解用户对不同物品的偏好，从而提供更加个性化的推荐。推荐系统的一个关键的任务是找到与用户兴趣相匹配的物品，以便为用户提供个性化的推荐。KL 散度可以用来计算用户和物品之间的相似度，从而帮助实现个性化推荐这一目标。请思考并说明 KL 散度在其中的作用。

第 8 章

关联性分析

相关系数可以反映变量之间的相关程度。然而在大规模数据中往往存在着非线性和高维度的问题，皮尔逊相关系数、斯皮尔曼相关系数等相关系数还不足以描述变量或特征之间存在着的复杂非线性关系。本章将详细介绍几种关联性分析方法。通过本章的学习，读者将了解非线性相关系数、关联规则、因果分析等内容。

8.1 问题导入

考虑购物篮数据分析的任务，需要从大规模的用户购物历史数据中发现销售商品之间的关联关系，识别购物篮中的频繁交易模式，辅助制定对应的销售策略，实现商品的推荐，提升商品的销量。为此，需要解决如下的问题：

(1) 不同商品的销量之间存在复杂的非线性关系，如何衡量不同商品销量之间的非线性相关程度；

(2) 如何挖掘购物篮中的频繁项集，并发现可用于商品推荐的交易规则。

本章将围绕上述问题涉及的非线性性相关程度和交易规则，简要介绍典型关联分析和因果分析。

8.2 非线性相关性分析

相比于随机变量间的线性相关，非线性相关的情形较为复杂。下面介绍距离相关系数等衡量非线性相关性的方法。

1. 距离相关系数

距离相关系数可以衡量两个配对随机向量(维度相等或不等)之间的非线性关系。当且仅当随机向量独立时，距离相关系数才为零。有两个随机向量 $\boldsymbol{X}\in\mathbb{R}^p$ 和 $\boldsymbol{Y}\in\mathbb{R}^q$，以及分别来自 $\boldsymbol{X}$ 和 $\boldsymbol{Y}$ 的 m 个数据点 $\boldsymbol{x}_1,\boldsymbol{x}_2,\cdots,\boldsymbol{x}_m$ 和 $\boldsymbol{y}_1,\boldsymbol{y}_2,\cdots,\boldsymbol{y}_m$。可以按照如下步骤计算距离相关系数。

(1) 计算 $\boldsymbol{x}_1,\boldsymbol{x}_2,\cdots,\boldsymbol{x}_m$ 的欧氏距离矩阵，记为 $\boldsymbol{A}=(a_{ij})_{m\times m}$，其中

$$a_{ij}=\|\boldsymbol{x}_i-\boldsymbol{x}_j\|,i,j=1,2,\cdots,m$$

表示数据点 $\boldsymbol{x}_i$ 和 $\boldsymbol{x}_j$ 之间的欧氏距离。

(2) 调整矩阵 $\boldsymbol{A}$ 中元素的值为

$$\hat{a}_{ij}=a_{ij}-a^{(i)}-a^{(j)}+\bar{a} \tag{8-1}$$

其中，$a^{(i)}=\frac{1}{m}\sum_{j=1}^{m}a_{ij}$，表示第 i 个样本 $\boldsymbol{x}_i$ 到其他样本的平均距离，

$$\bar{a}=\frac{1}{m^2}\sum_{i=1}^{m}\sum_{j=1}^{m}a_{ij}=\frac{1}{m}\sum_{i=1}^{m}a^{(i)}$$

$\bar{a}$ 表示样本之间的平均距离。记 $\hat{\boldsymbol{A}}=(\hat{a}_{ij})_{m\times m}$。

(3) 计算 $\boldsymbol{y}_1,\boldsymbol{y}_2,\cdots,\boldsymbol{y}_m$ 的欧氏距离矩阵，记为 $\boldsymbol{B}=(b_{ij})_{m\times m}$，其中

$$b_{ij}=\|\boldsymbol{y}_i-\boldsymbol{y}_j\|,i,j=1,2,\cdots,m$$

表示数据点 $\boldsymbol{y}_i$ 和 $\boldsymbol{y}_j$ 之间的欧氏距离。

(4) 调整矩阵 $\boldsymbol{B}$ 中元素的值为

$$\hat{b}_{ij}=b_{ij}-b^{(i)}-b^{(j)}+\bar{b} \tag{8-2}$$

其中，$b^{(i)}=\frac{1}{m}\sum_{j=1}^{m}b_{ij}$，表示第 i 个样本 $\boldsymbol{y}_i$ 到其他样本的平均距离，

$$\bar{b}=\frac{1}{m^2}\sum_{i=1}^{m}\sum_{j=1}^{m}b_{ij}=\frac{1}{m}\sum_{i=1}^{m}b^{(i)}$$

$\bar{b}$ 表示样本之间的平均距离，记 $\hat{\boldsymbol{B}}=(\hat{b}_{ij})_{m\times m}$。

(5) 计算随机向量 $\boldsymbol{X}\in\mathbb{R}^p$ 和 $\boldsymbol{Y}\in\mathbb{R}^q$ 的距离协方差

$$V^2(X,Y)=\frac{1}{m^2}\sum_{i=1}^{m}\sum_{j=1}^{m}\hat{a}_{ij}\hat{b}_{ij} \tag{8-3}$$

(6) 计算随机向量 $\boldsymbol{X}$ 和 $\boldsymbol{Y}$ 的距离方差为

$$V^2(X)=\frac{1}{m^2}\sum_{i=1}^{m}\sum_{j=1}^{m}\hat{a}_{ij}^2 \tag{8-4}$$

$$V^2(Y)=\frac{1}{m^2}\sum_{i=1}^{m}\sum_{j=1}^{m}\hat{b}_{ij}^2 \tag{8-5}$$

(7) 定义 X,Y 的距离相关系数为

$$\mathrm{dCorr}^2(X,Y)=\frac{V^2(X,Y)}{\sqrt{V(X)V(Y)}} \tag{8-6}$$

例 8.1 假设商品 X 最近 5 天的销量分别为 1、2、3、4、5，商品 Y 近 5 天的销量为 1、2、9、4、4。接下来计算商品 X 与 Y 的销量的距离相关系数。首先计算 X 与 Y 销量的距离矩阵为

$$\boldsymbol{A}=\begin{bmatrix}0&1&2&3&4\\1&0&1&2&3\\2&1&0&1&2\\3&2&1&0&1\\4&3&2&1&0\end{bmatrix}\quad \boldsymbol{B}=\begin{bmatrix}0&1&8&3&3\\1&0&7&2&2\\8&7&0&5&5\\3&2&5&0&0\\3&2&5&0&0\end{bmatrix}$$

根据式(8-1)和式(8-2)更新距离矩阵，得到

$$\hat{\boldsymbol{A}}=\begin{bmatrix}-2.4&-0.8&0.4&1.2&1.6\\-0.8&-1.2&0&0.8&1.2\\0.4&0&-0.8&0&0.4\\1.2&0.8&0&-1.2&-0.8\\1.6&1.2&0.4&-0.8&-2.4\end{bmatrix}$$

$$\hat{\boldsymbol{B}}=\begin{bmatrix} -3.12 & -1.52 & 2.88 & 0.88 & 0.88 \\ -1.52 & -1.92 & 2.48 & 0.48 & 0.48 \\ 2.88 & 2.48 & -7.12 & 0.88 & 0.88 \\ 0.88 & 0.48 & 0.88 & -1.12 & -1.12 \\ 0.88 & 0.48 & 0.88 & -1.12 & -1.12 \end{bmatrix}$$

根据式(8-3)～式(8-5)，得到

$$V^2(X,Y)=1.344,\quad V^2(X)=1.216,\quad V^2(Y)=4.3904$$

根据式(8-6)，可以得到商品 X，Y 销售量的距离相关系数为 $\mathrm{dCorr}(X,Y)=0.7627$。

例 8.2 皮尔逊相关系数和距离相关系数存在一定的差异，如图 8-1 所示，图中散点表示一组成对的随机变量(X,Y)的观测值，横轴表示 X 的观测，纵轴表示 Y 的观测。前两行中随机变量 X、Y 具有近似线性关系，后两行随机变量 X、Y 具有非线性的关系。基于观测数据，分别计算了不同情况下随机变量 X、Y 皮尔逊相关系数和距离相关系数，从中可以看出存在非线性相关的特征能够通过距离相关系数体现出来。

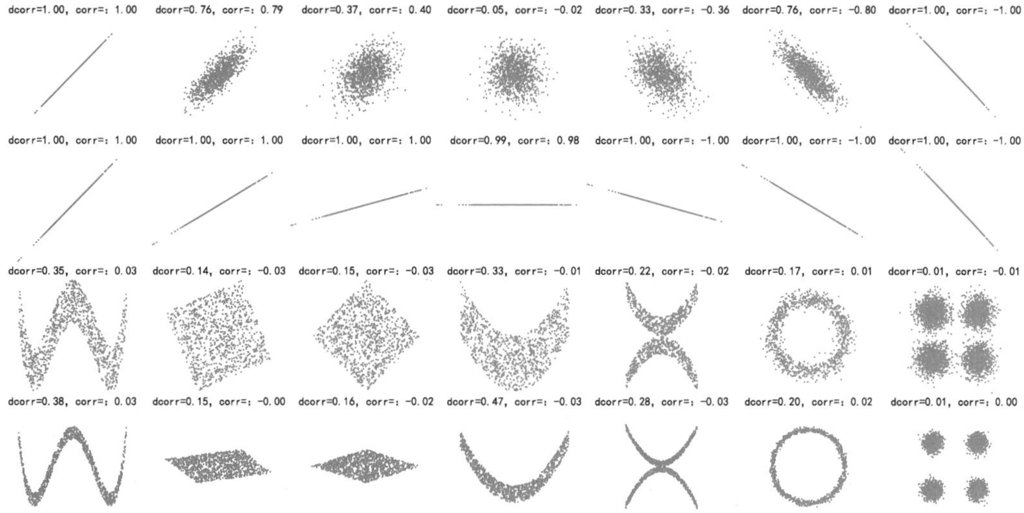

图 8-1 不同分布数据的皮尔逊相关系数(corr)和距离相关系数(dcorr)

2. 互信息

第 2.5.1 节中介绍的互信息 $I(X;Y)$ 刻画了随机变量 Y 的信息使得随机变量 X 的不确定性减少了多少。因此，其能反映两个随机变量之间的依赖程度。具体来说，互信息越大，表明两个随机变量之间的依赖性越大(即线性或非线性关系越明显)。互信息越小，表明两个随机变量之间的依赖性越小。不同于皮尔逊相关系数，互信息可以有效衡量变量之间的线性和非线性关系。

例 8.3 计算具有不同分布的数据的互信息，如图 8-2 所示。其中展示了变量之间的依赖关系及它们之间的互信息大小，横轴和纵轴分别表示随机变量 X 和 Y，可以看出两个变量之间的依赖性越明确，它们之间的互信息越大。

与互信息只能衡量随机变量 X 与 Y 之间存在单种相关性不同，最大信息系数可以视作是互信息的一种改进。设 X，Y 为随机变量，它们的最大信息系数定义为

$$\mathrm{MIC}(X,Y)=\max_{|X||Y|<B}\frac{I[X,Y]}{\log_2(\min(|X|,|Y|))} \tag{8-7}$$

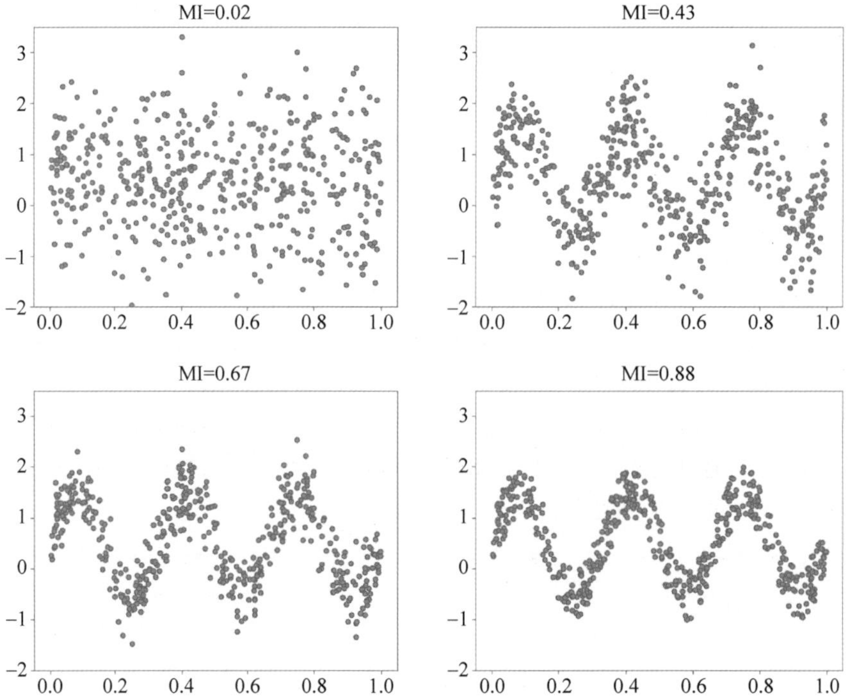

图 8-2 变量间的依赖关系及其对应的互信息

其中 $I[X,Y]$表示将平面划分为$|X|\times|Y|$的网格后 X 与 Y 的互信息 $I(X,Y)$的估计值，$|X|$和$|Y|$表示划分表格的行数和列数，B 是一个预先给定的正数。

8.3 典型关联分析

当一个过程可以由两组变量来描述，这两组变量对应两个不同的视角时，分析这两组变量的相关性，称为典型关联分析，有助于更深入地理解该过程相关的系统。例如，在教育心理学领域，一个视角聚焦于学生的四个学术得分变量（语文、数学、英语和才艺），另一个视角则包括学生的三个心理得分变量（控制情绪、自我调节和自我激励）。分析学生的学术得分变量和心理得分变量之间的相关性，可以帮助教育工作者理解学生的心理特质如何影响其学业表现。类似的例子也在经济学、生物学、社会科学等学科领域中存在。

设通过视角 a 和 b 获得的观测数据分别构成 $n\times p$ 矩阵 $\boldsymbol{X}_a$ 和 $n\times q$ 矩阵 $\boldsymbol{X}_b$，矩阵 $\boldsymbol{X}_a$ 的第 i 行为通过视角 a 得到的第 i 次观测，矩阵 $\boldsymbol{X}_b$ 的第 i 行为通过视角 b 得到的第 i 次观测。观测值服从多元正态分布，同时矩阵 $\boldsymbol{X}_a$ 和矩阵 $\boldsymbol{X}_b$ 中的每一列的均值为 0、方差为 1，进一步设 $p>q$。

考虑线性变换

$$\boldsymbol{X}_a\boldsymbol{w}_a=\boldsymbol{z}_a \text{ 和 } \boldsymbol{X}_b\boldsymbol{w}_b=\boldsymbol{z}_b$$

其中，$\boldsymbol{w}_a\in\mathbb{R}^p,\boldsymbol{z}_a\in\mathbb{R}^n,\boldsymbol{w}_b\in\mathbb{R}^q,\boldsymbol{z}_b\in\mathbb{R}^n$，称 $\boldsymbol{w}_a$ 和 $\boldsymbol{w}_b$ 为典型向量。线性变换满足约束：$\|\boldsymbol{z}_a\|_2=\|\boldsymbol{z}_b\|_2=1$，且 $\boldsymbol{z}_a$ 和 $\boldsymbol{z}_b$ 之间的夹角 $\theta\in\left[0,\frac{\pi}{2}\right]$ 是最小化的。相应的 $\cos\theta$ 称作是 $\boldsymbol{z}_a$ 和 $\boldsymbol{z}_b$ 的典型相关系数。

利用典型向量 $\boldsymbol{w}_a$ 可以将通过视角 a 获得的 p 维观测值综合为 1 维，同理，利用典型向量

$\boldsymbol{w}_b$ 可以将通过视角 b 获得的 q 维观测值综合为1维。从而,典型向量 $\boldsymbol{w}_a$ 和 $\boldsymbol{w}_b$ 可以将不同视角下的观测数据构成的矩阵 $\boldsymbol{X}_a$ 和 $\boldsymbol{X}_b$ 分别综合为向量 $\boldsymbol{z}_a$ 和 $\boldsymbol{z}_b$。进而,向量 $\boldsymbol{z}_a$ 和 $\boldsymbol{z}_b$ 之间的相关性就能在一定程度上反映 $\boldsymbol{X}_a$ 和 $\boldsymbol{X}_b$ 之间的整体相关性。

在 $\boldsymbol{z}_a$ 和 $\boldsymbol{z}_b$ 对应的约束条件下,其典型相关系数就是它们的皮尔逊相关系数,且有 $\cos\theta = \langle \boldsymbol{z}_a, \boldsymbol{z}_b \rangle$。因此,典型关联分析的基本思想是寻找典型向量 $\boldsymbol{w}_a$ 和 $\boldsymbol{w}_b$,使得其对应的 $\boldsymbol{z}_a$ 和 $\boldsymbol{z}_b$ 的内积最大,以此分析不同视角下获得的观测数据整体之间的相关性。同时,可通过 $\boldsymbol{w}_a$ 和 $\boldsymbol{w}_b$ 各个分量的符号及大小,分析在将 $\boldsymbol{X}_a$ 和 $\boldsymbol{X}_b$ 分别综合为 $\boldsymbol{z}_a$ 和 $\boldsymbol{z}_b$ 时,$\boldsymbol{X}_a$ 和 $\boldsymbol{X}_b$ 不同列的作用及其大小。典型向量 $\boldsymbol{w}_a$ 和 $\boldsymbol{w}_b$ 的寻找步骤如下:

(1) 寻找 $\boldsymbol{w}_a^{(1)}$、$\boldsymbol{w}_b^{(1)}$ 使得其对应的 $\boldsymbol{z}_a^{(1)}$、$\boldsymbol{z}_b^{(1)}$ 是下述问题的最优解

$$\begin{aligned} &\max_{\boldsymbol{z}_a, \boldsymbol{z}_b \in \mathbf{R}^n} \quad \langle \boldsymbol{z}_a, \boldsymbol{z}_b \rangle, \\ &\text{s. t} \quad \| \boldsymbol{z}_a \|_2 = \| \boldsymbol{z}_b \|_2 = 1 \end{aligned}$$

(2) 寻找 $\boldsymbol{w}_a^{(2)}$、$\boldsymbol{w}_b^{(2)}$ 使得其对应的 $\boldsymbol{z}_a^{(2)}$、$\boldsymbol{z}_b^{(2)}$ 是下述问题的最优解

$$\begin{aligned} &\max_{\boldsymbol{z}_a, \boldsymbol{z}_b \in \mathbf{R}^n} \quad \langle \boldsymbol{z}_a, \boldsymbol{z}_b \rangle, \\ &\text{s. t} \quad \| \boldsymbol{z}_a \|_2 = \| \boldsymbol{z}_b \|_2 = 1, \\ &\langle \boldsymbol{z}_a, \boldsymbol{z}_a^{(1)} \rangle = \langle \boldsymbol{z}_b, \boldsymbol{z}_b^{(1)} \rangle = 0 \end{aligned}$$

(3) 重复步骤,在第 k 步,寻找 $\boldsymbol{w}_a^{(k)}$,$\boldsymbol{w}_b^{(k)}$ 使得其对应的 $\boldsymbol{z}_a^{(k)}$,$\boldsymbol{z}_b^{(k)}$ 是下述问题的最优解

$$\begin{aligned} &\max_{\boldsymbol{z}_a, \boldsymbol{z}_b \in \mathbf{R}^n} \quad \langle \boldsymbol{z}_a, \boldsymbol{z}_b \rangle, \\ &\text{s. t} \quad \| \boldsymbol{z}_a \|_2 = \| \boldsymbol{z}_b \|_2 = 1, \\ &\langle \boldsymbol{z}_a, \boldsymbol{z}_a^{(i)} \rangle = \langle \boldsymbol{z}_b, \boldsymbol{z}_b^{(i)} \rangle = 0, i = 1, 2, \cdots, k-1 \end{aligned}$$

典型关联分析的关键在于确定典型向量 $\boldsymbol{w}_a$ 和 $\boldsymbol{w}_b$。下面给出求解 $\boldsymbol{w}_a$ 和 $\boldsymbol{w}_b$ 的两种常见方法,首先介绍基于标准特征值问题的方法。

记 $\boldsymbol{X}_a$ 和 $\boldsymbol{X}_b$ 的列向量之间的协方差矩阵为 $\boldsymbol{C}_{ab} = \dfrac{1}{n-1}\boldsymbol{X}_a^{\mathrm{T}}\boldsymbol{X}_b$,$\boldsymbol{X}_a$ 和 $\boldsymbol{X}_b$ 的方差矩阵分别为 $\boldsymbol{C}_{aa} = \dfrac{1}{n-1}\boldsymbol{X}_a^{\mathrm{T}}\boldsymbol{X}_a$ 和 $\boldsymbol{C}_{bb} = \dfrac{1}{n-1}\boldsymbol{X}_b^{\mathrm{T}}\boldsymbol{X}_b$。联合协方差矩阵为

$$\begin{bmatrix} \boldsymbol{C}_{aa} & \boldsymbol{C}_{ab} \\ \boldsymbol{C}_{ba} & \boldsymbol{C}_{bb} \end{bmatrix}$$

进一步假设 $\boldsymbol{C}_{aa}$ 和 $\boldsymbol{C}_{bb}$ 正定,则特征方程

$$| \boldsymbol{C}_{bb}^{-1}\boldsymbol{C}_{ba}\boldsymbol{C}_{aa}^{-1}\boldsymbol{C}_{ab} - \lambda \boldsymbol{I} | = 0$$

的非零特征值 $\lambda_1, \lambda_2, \cdots, \lambda_k$ 对应的特征向量就是所求的典型向量 $\boldsymbol{w}_b^{(1)}, \boldsymbol{w}_b^{(2)}, \cdots, \boldsymbol{w}_b^{(k)}$。对于典型向量 $\boldsymbol{w}_a^{(i)}$($i = 1, 2, \cdots, k$)则可通过

$$\boldsymbol{w}_a^{(i)} = \frac{\boldsymbol{C}_{aa}^{-1}\boldsymbol{C}_{ab}\boldsymbol{w}_b^{(i)}}{\sqrt{\lambda_i}}$$

计算得到。

下面介绍确定 $\boldsymbol{w}_a$ 和 $\boldsymbol{w}_b$ 的基于奇异值分解的方法,沿用之前符号,由于 $\boldsymbol{C}_{aa}$ 和 $\boldsymbol{C}_{bb}$ 对称且正定,借助特征值分解可以找到 $p \times p$ 矩阵 $\boldsymbol{A}$ 和 $q \times q$ 矩阵 $\boldsymbol{B}$ 使得

$$\boldsymbol{C}_{aa} = \boldsymbol{A}\boldsymbol{A}, \quad \boldsymbol{C}_{bb} = \boldsymbol{B}\boldsymbol{B}$$

令

$$K = \boldsymbol{A}^{-1}\boldsymbol{C}_{ab}\boldsymbol{B}^{-1}$$

对 K 进行奇异值分解

$$K = \sum_{i=1}^{k} \sigma_i \boldsymbol{u}_i \boldsymbol{v}_i^{\mathrm{T}}$$

其中 $\sigma_1 \geqslant \sigma_2 \geqslant \cdots \geqslant \sigma_k > 0$，$\boldsymbol{u}_i$ 为 p 维列向量，$\boldsymbol{v}_i$ 为 q 维列向量。

第 $i(1 \leqslant i \leqslant k)$ 个典型向量为

$$\boldsymbol{w}_a^{(i)} = \boldsymbol{A}^{-1}\boldsymbol{u}_i, \quad \boldsymbol{w}_b^{(i)} = \boldsymbol{B}^{-1}\boldsymbol{v}_i$$

8.4 关联规则

关联规则(Association Rule)可用于从大型数据集中发现特征和变量之间有意义的联系，从而更好地理解数据的内在结构和规律，做出更优的决策。

8.4.1 关联规则描述

许多销售企业在日常运营中积累了大量的销售数据。比如大型超市每天都会收集到大量的顾客购物数据，这些数据称作购物车数据集(Market Basket Transaction)。购物车数据集通常可以用表格表示，表 8-1 给出了一个具体的例子。

表 8-1 购物车数据集

标 识	项 集
1	{面包，鸡蛋，牛奶}
2	{尿布，啤酒，可乐}
3	{牛奶，尿布，啤酒，可乐}
4	{面包，牛奶，尿布，啤酒}
5	{尿布，可乐，鸡蛋}
6	{啤酒，可乐}
7	{尿布，啤酒}

表 8-1 中，每一行对应一个顾客的购物车交易记录，包含该顾客的标识及其购买的商品集合(即项集)。通过观察可以发现，在表 8-1 中，尿布和啤酒经常被不同的顾客同时购买。为了描述不同项集之间的关联关系，引入关联规则。关联规则是形如 $X \rightarrow Y$ 的蕴含表达式，其中 X 和 Y 是不相交的项集，分别被称为关联规则的前件和后件。据此，这里可用关联规则

$$\{尿布\} \rightarrow \{啤酒\}$$

来表示尿布和啤酒之间存在关联关系。该规则表明尿布和啤酒的销售之间存在着很强的联系(需要强调的是，该种联系不一定是因果关系)，销售企业可以根据这类规则，帮助他们发现新的交叉销售商机。

除了购物车数据外，关联规则也可以用于金融、医疗和软件工程等领域，用于识别金融欺诈、软件缺陷预测和了解药物之间的相互作用等。

8.4.2 关联规则挖掘

现实场景中的购物车数据集规模可能会非常大，要挖掘其中有意义的关联规则，就需要高效的关联规则挖掘算法。常见的关联规则挖掘算法有 Apriori 算法、FP-Growth 算法和 Eclat 算法等，其中 Apriori 算法是第一种被提出的关联规则挖掘算法。受篇幅所限，本书只对

Apriori 算法进行介绍。

Apriori 算法有两个阶段，分别是产生频繁项集的阶段和生成关联规则的阶段。本小节首先给出一些术语及其定义，之后分别介绍 Apriori 算法的产生频繁项集和生成关联规则的方法。

1. 算法准备

1）二元表示

为了便于问题的分析，首先用表 8-2 来等价表示表 8-1。表 8-2 中，每一行对应一个顾客标识及其对应的项集。每一行的第一列对应顾客的标识，其余每列则对应一个项。若某一项在项集中出现则值为 1，否则为 0。

表 8-2　购物车数据集的二元表示

标　识	面　包	鸡　蛋	牛　奶	尿　布	啤　酒	可　乐
1	1	1	1	0	0	0
2	0	0	0	1	1	1
3	0	0	1	1	1	1
4	1	0	1	1	1	0
5	0	1	0	1	0	1
6	0	0	0	0	1	1
7	0	0	0	1	1	0

2）项集

令 $I=\{i_1,i_2,\cdots,i_d\}$表示购物车数据集中所有项集中的项构成的集合，例如在表 8-2 表示的购物车数据集中，I＝{面包，鸡蛋，牛奶，尿布，啤酒，可乐}有 6 个项。令 $T=\{t_1,t_2,\cdots,t_N\}$表示购物车数据集中所有项集构成的集合，例如在表 8-2 所示的购物车数据集中，t_3＝{牛奶，尿布，啤酒，可乐}。显然，每个项集 t_i 都是 I 的子集。在关联分析中，将 I 的任意子集称为项集。如果一个项集中包含 k 个项，则称其为 k-项集。例如，表 8-2 所示的购物车数据集中，t_3＝{牛奶，尿布，啤酒，可乐}是一个 4-项集。

3）项集的支持度计数

项集的支持度计数是指购物车数据集中包含该项集的项集个数。项集 X 的支持度计数为

$$\sigma(X)=|\{t_i|X\subseteq t_i,t_i\in T\}|$$

其中，$|\cdot|$表示集合中元素的个数。在表 8-2 显示的数据集中，项集{尿布，可乐}的支持度计数为 3，因为在购物车数据集中，共有 3 个项集包含{尿布，可乐}。

通常，称$\frac{\sigma(X)}{N}$为项集 X 的支持度，其中 N 为购物车数据集中记录个数(即购物车数据集对应表格的行数)。

4）关联规则的强度

关联规则的强度可以通过支持度和置信度描述。关联规则 $X\rightarrow Y$ 的支持度 $s(X\rightarrow Y)$定义如下：

$$s(X\rightarrow Y)=\frac{\sigma(X\cup Y)}{N} \tag{8-8}$$

其中 N 为购物车数据集中记录个数(即购物车数据集对应表格的行数)。显然，关联规则的支持度就是购物车数据集中包含了关联规则前件和后件中所有项的项集个数占购物车数据集记录个数的比例。关联规则 $X\rightarrow Y$ 的置信度 $c(X\rightarrow Y)$定义如下：

$$c(X\rightarrow Y)=\frac{\sigma(X\cup Y)}{\sigma(X)} \tag{8-9}$$

其反映了 Y 在包含 X 的项集中出现的频繁程度。

例 8.4 考虑关联规则{尿布}→{啤酒}。由于项集{尿布,啤酒}的支持度计数为 4,购物车数据集记录总数为 7,所以其支持度为$\frac{4}{7}$。项集{尿布}的支持度计数为 5。从而关联规则{尿布}→{啤酒}的置信度$\frac{4}{5}$。

5) 关联规则挖掘

定义 8.1 给定购物车数据集 T,关联规则挖掘是指找出支持度和置信度不小于事先给定阈值的所有规则。

显然,可以通过穷举的方式来挖掘关联规则:计算每条规则的支持度和置信度,然后选取支持度和置信度符合要求的规则。但是这种方式的代价很高。一种更高效的关联规则挖掘方式是在挖掘过程中分开考虑关联规则的支持度和置信度。根据式(8-9),关联规则 $X\to Y$ 的支持度 $s(X\to Y)$仅依赖项集 $X\cup Y$ 的支持度计数。例如关联规则:

{尿布,可乐} → {啤酒},{尿布,啤酒} → {可乐},{啤酒,可乐} → {尿布},
{啤酒} → {尿布,可乐},{可乐} → {尿布,啤酒},{尿布} → {啤酒,可乐}

的支持度是相同的,因为它们都由项集{尿布,可乐,啤酒}的支持度计数决定。显然,如果项集{尿布,可乐,啤酒}的支持度计数小于某给定值(即该项集非频繁),则在关联规则发掘过程中可以不考虑这 6 个规则,不必计算它们的置信度。

由此,在进行关联规则挖掘时,可以考虑将挖掘任务分解为两个子任务:

(1) 挖掘频繁项集。挖掘所有满足最小支持度阈值的项集。

(2) 生成规则。从挖掘出的频繁项集中提取所有置信度大于给定阈值的规则,这一类规则被称作是强规则。

通常,挖掘频繁项集所需的计算量远大于产生规则所需的计算开销。

2. 产生频繁项集

在挖掘频繁项集之前,首先提取所有可能的项集,将所有可能的项集称作候选项集,然后通过特定的标准不断地缩小候选项集的范围来产生频繁项集。特别地,当一个候选(频繁)项集有 k 个项,称其为候选(频繁)k-项集。所有可能的项集通常可以采用数学中的格结构进行枚举。例如,$I=\{a,b,c,d\}$的所有项集的格表示如图 8-3 所示。

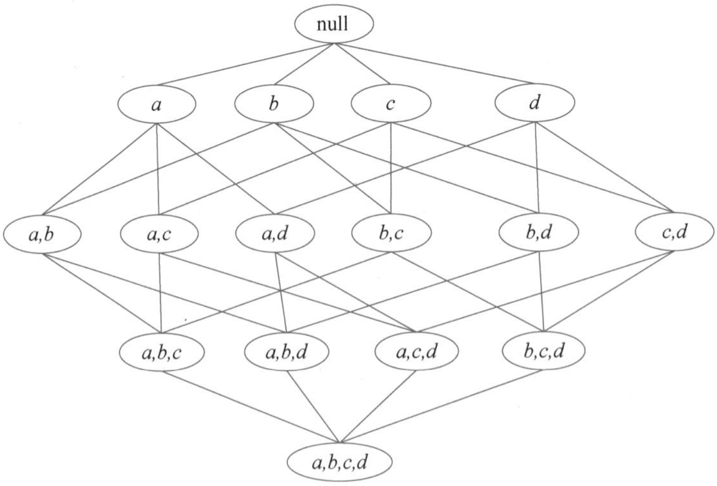

图 8-3 项集的格

通过将格结构中的每个候选项集与购物车数据集中的每个项集进行比较，计算每个候选项集的支持度计数，完成频繁项集的挖掘。这种方法需要的计算开销可能会非常巨大，采取减少候选项集的数目可以提高频繁项集的挖掘效率。

根据项集支持度计数的定义，一个项集的子集的支持度计数显然不小于该项集的支持度计数。由此，如下定理成立。

定理 8.1（先验原理）　如果一个项集是频繁的，则它的任意子集都是频繁的。

以图 8-4 中出现的项集为例，若项集 $\{b,c,d\}$ 是频繁的，则其所有子集 $\{b,c\}$，$\{b,d\}$，$\{c,d\}$，$\{b\}$，$\{c\}$，$\{d\}$ 都是频繁的。

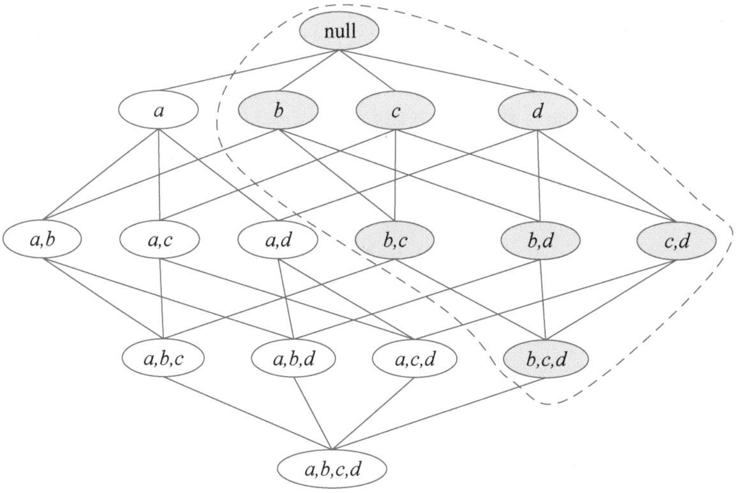

图 8-4　先验原理

根据先验原理容易得出：如果一个项集是非频繁的，那么包含该项集的任何项集（即该项集的超集）都是非频繁的。以图 8-5 中出现的项集为例，若项集 $\{a,b\}$ 是非频繁的，则其超集 $\{a,b,c\}$，$\{a,b,d\}$，$\{a,b,c,d\}$ 都是非频繁的。根据这一结论，可以在挖掘频繁项集的时候排除非频繁项集的超集来缩小候选项集的范围，即剪枝操作。

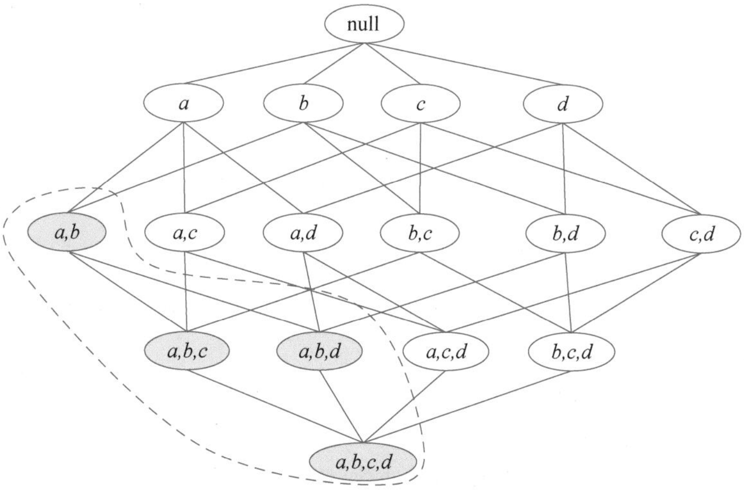

图 8-5　基于先验原理的剪枝

Apriori 算法产生频繁项集的思想是：初始时每项都被看作候选 1-项集，对它们进行支持度计数之后，丢弃所有支持度计数小于给定阈值的候选 1-项集；根据先验原理，所有非频繁

1-项集的超集都是非频繁的,从而在生成候选 2-项集的过程中,只需要考虑由频繁 1-项集产生的候选 2-项集;利用频繁 1-项集产生候选 2-项集后,同样对候选 2-项集进行支持度计数并丢弃支持度计数小于给定阈值的候选 2-项集,得到频繁 2-项集;如此重复该过程,直到没有新的频繁项集产生。

Apriori 算法产生频繁项集的伪代码如表 8-3 所示。

表 8-3　频繁项集产生

输入:	所有项的集合 I,最小支持度阈值 minsupp,购物车数据集记录数 N	
1	$k=1$	
2	$F_k=\{i \mid i \in I \text{ 且 } \sigma(i) \geqslant N \times \text{minsupp}\}$	//产生所有的频繁 1-项集
3	repeat	
4	$k=k+1$	
5	$C_k=\text{Freq\_gen}(F_{k-1})$	
6	for $t \in T$ do	// 扫描数据库
7	$C_t=\text{subset}(C_k,t)$	// 包含在 t 中的项集的集
8	for $c \in C_t$	
9	$\sigma(c)=\sigma(c)+1$	
10	end for	
11	end for	
12	$F_k=\{c \mid c \in C_k \text{ 且 } \sigma(c) \geqslant N \times \text{minsupp}\}$	
13	until $F_k=\varnothing$	
输出:	所有满足支持度阈值的项集	

算法步骤如下。

(1)将每项都看作候选 1-项集,计算每个 1-项集的支持度计数,丢弃支持度计数小于给定阈值的候选 1-项集,得到频繁 1-项集。

(2)利用 Freq_gen 函数和频繁$(k-1)$-项集产生候选 k-项集。Freq_gen 的实现方法通常有蛮力法和扩展法。

蛮力法首先计算所有 k-项集的支持度计数,然后进行剪枝操作。对于共有 d 个项的购物车数据集,其所有 k-项集的数目为 C_d^k,计算每个 k-项集的支持度计数的计算量为 $O(k)$。从而,该种方法的总复杂度为 $O\left(\sum_{k=1}^{d} k C_d^k\right)$。

扩展法通过对已有的频繁项集扩展得到新的候选项集。例如,通过扩展频繁$(k-1)$项集产生 k-项集。对于频繁$(k-1)$-项集的扩展,一种方法是利用频繁 1-项集。这种方法会产生 $|F_{k-1}| \times |F_1|$ 个 k-项集,方法的总复杂度为 $O\left(\sum_{k=2}^{d} k \mid F_{k-1} \mid \mid F_1 \mid\right)$。图 8-6 给出了一个利用频繁 1-项集扩展频繁 2-项集生成候选 3-项集的例子,在这个例子中,将频繁 1-项集中的项和频繁 2-项集中的项组合,生成候选 3-项集。

显然,扩展法的复杂度要低于蛮力法。同时,蛮力法和扩展法都是完备的,即扩展法和蛮力法生成的 k-项集均包含了所有的频繁 k-项集。

(3)对新产生的候选 k-项集计算支持度计数,删除支持度计数小于给定阈值的候选 k-项集,生成频繁 k-项集。

支持度计数的一种常见方法是,将购物车数据集中的每个项集与所有的候选项集进行比较并且更新包含在数据集中的候选项集的支持度计数。这种方法的缺点是计算代价很大,尤

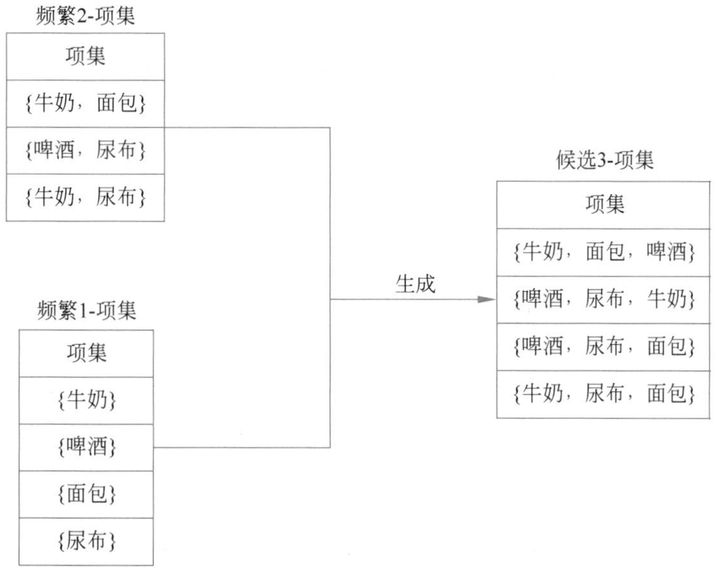

图 8-6 利用频繁 1-项集扩展频繁 2-项集生成候选 3-项集

其当购物车数据集记录数和候选项集的数目都很大时。另一种方法是枚举每个购物车数据集中项集所包含的项集，并且利用它们更新对应的候选项集的支持度计数。例如，考虑包含 5 个项{1,2,3,5,6}的项集 t，显然 t 包含 10 个 3-项集，其中的某些项集可能是所考查的候选 3-项集，在这种情况下，增加这些所考查的候选 3-项集的支持度计数。那些不与任何候选项集对应的项集的子集可以忽略。

(4) 循环执行(2)和(3)，当没有新的频繁项集产生时，输出所有频繁项集，算法结束。

3. 产生关联规则

Apriori 算法通过逐层的方式生成规则。在给定频繁项集的情况下，Apriori 算法首先生成后件只有一项的规则；其次利用后件只有一项的规则生成后件只有两项的规则；如此循环，直到生成所有前件只有一项的关联规则。在此过程中，如果任何低置信度的规则产生，根据定理 8.2，可以立即删除由该规则直接或间接参与生成的规则。

给定频繁 k-项集 Y，可以通过将 Y 划分为 Y 的两个不交非空子集 X 和 $Y-X$，生成规则 $X\to Y-X$。显然，通过该种方式生成规则有 2^k-2 个。接下来考虑如何缩小候选规则的范围。

显然，对于由同一频繁 k-项集生成的规则，具有下述定理所述性质。

定理 8.2 如果规则 $X\to Y-X$ 置信度小于给定阈值，则对任意 $X'\subset X$，规则 $X'\to Y-X'$ 的置信度也小于给定阈值。

因此，可以根据定理 8.2 缩小候选规则范围，即规则的剪枝。

图 8-7 展示了 Apriori 算法利用频繁 4-项集$\{a,b,c,d\}$生成规则并根据定理 8.2 剪枝的过程。首先，由$\{a,b,c,d\}$生成后件只有一个项的关联规则$\{b,c,d\}\to\{a\}$，$\{a,c,d\}\to\{b\}$，$\{a,b,d\}\to\{c\}$，$\{a,b,c\}\to\{d\}$。随后，利用后件只有一个项的关联规则生成后件只有两个项的关联规则，例如，利用$\{b,c,d\}\to\{a\}$和$\{a,c,d\}\to\{b\}$生成规则$\{c,d\}\to\{a,b\}$。类似可以生成其他规则。在规则生成后进行对规则的剪枝以减小候选规则的范围。不妨设规则$\{b,c,d\}\to\{a\}$的置信度低于给定阈值，则根据定理 8.2 所有由规则$\{b,c,d\}\to\{a\}$生成的规则的置信度均低于给定阈值，因此对这些规则进行剪枝。

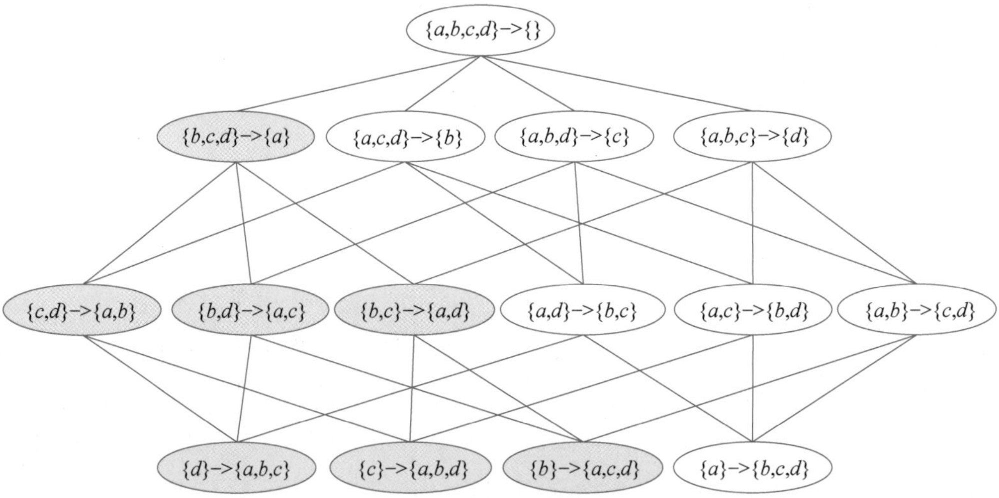

图 8-7 规则生成及剪枝

表 8-4 和表 8-5 给出了 Apriori 算法从给定频繁项集生成关联规则的步骤。

表 8-4 关联规则生成

输入：	全体频繁项集 k-项集构成的集合 $F_k(k\geqslant 2)$
输出：	F_k 中所有项集生成的满足置信度阈值的关联规则
	for $f_k\in F_k$ // 遍历 F_k 中的每一个频繁项集
	$H_1=\{\{i\}\mid i\in f_k\}$
	ap_gen_rules(f_k, H_1)
	end for

表 8-5 ap_gen_rules 函数

输入：	项集 f_k，项集集合 H_m，置信度阈值 minconf
输出：	从项集 f_k 生成的所有满足置信度阈值的关联规则
	$k=\|f_k\|$
	$m=\|h_m\|$ //h_m 为 H_m 任意非空元素
	if $k\geqslant m+1$ then
	for $h_m\in H_m$
	conf$=\sigma(f_k)/\sigma(f_k-h_m)$
	if conf$\geqslant$minconf then
	输出规则$\{F_k-h_m\}\rightarrow h_m$
	else
	从 H_m 删除 h_m
	end if
	end for
	H_{m+1}=Freq_gen(H_m)
	ap_gen_rules(f_k, H_{m+1})
	end if

8.4.3 数值型关联规则挖掘

8.4.2 节介绍了针对购物车数据集的关联规则挖掘的基本概念及原理，但是在有些情况下，数据可能具有分类属性或者连续属性，这使得无法直接使用 Apriori 算法直接进行关联规则挖掘。此时，可采用基于离散化方法或统计学的方法进行关联规则挖掘。

1. 分类属性数据

在很多情况下，数据可能包含多分类的属性。

例 8.5　表 8-6 所示为某阅读软件部分用户的阅读习惯等信息，属性“访问方式”为多分类属性，其属性值有三种，分别是桌面端、移动端和网页端。很多时候，人们希望对包含多属性分类数据的数据集进行关联分析，进而发现其中的规律。比如关联规则：

$$\{访问方式=桌面端\} \rightarrow \{偏好=科幻\}$$

反映了使用桌面端软件进行阅读的用户可能更喜欢科幻小说，阅读软件运营商由此可以增大对桌面端用户推荐科幻小说的力度。

表 8-6　某阅读软件部分用户的阅读习惯等信息

访问方式	IP 属地	偏　好	是否会员
桌面端	北京	科幻	是
移动端	四川	历史	是
网页端	福建	文学	否
桌面端	上海	科幻	否
移动端	江苏	玄幻	是
移动端	广东	历史	否
⋮	⋮	⋮	⋮

但是，由于多分类属性的存在，使得无法直接对表 8-6 所示的数据集进行二元表示，从而无法直接利用 8.4.2 节所介绍的关联规则挖掘算法。为了解决这一问题，将多分类属性的每个属性值转换为一个“项”是一个自然的想法。例如，对于属性“是否会员”可以用两个二元项“是否会员＝是”和“是否会员＝否”来替代。表 8-7 给出了表 8-6 中数据二元化后的结果。

表 8-7　数据二元化后的结果

访问方式＝桌面端	访问方式＝移动端	…	IP 属地＝北京	…	偏好＝科幻	偏好＝历史	…	是否会员＝是	是否会员＝否
1	0	…	1	…	1	0	…	1	0
0	1	…	0	…	0	1	…	1	0
0	0	…	0	…	0	0	…	0	1
1	0	…	0	…	1	0	…	0	1
0	1	…	0	…	0	0	…	1	0
0	1	…	0	…	0	1	…	0	1
⋮	⋮	⋮	⋮	⋮	⋮	⋮	⋮	⋮	⋮

2. 连续属性数据

有时，数据会包含连续属性。

例 8.6　表 8-8 所示的某银行客户数据集中，属性“年收入”和“日工作时长”的属性值为连续取值。

为了在该种数据集上利用 Apriori 算法挖掘关联规则，一种方法是基于离散化的方法，即对连续属性值离散化，进而将其转换为多分类属性，利用分类属性数据关联规则挖掘方法，进行关联规则挖掘；另一种则是基于统计学的方法。

表 8-8 具有连续属性的数据集

性　别	年　龄	年收入/万	日工作时长/小时
男	28	11.5	8
女	25	12	9
男	30	15	7.5
女	34	13.5	6
女	50	26	10
男	61	18	8
男	18	10	5
⋮	⋮	⋮	⋮

1）基于离散化的方法

离散化是处理连续属性最常用的方法。这种方法将连续属性的邻近值分组，形成有限个区间。例如，连续属性年龄的属性值可以划分成如下区间：

$$年龄 \in [12,16),年龄 \in [16,20),年龄 \in [20,24),\cdots,年龄 \in [76,80)$$

离散化可以使用等区间宽度、等频率、基于熵或聚类的方法实现。

2）基于统计学的方法

在对有连续属性的数据集进行关联规则挖掘时，可以考虑基于统计学的关联规则。以表 8-8 对应的数据集为例，基于统计学的关联规则可能具有形式：

$$\{年龄 \in [25,30),年收入 \in [10,15)\} \rightarrow 日工作时长：均值 = 8.5$$

该规则表明年龄在 25 岁到 30 岁之间且年收入在 10 到 15 万之间的银行客户的平均日工作时长为 8.5 小时。显然相比于普通的关联规则，基于统计学的关联规则中只有后件的形式发生了变化。

为了产生基于统计学的关联规则，需要保留感兴趣的目标属性(即后件中出现的属性)，并对其余属性进行二元化。然后利用 Apriori 算法从二元化数据中提取频繁项集。每个频繁项集确定一个感兴趣属性的属性值的分布集合。使用诸如均值、中位数、方差或绝对偏差等统计量，可以对目标属性在每个集合内的分布进行汇总。使用这个方法得到的关联规则的数量与提取的频繁项集相同。对于这种规则，不能使用置信度。确认关联规则的可选方法之一是借助假设检验确定关联规则的有效性。例如，考虑关联规则

$$A \rightarrow t : \mu$$

其中，t 是感兴趣的连续属性，A 是从二元化的数据集中提取到的频繁项集，μ 是二元化的数据集中包含 A 的记录(为方便起见，称其为支持 A 的记录)的 t 的平均值。设 μ' 是二元化的数据集中未包含 A 的记录(称其为不支持 A 的记录)的 t 的平均值。为了确定关联规则有效性，需要检验 μ 和 μ' 的差异是否大于事先给定的某个阈值 Δ。为此，给定原假设：$H_0: \mu' = \mu + \Delta$ 和备择假设 $H_1: \mu' > \mu + \Delta$。为了确定哪个假设成立，计算

$$Z = \frac{\mu' - \mu - \Delta}{\sqrt{\frac{s_1^2}{n_1} + \frac{s_2^2}{n_2}}}$$

其中，n_1 是支持 A 的数据集中记录的个数，n_2 是不支持 A 的数据集中记录的个数，s_1 是支持 A 的记录的 t 的标准差，s_2 是不支持 A 的记录的 t 的标准差，且支持 A 和不支持 A 的记录的 t 的总体均服从正态分布。当购物车数据集规模很大时，可以认为 Z 服从标准正态分布。通过将计算的 Z 值与临界值 Z_α 比较，其中 α 是依赖于期望置信水平的值。如果 $Z > Z_\alpha$，则原假

设被拒绝,即该关联规则是有效的。

8.5 因果分析

本节将介绍因果分析的基本知识,通过介绍结构因果模型及其图模型来描述因果关系。同时,介绍基于干预的因果效应评估方法。

8.5.1 结构因果模型与图模型

在分析和处理数据时,很多时候需要识别和确定变量之间的因果关系。例如判断服用某种药品能否使患者痊愈,受教育程度是否会影响薪资水平,某种疾病是否由蚊虫叮咬传播等。在发现并准确识别因果关系后,就能有效地用于指导生产实践。比如,当确定蚊虫叮咬能传播某种疾病,就可以采用驱蚊措施来防止该种疾病的传播。

但是,在传统的统计学方法中,变量之间的因果关系可能无法很好地进行描述和确定。例如,表 8-9 给出了某次药品试验的结果。

表 8-9 某次药品试验的结果

患　者	服药患者情况		未服药患者情况	
	痊愈患者数	痊愈率	痊愈患者数	痊愈率
男性患者	81 例(共 87 例)	93%	234 例(共 270 例)	87%
女性患者	192 例(共 263 例)	73%	55 例(共 80 例)	69%
合计	273 例(共 350 例)	78%	289 例(共 350 例)	83%

如表所示,第一行是服药与未服药男性患者的痊愈数及痊愈率的对比,第二行是服药与未服药女性患者的痊愈数及痊愈率的对比,第三行为两行结果的汇总。显然,从表中数据可知,男性患者中,服药患者痊愈率(93%)比未服药患者痊愈率(87%)高。这一结果同样出现在女性患者中(分别是 73%和 69%)。然而,对全体受试者而言,未服药患者痊愈率(83%)比服药患者痊愈率(78%)高。

表中数据似乎说明,如果知道患者的性别(男性或女性),那么就可以开出药物,但如果性别不明,则不能开药。显然,这个结论是荒谬的。如果药物有益于男性患者和女性患者,那么它必然对任何患者都有效,忽略患者的性别,并不会使药物变得无效。这说明仅仅通过传统的统计学基本方法无法判断药品是否对疾病有治愈效果。此时,就需要因果分析以识别服药和痊愈之间的因果关系。

为了能严格地处理因果关系,识别变量之间的因果关系,结构因果模型的概念被提出。结构因果模型能够形式化地表述数据背后的因果假设。结构因果模型含有两个变量集 U 和 V,以及一组函数

$$f=\{f_X: W_X \to X \mid X \in V\}$$

其中,$W_X \subseteq (U \cup V)-\{X\}$。$U$ 中的变量称为外生变量,它们属于模型的外部,在结构因果模型中不考虑它们变化的原因。V 中的变量称为内生变量,模型中每一个内生变量都至少受一个外生变量的影响。函数集合 f 则用于描述变量之间的关系。显然在结构因果模型中,变量 X 的值由其他一个或多个变量的值和 f_X 决定。

基于结构因果模型,可以给出因果的定义:若 Y 存在于 f_X 的定义域中,则称变量 Y 是变量 X 的直接原因。例 8.7 给出了一个具体的因果结构模型的例子(图模型如图 8-8 所示)。

例 8.7 考虑结构因果模型

$$U=\{X,Y\},\quad V=\{Z\},\quad f=\{f_Z\}$$

$$f_Z:Z=2X+3Y$$

其中，X 表示雇员的学历，Y 表示雇员的工龄，Z 表示雇员的收入。该模型表示学历为 X 工龄为 Y 的雇员的工资为 Z。显然，X 和 Y 都是 Z 的直接原因。

每个结构因果模型都与图形化的因果模型 G（没有事先申明的情况下 G 均为有向无环图）相关联，俗称“图模型”或简称“图”。图模型的顶点集表示 U 和 V 中的变量，节点之间的边表示 f 中的函数。对给定结构因果模型的图模型 G，对于变量 X，如果 f_X 的定义域含有变量 Y，那么 G 中会有一条从 Y 对应的顶点到 X 对应顶点的有向边。

为便于表述，在本节的后面部分将不对变量及其对应的节点进行区分。

结构因果图中有三种基本结构：链结构、分叉结构和对撞结构。

链结构由三个节点和两条边组成，并且中间节点有一条边进入和一条边射出。链结构具有如下性质。

性质 如果变量 X 和 Y 之间只有一条单向路径，Z 是截断这条路径的任一组变量，如图 8-9(a)所示，则在 Z 的条件下，X 和 Y 是独立的，即

$$P(Y=y\mid X=x,Z=z)=P(Y=y\mid Z=z)$$

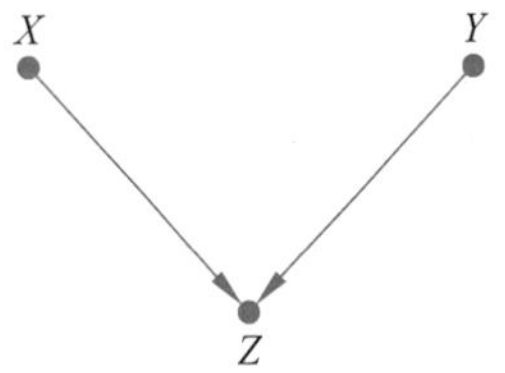

图 8-8 例 8.7 中结构因果模型对应的图模型

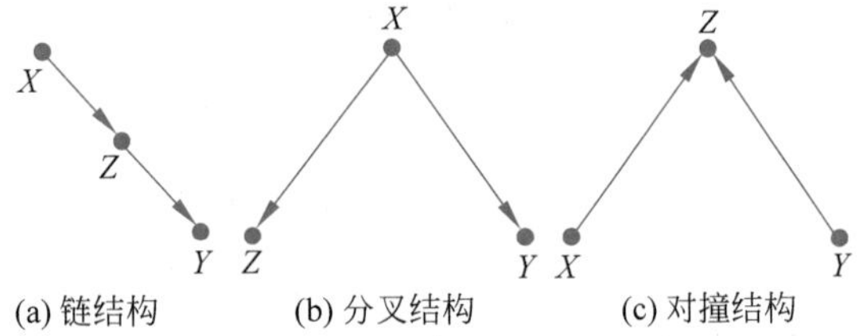

图 8-9 图模型中的三种基本结构

分叉结构具有三个节点，中间节点有两条边射出，如图 8-9(b)所示。分叉结构具有如下性质。

性质 如果变量 X 是变量 Y 和 Z 的共同原因，并且 Y 和 Z 之间只有一条路径，则 Y 和 Z 在 X 的条件下独立。即

$$P(Y=y\mid Z=z,X=x)=P(Y=y\mid X=x)$$

对撞结构具有三个节点，中间节点有两条边射入，如图 8-9(c)所示。对撞结构具有如下性质。

性质 如果变量 Z 是变量 X 和 Y 之间的对撞节点，并且 X、Y 与 Z 之间只有一条路径，那么 X 与 Y 是无条件独立的，X 与 Y 在 Z 的条件下是相互依赖的，即

$$P(X=x\mid Y=y)=P(X=x),$$

$$P(X=x\mid Y=y,Z=z)\neq P(X=x\mid Z=x)$$

上面介绍了三种图模型中的基本结构，图模型中节点之间相互独立或依赖关系可以通过节点在图模型中的基本结构判定。但是，现实中的图模型通常都较为复杂，可能存在多条路径连接两个节点变量，每条路径又包含多条边，或存在多个链式、分叉和对撞结构。在这种情况下，通过图模型中节点变量之间的连接关系对节点变量之间相互独立或相互依赖的关系进行分析、判定，需要引入 d-分离的概念。

一对节点之间如果存在一条连通路径，则称它们是 d-连通的，否则称它们是 d-分离的。如果以一组节点 W 为条件，则可以给出一般化的 d-分离的定义。

定义 一条路径 p 会被一组节点 W 阻断，当且仅当路径 p 包含链结构 $A\rightarrow B\rightarrow C$ 或分叉

结构 $A \leftarrow B \rightarrow C$，且中间节点 B 在 W 中(即以 B 为条件)或路径 p 包含一个对撞结构 $A \rightarrow B \leftarrow C$，且对撞节点 B 及其后代节点都不在 W 中。

定义 8.2　如果一组节点 W 阻断了 X 和 Y 之间的每一条路径，称 X 和 Y 在 W 的条件下是 d-分离的。

8.5.2　因果效应评估

因果效应评估是因果分析的主要任务之一。在结构因果模型中，干预和反事实是用来验证因果性的常用手段。受篇幅所限，本节只针对干预进行介绍。简要来说，干预是通过固定某些变量来改变整个系统，并观察其他变量的变化，以推断不同变量之间的因果效应。

例如，在统计学中经常会提到"相关关系不是因果关系"。这里有一个著名的例子，在国外某城市，冰淇淋销量的增加和犯罪率的增加是有关系的。通常，随机对照试验可以用于评估因果效应，说明输出变量的改变由某输入变量引起。因为在一个正确的随机对照试验中，除了输入变量，其他影响输出变量的因素要么是不变的，要么是随机变化的，因此输出变量的任何改变必然由这一输入变量引起。

但是，很多问题不适合用随机对照试验来解决。比如在研究冰淇淋销量的增加和犯罪率的增加的因果关系时，控制一个城市的冰淇淋销量是不现实的。同理，在研究引起火灾的因素过程中，不能通过人为制造火灾来进行随机对照试验。

对于这种情况，可以通过对一个变量进行干预并结合图模型，将因果关系从相关关系中提取出来。对模型中某个变量进行干预是指将该变量的取值固定，让该变量不再随着模型中其他变量的变化而变化。从图模型的角度来讲，对某个变量进行干预就在图中删除所有指向该变量的边(见图 8-10)。

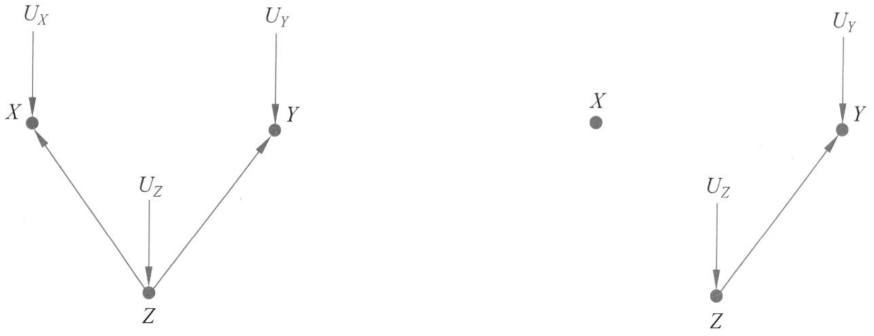

(a) 未对变量X干预时的图模型　　(b) 对变量X进行干预后的图模型

图 8-10　干预前后的图模型

符号上通常用 $\mathrm{do}(X=x)$ 运算表达干预，比如 $P(Y=y \mid X=x)$ 表示 $X=x$ 的条件下 $Y=y$ 的概率，而 $P(Y=y \mid \mathrm{do}(X=x))$ 表示通过干预使 $X=x$ 时 $Y=y$ 的概率，它反映了将 X 取值固定为 x 时 $Y=y$ 的总体分布。

通过对原因变量进行干预并分析干预前后结果变量对应的概率分布，就可以识别原因变量和结果变量之间的因果关系。因此，通过干预识别变量之间的因果关系，关键在于计算结果变量在干预下的概率。在有向无环图表示的结构因果模型中，可以通过校正公式、后门准则和前门准则来计算变量干预条件下的概率。

1. 校正公式

构建包含干预变量 X 的所有父节点变量的图模型 G，设干预变量 X 的父节点变量集合为 PA，则计算干预变量 X 对结果变量 Y 因果效应的表达式为

$$P(Y=y \mid \text{do}(X=x))=\sum_{t} P(Y=y \mid X=x, \text{PA}=t) P(\text{PA}=t)$$

其中，t 是 PA 所有可能的变量取值组合。显然，当 $\text{PA}=\{Z\}$时，干预变量 X 对结果变量 Y 因果效应的调整表达式为

$$P(Y=y \mid \text{do}(X=x))=\sum_{z} P(Y=y \mid X=x, Z=z) P(Z=z)$$

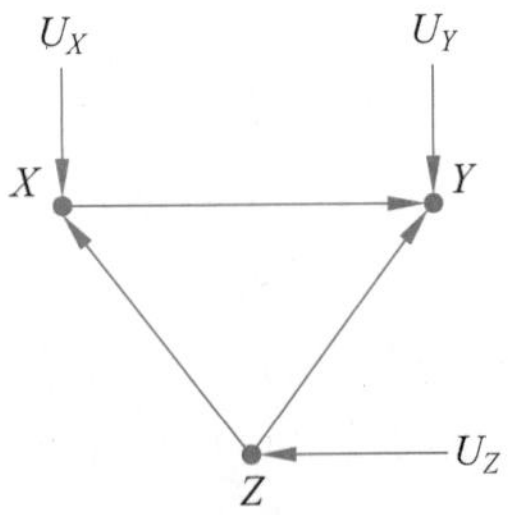

图 8-11 服药(X)、性别(Z)和痊愈(Y)构成的结构因果模型

例 8.8 （将校正公式用于表 8-9 中的数据）不妨设表 8-9 中的数据由图 8-11 所示的结构因果模型生成。已知性别(Z)对服药(X)和痊愈(Y)有影响，现考虑服药(X)对痊愈(Y)有因果效应。

不妨令 $X=1$ 表示患者服药，$X=0$ 表示患者未服药；$Z=1$ 表示男性患者，$Z=0$ 表示女性患者；$Y=1$ 表示患者痊愈，$Y=0$ 表示患者未痊愈。根据校正公式有

$$\begin{aligned}P(Y=1 \mid \text{do}(X=1))=&P(Y=1 \mid X=1, Z=1) P(Z=1)+\\ &P(Y=1 \mid X=1, Z=0) P(Z=0)\end{aligned}$$

利用表中数据可得

$$P(Y=1 \mid \text{do}(X=1))=\frac{0.93 \times(87+270)}{700}+\frac{0.73 \times(263+80)}{700}=0.832$$

类似可得

$$P(Y=1 \mid \text{do}(X=0))=\frac{0.87 \times(87+270)}{700}+\frac{0.69 \times(263+80)}{700}=0.7818$$

通过比较服药和未服药的效果，有

$$P(Y=1 \mid \text{do}(X=1))-P(Y=1 \mid \text{do}(X=0))=0.0502$$

这说明服药对痊愈有一定的积极作用。

2. 后门准则

当确定一个变量对另一个变量的因果效应时，可以直接利用校正公式对该变量的父节点变量进行校正。有时候，变量可能有不可观察的父节点。在这种情况下，需要找到一个替代的变量集合用于校正。对于由有向无环图表示的因果模型中的任何两个变量 X 和 Y，通过后门准则可以确定应该以模型中的哪些变量 Z 为条件来寻找 X 与 Y 之间的因果关系。

定义 8.3(后门准则) 给定有向无环图中的一对有序变量(X,Y)，如果变量集合 Z 中的变量没有后代节点，且 Z 阻断了 X 与 Y 之间的每条含有指向 X 的路径，则称 Z 满足关于(X,Y)的后门准则。

如果变量集合 Z 满足(X,Y)的后门准则，那么 X 对 Y 的因果效应可以由以下公式计算：

$$P(Y=y \mid \text{do}(X=x))=\sum_{z} P(Y=y) \mid X=x, Z=z) P(Z=z)$$

例 8.9 考虑表示药物 X、痊愈情况 Y、体重 W、收入 Z 之间关系的图模型(图 8-12)。在 Z 是不可观测的条件下考虑服药情况 X 对治愈情况 Y 的因果效应。显然 X 的唯一父节点不可观测，因此无法直接借助校正公式计算 X 对 Y 的因果效应。但是，W 阻断了 X 到 Y 的路径 $X \leftarrow Z \rightarrow W \rightarrow Y$，因此 W 满足后门准则。从而有

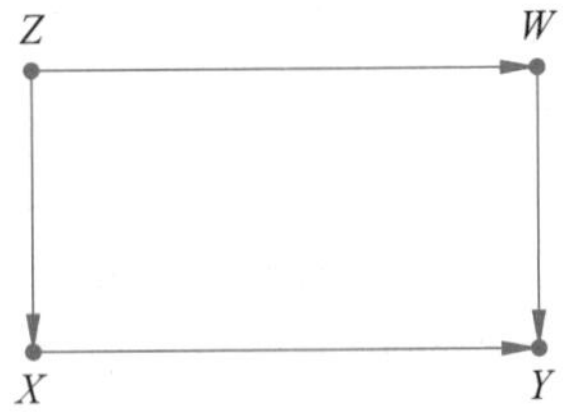

图 8-12 药物 X、痊愈情况 Y、体重 W、收入 Z 之间关系的图模型

$$P(Y=y \mid \text{do}(X=x))=\sum_{w} P(Y=y \mid X=x, W=w) P(W=w)$$

3. 前门准则

估计因果效应时，后门准则可以识别需要校正的变量集合。对不满足后门准则的模型使用 do 操作时，可以借助前门准则进行校正。

定义 8.4（前门准则） 变量集合 Z 被称为满足关于有序变量对(X,Y)的前门准则，如果：Z 阻断了所有 X 到 Y 的有向路径；X 到 Z 没有后门路径；所有 Z 到 Y 的后门路径都被 X 阻断。

定理 8.3（前门校正） 如果 Z 满足变量对(X,Y)的前门准则且 $P(x,z)>0$，那么 X 对 Y 的因果效应由下式计算：

$$P(Y=y \mid \text{do}(X=x))=\sum_{z} P(Z=z \mid X=x) \sum_{x'} P(Y=y \mid X=x', Z=z) P(X=x')$$

8.6 案例：购物车数据挖掘

零售商在日常销售中积累了大量销售数据，这些数据可能包含了一些有趣的模式，通过对这些模式挖掘可能会发现消费者的购物习惯、对不同商品的喜好程度。有效地挖掘这些模式可以帮助销售商改进销售策略，提高收入。

本节案例对英国某零售商的销售数据进行关联规则挖掘。数据描述了 2010 年 12 月至 2011 年 12 月该零售商的商品销售情况。原始数据共包含 486 576 条商品销售记录，每条销售记录共有 7 个属性，分别是账单号、商品名称、商品数量、销售日期、销售价格、顾客 ID 和销售国家，部分销售记录如图 8-13 所示。数据集可在 Kaggle 平台获得。

BillNo	Itemname	Quantity	Date	Price	CustomerID	Country
536365	WHITE HANGING HEART T-LIGHT HOLDER	6	01.12.2010 08:26	2,55	17850.0	United Kingdom
536365	WHITE METAL LANTERN	6	01.12.2010 08:26	3,39	17850.0	United Kingdom
536365	CREAM CUPID HEARTS COAT HANGER	8	01.12.2010 08:26	2,75	17850.0	United Kingdom
536365	KNITTED UNION FLAG HOT WATER BOTTLE	6	01.12.2010 08:26	3,39	17850.0	United Kingdom
536365	RED WOOLLY HOTTIE WHITE HEART.	6	01.12.2010 08:26	3,39	17850.0	United Kingdom

图 8-13　部分销售记录

本案例将采用 Apriori 算法对购物车数据进行分析，挖掘购物车数据中的频繁项集和有意义的关联规则。主要包含三部分：数据预处理及二元表示、频繁项集挖掘和关联规则生成。

数据预处理主要包括移除空缺值和异常值。预处理结束后，根据顾客 ID，对数据集进行适当的分组和合并，得到包含 16 474 条记录和 3839 个项的数据集。对数据集进行二元表示后，利用 Python 库 mlxtend 中的 Apriori 算法挖掘频繁项集。本案例共挖掘出 149 个频繁项集，部分频繁项集如图 8-14 所示。

support	itemsets
0.047772	(6 RIBBONS RUSTIC CHARM)
0.030715	(60 CAKE CASES VINTAGE CHRISTMAS)
0.042066	(60 TEATIME FAIRY CAKE CASES)
0.031079	(72 SWEETHEART FAIRY CAKE CASES)
0.047529	(ALARM CLOCK BAKELIKE GREEN)
0.035996	(ALARM CLOCK BAKELIKE PINK)
0.051657	(ALARM CLOCK BAKELIKE RED)

图 8-14　部分频繁项集及其支持度

获得频繁项集后可以进一步生成关联规则。利用 mlxtend 库中的 Apriori 算法，从频繁项集生成满足一定要求的关联规则，并计算关联规则的置信度、提升度等评价指标。

```
# 导入库
from mlxtend.frequent_patterns import apriori
from mlxtend.frequent_patterns import association_rules
# 频繁项集挖掘
frequent_itemsets = apriori(basket_sets,min_support = 0.03,use_colnames = True)
# 生成关联规则
rules = round(association_rules(frequent_itemsets,metric = 'lift',min_threshold = 1),2)
```

本案例中一共生成 32 条规则。图 8-15 展示了部分挖掘到的关联规则及其评价指标值，评价指标的定义如表 8-10 所示。

antecedents	consequents	antecedent support	consequent support	support	confidence	lift	leverage	conviction	zhangs_metric
(ALARM CLOCK BAKELIKE GREEN)	(ALARM CLOCK BAKELIKE RED)	0.05	0.05	0.03	0.64	12.41	0.03	2.64	0.97
(ALARM CLOCK BAKELIKE RED)	(ALARM CLOCK BAKELIKE GREEN)	0.05	0.05	0.03	0.59	12.41	0.03	2.32	0.97
(GARDENERS KNEELING PAD CUP OF TEA)	(GARDENERS KNEELING PAD KEEP CALM)	0.05	0.05	0.03	0.72	13.23	0.03	3.39	0.97
(GARDENERS KNEELING PAD KEEP CALM)	(GARDENERS KNEELING PAD CUP OF TEA)	0.05	0.05	0.03	0.60	13.23	0.03	2.40	0.98
(PINK REGENCY TEACUP AND SAUCER)	(GREEN REGENCY TEACUP AND SAUCER)	0.04	0.05	0.03	0.82	15.50	0.03	5.25	0.98

图 8-15　由频繁项集生成的部分关联规则及其评价指标

表 8-10　关联规则评价指标及其定义

指　　标	定　　义
lift	$\dfrac{s(X\cap Y)}{s(X)s(Y)}$
leverage	$s(X\rightarrow Y)-s(X)s(Y)$
conviction	$\dfrac{1-s(Y)}{1-c(X\rightarrow Y)}$
zhang_smetric	$\dfrac{c(X\rightarrow Y)-c(X'\rightarrow Y)}{\max(c(X\rightarrow Y),c(X'\rightarrow Y))}$

选取提升度(lift)前五的关联规则，对它们的每个评价指标绘制热力图(见图 8-16)，进行可视化分析。观察图 8-16，不难发现不同配色的丽晶茶杯和茶托(REGENCY TEACUP AND SAUCER)是消费者经常一起购买的商品。

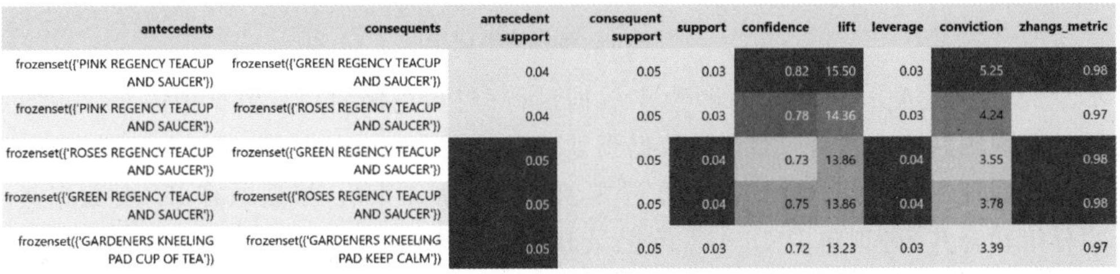

antecedents	consequents	antecedent support	consequent support	support	confidence	lift	leverage	conviction	zhangs_metric
frozenset({'PINK REGENCY TEACUP AND SAUCER'})	frozenset({'GREEN REGENCY TEACUP AND SAUCER'})	0.04	0.05	0.03	0.82	15.50	0.03	5.25	0.98
frozenset({'PINK REGENCY TEACUP AND SAUCER'})	frozenset({'ROSES REGENCY TEACUP AND SAUCER'})	0.04	0.05	0.03	0.78	14.36	0.03	4.24	0.97
frozenset({'ROSES REGENCY TEACUP AND SAUCER'})	frozenset({'GREEN REGENCY TEACUP AND SAUCER'})	0.05	0.05	0.04	0.73	13.86	0.04	3.55	0.98
frozenset({'GREEN REGENCY TEACUP AND SAUCER'})	frozenset({'ROSES REGENCY TEACUP AND SAUCER'})	0.05	0.05	0.04	0.75	13.86	0.04	3.78	0.98
frozenset({'GARDENERS KNEELING PAD CUP OF TEA'})	frozenset({'GARDENERS KNEELING PAD KEEP CALM'})	0.05	0.05	0.03	0.72	13.23	0.03	3.39	0.97

图 8-16　关联规则及其评价指标可视化

本案例利用关联规则挖掘算法对某超市的销售记录进行分析。首先，本案例对原始数据进行了预处理，并将其进行二元表示。之后，借助 Apriori 算法从二元表示后的销售记录中挖掘了 149 个满足阈值条件的频繁项集。随后利用频繁项集生成了满足阈值条件的关联规则，并计算了相应的评价指标。挖掘出的关联规则表明不同配色丽晶茶杯和茶托(REGENCY TEACUP AND SAUCER)是消费者经常一起购买的商品。

8.7 本章小结

本章主要介绍了关联性分析方法，包括非线性相关系数、典型关联分析和关联规则挖掘等。皮尔逊相关系数等能够体现特征之间的线性关系，但是不能有效度量特征之间的非线性关系。距离相关系数能够克服皮尔逊相关系数的缺点，用来度量特征非线性程度。典型关联分析可以度量变量组之间的关联性，在多模态分析等领域中具有重要应用。本章通过一个详细的案例阐述了购物车数据分析中的关联规则挖掘算法。它是一种描述两个或多个事物之间关联性的数据挖掘方法，可以从大量数据中发现有价值的联系。本章的最后对因果分析的基本概念和理论进行了介绍。

习题

1. 选择题

(1) 属于关联分析的关键要素是(　　)。

A. 支持度　　B. 置信度　　C. 满意度　　D. 提升度

(2) 以下属于关联分析的是(　　)。

A. CPU 性能预测　　B. 购物篮分析

C. 自动判断鸢尾花类别　　D. 股票趋势建模

(3) Apriori 算法的加速过程依赖于以下哪个策略？(　　)

A. 抽样　　B. 剪枝　　C. 缓冲　　D. 并行

(4) 非频繁模式是(　　)。

A. 其支持度小于阈值　　B. 令人不感兴趣

C. 包含负模式和负相关模式　　D. 对异常数据项敏感

(5) 下列现象属于线性函数关系的是(　　)。

A. 利息水平与利率水平　　B. 降雨量与茶叶质量

C. 居民收入水平与居民储蓄额　　D. 广告投放量与产品销售量

(6) 以下关于典型关联分析(CCA)的说法中，哪一项是正确的？(　　)

A. CCA 只能处理两组变量

B. 两组变量的维度必须相同

C. CCA 假设两组变量都是正态分布的

D. CCA 不允许变量之间存在多重共线性

(7) 典型相关分析是一种多元统计分析方法，用于研究两个或多个变量组之间的线性相关性，其局限性包括(　　)。

A. 它不能处理非线性关系　　B. 它对异常值敏感

C. 它假设数据是正态分布的　　D. 所有上述选项

(8) 在结构因果模型中，有向边表示(　　)。

A. 统计相关性　　B. 因果关系

C. 协方差　　D. 数据生成过程

(9) 什么是在因果效应评估中常见的“选择性偏差”？(　　)

A. 由于随机分配导致实验组和控制组之间的差异

B. 由于参与者特征的系统性差异导致的偏差

C. 由于测量误差导致的偏差

D. 由于数据处理不当导致的偏差

(10) 如果互信息 $I(X;Y)$很高，这表明(　　)。

A. X 和 Y 之间有很强的线性关系

B. X 和 Y 之间有很强的非线性关系

C. X 和 Y 之间有很强的相互依赖性

D. X 和 Y 之间完全独立

2. 简答及计算题

(1) 随机变量 X 和随机变量 Y 具有如下关系：

$$Y=X^2$$

① 从随机变量 X 抽样得到 5 个样本点，为 1、2、3、4、5，计算 X 与 Y 的距离相关系数。

② 进一步增加抽样样本点，计算 X 与 Y 的距离相关系数，是否会随着样本规模的增加而发生变化。

(2) 假设有一个二维的随机向量 $\boldsymbol{X}$，得到 5 个观测值为

$$\{(0.23,0.76),(0.46,0.81),(0.25,0.10),(0.78,0.38),(0.91,0.63)\}$$

以及一个三维随机向量 $\boldsymbol{Y}$，得到 5 个观测值为

$$\{(1.18,0.87,0.12),(0.92,0.59,0.36),(0.47,1.27,0.30),$$
$$(1.05,0.29,0.77),(1.12,0.90,0.20)\}$$

请计算随机向量 $\boldsymbol{X}$ 和随机向量 $\boldsymbol{Y}$ 的距离相关系数。

(3) 表 8-11 为一个手机评论数据集，每一条评论可以表示为评论中出现的词的集合。

表 8-11　手机评论数据集

评论编号	项　集
1	{功能,速度,屏幕,手感}
2	{速度,客服}
3	{速度,屏幕}
4	{功能,屏幕,手感}
5	{功能,速度,屏幕,手感}
6	{屏幕,手感,客服}

请计算规则{速度}→{屏幕}的支持度和置信度。

(4) 假设你是一名市场研究人员，你收集了两组数据：

变量组 1：消费者个人特征，包含

$X1$：年龄(标准化得分)

$X2$：收入水平(标准化得分)

$X3$：教育程度(标准化得分，例如：1=高中以下，2=高中，3=大学，4=研究生及以上)

变量组 2：购买行为

$Y1$：品牌 A 的购买频率(标准化得分)

$Y2$：品牌 B 的购买频率(标准化得分)

$Y3$：品牌 C 的购买频率(标准化得分)

现收集了 20 个消费者的数据，每个消费者都有上述 6 个变量的得分(已经过标准化)，如表 8-12 所示。

表 8-12　消费者数据

消费者个人特征（标准化得分）			购买行为（标准化得分）		
*X*1：年龄	*X*2：收入水平	*X*3：教育程度	*Y*1：品牌 *A*	*Y*2：品牌 *B*	*Y*3：品牌 *C*
−1.23	0.56	1.32	0.89	1.32	−0.76
−0.89	−0.34	0.76	0.12	−0.45	1.28
0.42	1.28	0.15	−0.63	0.54	0.92
−0.57	−0.78	0.92	1.21	−0.63	−0.12
1.56	0.03	0.45	−0.34	0.76	1.08
−0.12	0.97	0.81	0.56	−0.89	0.63
0.76	−0.43	1.28	−0.78	1.21	−0.45
−0.35	1.21	−0.56	0.97	−0.12	0.89
1.08	−0.76	0.39	−0.54	1.28	0.76
−0.84	0.54	0.12	1.32	−0.63	−0.34
0.63	−0.92	0.76	−0.45	0.89	0.56
−1.28	0.38	0.15	0.76	−0.78	1.21
1.21	0.56	−0.34	−0.89	0.97	0.12
−0.45	−0.12	1.02	1.28	−0.54	−0.76
0.89	1.32	0.28	−0.63	1.32	0.45
−1.02	−0.63	0.39	0.92	−0.89	0.78
0.54	0.12	1.21	−0.12	0.56	1.28
−0.63	0.92	−0.45	0.63	−0.97	−0.89
1.28	−0.38	0.84	−0.76	1.21	0.54
−0.76	0.78	0.63	0.54	−0.76	1.02

现在请使用典型关联分析方法分析这两组数据之间的关系。

3. 思考题

（1）请讨论在大数据分析中，因果分析与相关性分析在不同领域（如商业、医疗、社会科学等）的应用案例，并比较其优势和局限性。

（2）时间关联规则分析是一种用于发现数据中随时间变化的模式或趋势的方法。它结合了传统的关联规则挖掘技术和时间序列分析，以识别事件之间的序列关系和时间约束。这种分析对于理解事件如何随时间发展、预测未来行为或事件，以及制定基于时间信息的策略非常有用。请思考，如何处理数据随时间的变化，以挖掘动态的关联规则？

参考文献

[1] 巴勃罗.迪布.特征工程的艺术：通用技巧与实用案例[M].陈光欣，译.北京：人民邮电出版社，2022.

[2] 车万翔，窦志成，冯岩松，等.大模型时代的自然语言处理：挑战、机遇与发展[J].中国科学：信息科学，2023，53(9)：1645-1687.

[3] 程学旗，梅宏，赵伟，等. 数据科学与计算智能：内涵、范式与机遇[J]. 中国科学院院刊，2020，35(12)：1470-1481.

[4] 邓琪，高建军，葛冬冬，等. 现代优化理论与应用[J].中国科学：数学，2020，50：899-968.

[5] 韩家炜，范明，孟小峰. 数据挖掘：概念与技术[M]. 北京：机械工业出版社，2012.

[6] 金勇进，杜子芳，蒋妍. 抽样技术[M].5 版.北京：中国人民大学出版社，2021.

[7] 孔祥维，王明征，胡祥培，等. 非结构化数据分析与应用[M].北京：高等教育出版社，2023.

[8] 蓝光辉. 机器学习中的一阶与随机优化方法[M].北京：机械工业出版社，2023.

[9] 李东，程鸣权，徐杨，等. 基于平均互信息的最优社区发现方法[J]. 中国科学：信息科学，2019，49(5)：613-629.

[10] 欧高炎，朱占星，董彬，等，数据科学导论[M].北京：高等教育出版社，2017.

[11] 潘蕊，张妍，高天辰.网络结构数据分析与应用[M].北京：北京大学出版社，2022.

[12] 覃雄派，陈跃国，杜小勇.数据科学概论[M].北京：中国人民大学出版社，2018.

[13] 涂存超，杨成，刘知远，等. 网络表示学习综述[J]. 中国科学：信息科学，2017，47(8)：980-996.

[14] 王奇超，文再文，蓝光辉，等.优化算法的复杂度分析，中国科学：数学，2020，50(9)：1271-1336.

[15] 王晓霞，李雷孝，林浩. SMOTE 类算法研究综述[J].计算机科学与探索，2024，18(5)：1135-1159.

[16] 吴翌琳，房祥忠.大数据探索性分析[M].2 版.北京：中国人民大学出版社，2020.

[17] 西蒙.计算机视觉：模型、学习和推理[M].苗启广，刘凯，孔韦韦，等译.北京：机械工业出版社，2023.

[18] 夏志明，徐宗本.基于 PCA 的信息压缩：从一阶到高阶[J].中国科学：信息科学，2018，48(12)：1622-1633.

[19] 张云雷.社区发现方法及应用[M].北京：北京交通大学出版社，2022.

[20] 周叶青，许凯，朱利平.非线性相依数据关联分析[J].中国科学：数学，2024，54：1-25.

[21] 赵森栋，刘挺.因果关系及其在社会媒体上的应用研究综述[J].软件学报，2014，25(12)：2733-2752.

[22] Agrawal R，Ramakrishnan S. Fast algorithms for mining association rules[C]. Proc. 20th int. conf. very large data bases，VLDB. Vol. 1215. 1994.

[23] Agarap A F M. On breast cancer detection：an application of machine learning algorithms on the wisconsin diagnostic dataset[C]//Proceedings of the 2nd International Conference on Machine Learning and Soft Computing. 2018：5-9.

[24] Ali J B，Saidi L，Harrath S，et al. Online automatic diagnosis of wind turbine bearings progressive degradations under real experimental conditions based on unsupervised machine learning[J]. Applied Acoustics，2018，132：167-181.

[25] Al-Kateb M，Lee B S，Wang X S. Adaptive-size reservoir sampling over data streams[C]//19th International Conference on Scientific and Statistical Database Management（SSDBM 2007）. IEEE，2007：22-22.

[26] Bechhoefer E，Van Hecke B，He D. Processing for improved spectral analysis[C]. Annual Conference of the PHM Society，New Orleans，LA，2013.

[27] Berndt D J，Clifford J. Using dynamic time warping to find patterns in time series[C]//Proceedings of the 3rd International Conference on Knowledge Discovery and Data Mining. 1994：359-370.

[28] Çelik M，Dadaser-Çelik F，Dokuz A S. Anomaly detection in temperature data using DBSCAN algorithm [C] International Symposium on Innovations in Intelligent Systems and Applications. IEEE，2011：

91-95.

[29] Chandrashekar G, Sahin F. A survey on feature selection methods[J]. Computers & electrical engineering, 2014, 40(1): 16-28.

[30] Chawla, N V., et al. SMOTE: Synthetic minority over-sampling technique[J]. Journal of Artificial Intelligence Research 16.1(2002): 321-357.

[31] Choi H, Yun J P, Kim B J, et al. Attention-based multimodal image feature fusion module for transmission line detection[J]. IEEE Transactions on Industrial Informatics, 2022, 18(11): 7686-7695.

[32] Choi S S, Cha S H, Tappert C C. A survey of binary similarity and distance measures[J]. Journal of Systemics, Cybernetics and Informatics, 2010, 8(1): 43-48.

[33] Chowdhary K R, Chowdhary K R. Natural language processing [J]. Fundamentals of Artificial Intelligence, 2020: 603-649.

[34] Christian H, Agus M P, Suhartono D. Single document automatic text summarization using term frequency-inverse document frequency (TF-IDF) [J]. ComTech: Computer, Mathematics and Engineering Applications, 2016, 7(4): 285-294.

[35] Church K W. Word2Vec[J]. Natural Language Engineering, 2017, 23(1): 155-162.

[36] Cover T M. Elements of information theory[M]. 2nd ed. Hoboken, NJ: John Wiley & Sons, 2013.

[37] Dalal N, Triggs B. Histograms of oriented gradients for human detection[C]. Proceedings of the 2005 IEEE Computer Society Conference on Computer Cision and Pattern Recognition (CVPR). 2005, 1: 886-893.

[38] Komorowski M, Marshall D C, Salciccioli J D, et al. Exploratory data analysis[J]. Secondary Analysis of Electronic Health Records, Boston, MA: Springer, 2016: 185-203.

[39] Durak L, Arikan O. Short-time Fourier transform: two fundamental properties and an optimal implementation[J]. IEEE Transactions on Signal Processing, 2003, 51(5): 1231-1242.

[40] Duchi J, Hazan E, Singer Y. Adaptive subgradient methods for online learning and stochastic optimization[J]. Journal of Machine Learning Research, 2011, 12(7): 2121-2159.

[41] DUrso P, Cappelli C, Di Lallo D, et al. Clustering of financial time series[J]. Physica A: Statistical Mechanics and its Applications, 2013, 392(9): 2114-2129.

[42] Endres M, Venugopal A M, Tran TS. Synthetic Data Generation: A Comparative Study [C]. Proceedings of the 26th International Database Engineered Applications Symposium. 2022, 94-102.

[43] Gao Z. Application of cluster-based local outlier factor algorithm in anti-money laundering [C]. International Conference on Management and Service Science, IEEE, 2009: 1-4.

[44] Gonzalez R C. Woods R E. Digital image processing[M]. 4th ed. London: Pearson, 2017.

[45] Guo W, Wang J, Wang S. Deep multimodal representation learning: A survey[J]. IEEE Access, 2019, 7: 63373-63394.

[46] Guyon I, Weston J, Barnhill S, et al. Gene selection for cancer classification using support vector machines[J]. Machine Learning, 2002, 46: 389-422.

[47] He H, Bai Y, Garcia E A, et al. ADASYN: Adaptive synthetic sampling approach for imbalanced learning[C]//2008 IEEE International Joint Conference on Neural Networks(IEEE World Congress on Computational Intelligence). IEEE, 2008: 1322-1328.

[48] Hlawatsch F, Auger F. Time-frequency analysis[M]. Hoboken: John Wiley & Sons, 2013.

[49] Johnson R, Zhang T. Accelerating stochastic gradient descent using predictive variance reduction[J]. Advances in Neural Information Processing Systems, 2013, 26.

[50] Kaiser J. Dealing with missing values in data[J]. Journal of Systems Integration, 2014, 5(1): 42-51.

[51] Kinney J B, Atwal G S. Equitability, mutual information, and the maximal information coefficient[J]. Proceedings of the National Academy of Sciences, 2014, 111(9): 3354-3359.

[52] Krawczyk B. Learning from imbalanced data: Open challenges and future directions[J]. Progress Artif. Intell, 2016, 5(4): 221-232.

[53] Kraskov A, Stögbauer H, Grassberger P. Estimating mutual information[J]. Physical Review E 2004, 69

(6)：066138.

[54] Leskovec J, Rajaraman A, Ullman JD. Mining of massive data sets[M]. Cambridge: Cambridge University Press, 2020.

[55] Runze L, Wei Z, Liping Z. Feature screening via distance correlation learning[J]. Journal of the American Statistical Association 2012, 1129-1139.

[56] Lowe D G. Distinctive image features from scale-invariant keypoints[J]. International Journal of Computer Vision, 2004, 60: 91-110.

[57] Mackiewicz A, Ratajczak W. Principal components analysis (PCA)[J]. Computers & Geosciences, 1993, 19(3): 303-342.

[58] Macgregor P, Sun H. A tighter analysis of spectral clustering, and beyond[C]. International Conference on Machine Learning. PMLR, 2022: 14717-14742.

[59] Martin W, Flandrin P. Wigner-Ville spectral analysis of nonstationary processes[J]. IEEE Transactions on Acoustics, Speech, and Signal Processing, 1985, 33(6): 1461-1470.

[60] McMahan H B. A survey of algorithms and analysis for adaptive online learning[J]. Journal of Machine Learning Research, 2017, 18(90): 1-50.

[61] Menéndez M L, Pardo J A, Pardo L, et al. The jensen-shannon divergence[J]. Journal of the Franklin Institute, 1997, 334(2): 307-318.

[62] Müller M. Dynamic time warping[J]. Information Retrieval for Music and Motion, 2007: 69-84.

[63] Nadkarni P M, Ohno-Machado L, Chapman W W. Natural language processing: an introduction[J]. Journal of the American Medical Informatics Association, 2011, 18(5): 544-551.

[64] Niwattanakul S, Singthongchai J, Naenudorn E, et al. Using of Jaccard coefficient for keywords similarity[C]//Proceedings of the International Multiconference of Engineers and Computer Scientists. 2013, 1(6): 380-384.

[65] Olive D J, Olive D J. Multiple linear regression[M]. Berlin: Springer International Publishing, 2017.

[66] Pearl J, Glymour M, Jewell NP. Causal inference in statistics: A primer[M]. Hoboken: John Wiley & Sons, 2016.

[67] Pearl J. The seven tools of causal inference, with reflections on machine learning[J]. Communications of the ACM, 2019, 62(3): 54-60.

[68] Pele O, Werman M. Fast and robust earth mover's distances[C]//2009 IEEE 12th International Conference on Computer Vision. IEEE, 2009: 460-467.

[69] Pozzolo A D, Boracchi G, Caelen O, et. al. Credit card fraud detection: A realistic modeling and a novel learning strategy[J]//IEEE Transactions on Neural Networks and Learning Systems, 29, 8, 3784-3797, 2018.

[70] Rousseeuw P J, Hubert M. Anomaly detection by robust statistics[J]. Wiley Interdisciplinary Reviews: Data Mining and Knowledge Discovery, 2018, 8(2): e1236.

[71] Rudkowsky E, Haselmayer M, Wastian M, et al. More than bags of words: Sentiment analysis with word embeddings[J]. Communication Methods and Measures, 2018, 12(2-3): 140-157.

[72] Saidi L, Ali J B, Bechhoefer E, et al. Wind turbine high-speed shaft bearings health prognosis through a spectral Kurtosis-derived indices and SVR[J]. Applied Acoustics, 2017, 120: 1-8.

[73] Sason I, Verdú S. F-divergence inequalities[J]. IEEE Transactions on Information Theory 2016, 62(11): 5973-6006.

[74] Schmidt M, Le Roux N, Bach F. Minimizing finite sums with the stochastic average gradient[J]. Mathematical Programming, 2017, 162: 83-112.

[75] Sedgwick P. Pearson's correlation coefficient[J]. Bmj, 2012, 345.

[76] Senin P. Dynamic time warping algorithm review[D]. Information and Computer Science Department University of Hawaii at Manoa Honolulu, USA 855. 1-23 (2008): 40.

[77] Silver D, Huang A, et al., Mastering the game of go with deep neural networks and tree search[J]. Nature, 2016, 484-503.

[78] Spirtes P. Introduction to causal inference[J]. Journal of Machine Learning Research 2010, 11: 1643-1662.

[79] Steinhaeuser K,Chawla N V. Community detection in a large real-world social network[M]//Social computing,behavioral modeling,and prediction. Boston,MA: Springer US,2008: 168-175.

[80] Székely G J,Rizzo M L. Partial distance correlation with methods for dissimilarities[J]. The Annals of Statistics,2014,42(6): 2382-2412.

[81] Székely G J,Rizzo M L,Bakirov N K. Measuring and testing dependence by correlation of distances[J]. The Annals of Statistics,2007,35(6),2769-2794.

[82] Tao F,Zhang M,Liu Y, et al. Digital twin driven prognostics and health management for complex equipment[J]. Cirp Annals,2018,67(1): 169-172.

[83] Uurtio,V, Monteiro JM, Kandola J, et. al. A tutorial on canonical correlation methods[J]. ACM Computing Surveys (CSUR) 50,no. 6 (2017): 1-33.

[84] Venkatesh B, Anuradha J. A review of feature selection and its methods[J]. Cybernetics and Information Technologies,2019,19(1): 3-26.

[85] Wang L,Wu J, Huang S L, et al. An efficient approach to informative feature extraction from multimodal data[C]. Proceedings of the AAAI Conference on Artificial Intelligence. 2019, 33(01): 5281-5288.

[86] Yang,X h,Liu W F,Liu W,Tao D C. A survey on canonical correlation analysis[J]. IEEE Transactions on Knowledge and Data Engineering,2019,33,no. 6: 2349-2368.

[87] Zhang D. Wavelet transform[J]. Fundamentals of Image Data Mining: Analysis,Features,Classification and Retrieval,2019: 35-44.

[88] Zhao PL,Hoi S C H,Jin R,et. al. Online AUC maximization[C]. Proceedings of the 28th International Conference on International Conference on Machine Learning,2011,233-240.

[89] Zheng A, Casari A. Feature engineering for machine learning: principles and techniques for data scientists[M]. Sebastopol: O'Reilly Media,Inc. ,2018.

[90] Zheng Z,Kohavi R,Mason L. Real world performance of association rule algorithms[C]// Proceedings of the seventh ACM SIGKDD international conference on Knowledge discovery and data mining. 2001: 401-406.

[91] Zhong G,Wang L N, Ling X, et al. An overview on data representation learning: From traditional feature learning to recent deep learning[J]. The Journal of Finance and Data Science, 2016, 2(4): 265-278.

图书资源支持

感谢您一直以来对清华版图书的支持和爱护。为了配合本书的使用，本书提供配套的资源，有需求的读者请扫描下方的“书圈”微信公众号二维码，在图书专区下载，也可以拨打电话或发送电子邮件咨询。

如果您在使用本书的过程中遇到了什么问题，或者有相关图书出版计划，也请您发邮件告诉我们，以便我们更好地为您服务。

我们的联系方式：

清华大学出版社计算机与信息分社网站：https://www.shuimushuhui.com/

地　　址：北京市海淀区双清路学研大厦 A 座 714

邮　　编：100084

电　　话：010-83470236　010-83470237

客服邮箱：2301891038@qq.com

QQ：2301891038（请写明您的单位和姓名）

资源下载：关注公众号“书圈”下载配套资源。

资源下载、样书申请

书圈

图书案例

清华计算机学堂

观看课程直播